工业工程专业新形态系列教材

现代制造系统

（第二版）

庄　品　杨春龙　欧阳林寒　编著

科学出版社

北京

内 容 简 介

本书系统地介绍了现代制造系统的基本知识、应用技术和研究方法，内容全面、新颖。全书共分为7章，主要内容包括制造系统的基本原理、先进制造模式、先进制造工艺技术、制造自动化系统、工业机器人及装配自动化、绿色制造、工业4.0系统。每章后面均附有思考与练习题。

本书可作为高等院校机械工程、工业工程、管理工程及与制造相关专业的教材和教学参考书，也可作为制造业管理及工程技术人员的参考书。

图书在版编目（CIP）数据

现代制造系统 / 庄品，杨春龙，欧阳林寒编著. —2版. —北京：科学出版社，2017.6
工业工程专业新形态系列教材
ISBN 978-7-03-051993-1

Ⅰ. ①现⋯　Ⅱ. ①庄⋯　②杨⋯　③欧⋯　Ⅲ. ①机械制造工艺-高等学校-教材　Ⅳ. ①TH16

中国版本图书馆 CIP 数据核字（2017）第 044092 号

责任编辑：兰　鹏/责任校对：桂伟利
责任印制：吴兆东/封面设计：蓝正设计

科 学 出 版 社 出版
北京东黄城根北街 16 号
邮政编码：100717
http://www.sciencep.com

中煤（北京）印务有限公司印刷
科学出版社发行　各地新华书店经销

*

2005年9月第　一　版　开本：787×1092　1/16
2017年6月第　二　版　印张：20
2024年8月第七次印刷　字数：462 000
定价：49.00元
（如有印装质量问题，我社负责调换）

总　序

　　我国是制造业大国，但还称不上制造业强国。实现从粗放式管理向以集成化、信息化、网络化为特征的精益管理转变，是提升我国制造业核心竞争力、迈向全球制造业强国的必由之路。工业工程作为一门帮助提升产品与服务质量、提升管理水平与效能、降低运营成本、实现绿色发展的交叉学科，在我国由制造业大国向制造业强国的转变中将扮演至关重要的角色。

　　根据教育部高等学校工业工程类专业教学指导委员会所制定的《工业工程类专业本科教学质量国家标准》中的定义，工业工程（industrial engineering，IE）是应用自然科学与社会科学知识，特别是工程科学中系统分析、规划、设计、控制和评价等手段，解决生产与服务系统的效率、质量、成本、标准化及环境友好等管理与工程综合性问题的理论和方法体系，具有交叉性、系统性、人本性与创新性等特征，适用于国民经济多种产业，在社会与经济发展中起着重要的积极推动作用，亦可称为产业工程。

　　我校工业工程专业办学历史较长，是全国工业工程专业发起高校之一。1985年，在管理工程专业下设置了工业工程专业方向招收本科生。1995年，经国务院学位委员会办公室批准设立了工业工程硕士点，这是江苏省高校中的唯一的工业工程硕士点。1998年教育部调整本科专业目录后，便直接以工业工程专业名称面向全国招收本科生。1999年经国务院学位委员会办公室批准获得了工业工程领域工程硕士专业学位授予权，是国内最早获得该专业学位授予权的高校之一。2000年，工业工程成为管理科学与工程一级学科博士点的主要研究方向，至此，工业工程在我校形成了从本科至博士后完整的人才培养体系。

　　围绕工业工程专业人才的培养，我校建成了两个国家级人才培养模式创新实验区。2005年，工业工程被评为江苏省工业工程领域首批唯一的品牌专业，2012年，该专业被评为江苏省唯一以工业工程为核心专业的重点专业类，同年，被评为工业和信息化部工业工程领域唯一的重点专业。2015年，列入江苏省高校品牌专业建设工程进行重点建设。2011～2015年由中国统计出版社出版的《挑大学选专业——高考志愿填报指南》将我校工业工程专业与清华大学、上海交通大学同列前三甲。我校工业工程专业自成立以来，在成长中不断进步、逐渐成熟。经过多年探索，建成了工业工程创新人才培养的"三链"（教学资源保障链、实习实践保障链、能力拓展保障链）体系，形成了"工—管—理"深度交叉的创新人才培养新模式，先后获得了两项江苏省高等学校教学成果一等奖和一项二等奖。建成了一个国家级教学团队、两个省级创新团队。我校还是江苏省机械工程学会工业工程专业委员会的主任委员单位，是全国工业工程专业教学指导委员会副主任委员单位，是华东地区工业工程教学与专业发展学会发起单位之一。

加强教学资源建设是我院工业工程专业建设的重要抓手之一。我们提出以"教材"作为教学资源建设的切入点，以教材建设牵引教学团队能力提升。为此，我们积极打造特色化精品教材，2005年与科学出版社共同策划，在全国范围最早推出了工业工程专业系列教材，并被众多高校选用，多数教材数次印刷，受到师生好评。2014年，我们又与电子工业出版社合作出版了12本工业工程领域工程硕士学位系列教材，这是我国工业工程领域工程硕士的首套系列教材。"十一五""十二五"期间，我们组织教师编写、出版教材40余种，其中，9部教材入选普通高等教育"十一五"国家级规划教材，4部教材入选"十二五"普通高等教育本科国家级规划教材，3部教材入选工业和信息化部"十二五"规划教材，《应用统计学》被评为国家精品教材，6部教材被评为江苏省精品教材和重点教材。一批优秀教材的出版为工业工程人才培养质量的不断提高奠定了坚实的基础。

随着教学改革的不断推进，特别是互联网与多媒体时代背景对高校教育教学改革提出了新的要求，慕课、翻转课堂相继出现，同时对教材的内容与形式也提出了新的挑战，这次对系列教材进行第二次整体修订，充分考虑了这种需求的变化，参照《工业工程类专业本科教学质量国家标准》对工业工程基础课程与专业课程的要求，同时融入了作者近年来取得的教学改革成果，在修订过程中，一方面继续保持系列教材简明扼要、深入浅出、通俗易懂、易于自学的特点；另一方面力求通过数字化形式融入更加丰富的学习素材，并且大力邀请领域内有着丰富工作经验的相关企业人员参与教材的补充完善，以持续地提升教材质量，履行读者至上的承诺。

在教材的出版与使用过程中，同行们通过会议、邮件、电话、微信等多种方式给予我们许多支持与鼓励，也无私地给出了许多富有建设性的反馈意见，对此我们深表感谢！我们殷切希望广大读者在使用中继续帮助我们不断改进提升。

系列教材的再版得到了南京航空航天大学教材出版基金和江苏省高校品牌专业建设工程专项资金的资助，在此，特表深深的谢意！同时也特别感谢科学出版社的大力支持，他们不仅为教材出版辛勤地付出了许多，而且有着一种可贵的与时俱进精神。

周德群

教育部高等学校工业工程类专业教学指导委员会副主任委员

南京航空航天大学经济与管理学院院长、教授、博士生导师

2016年5月

前 言

现代制造系统是集现代管理技术、先进制造技术、电子技术、信息技术、自动化技术、能源技术、材料技术等众多学科和技术的交叉、融合的综合性学科，涉及制造业中经营管理、产品设计、加工装配、质量检验、物流规划、回收利用等产品全生产周期过程。

随着市场向全球化、知识化的转变，制造业面临更为严峻的挑战。因此，为了提高市场竞争力，降低生产成本，快速响应市场需求，提高劳动生产效率，保证产品与服务的质量，降低以至消除对环境的污染和影响，现代制造系统必须向柔性化、敏捷化、可重构化、自动化、信息化、集成化、智能化、绿色化方向发展。目前，现代制造系统的规划、设计、建造与运行已成为制造科学研究与开发的热点。

本书历经十年的教学使用，获得良好反响。由于现代制造系统中的先进管理技术和先进制造技术发展迅猛，借再版之机，对教材内容与体系结构作了部分增删和修改。

修订与增加的内容如下。

第1章中增加了"制造模式的概念""制造模式与制造哲理""机械制造系统""制造工程学科""制造技术的概念""CIMS/OSA开放式体系结构"等内容。

原第2章和第6章整合成第2章"先进制造模式"，包括成组技术、并行工程、精益生产、敏捷制造、智能制造，并对相关内容进行增减与更新。

第3章原3.4节"微细加工技术"修订为3.4节"微纳加工技术"、增加3.4.3小节"纳米加工技术"，原3.5节"快速原型制造技术"修订为3.5节"增材制造技术"，增加了"三维打印"和3.5.3小节"增材制造技术的应用与发展"，删除了原3.5.3小节"RPM的应用"。

第4章修订了4.1.1小节"数控技术基础"、4.1.2小节"数控编程原理"、4.1.3小节"CNC系统"，并对4.1.4小节"数控技术的发展"内容进行更新。

第5章修订了5.1.3小节"机器人编程"、5.1.5小节"工业机器人的现状及发展趋势"，增加了"装配的定义"。

将原第7章改为第6章"绿色制造"，增加"绿色制造运行模式框架""绿色制造的技术体系""生命周期评估方法""绿色设计流程""生命周期设计程序""并行绿色设计的流程""干式加工技术"，修订"绿色制造发展趋势""清洁生产的发展与应用"。

增加了第7章"工业4.0系统"。

本书系统地介绍了现代制造系统的基本知识、应用技术和研究方法，在保持现代制造系统知识的系统性和完整性的基础上，力求体现当今国内外先进管理技术和先进制造技术的最新成果，侧重内容的前沿性、综合性和交叉性。全书共分为7章，每章后面均附有思考与练习题。本书同时提供教学课件、案例等数字化材料方便教师及学生课后拓展阅读，加深对课程知识的感性认识与理解。

本书由庄品主编，南京航空航天大学教师庄品博士编写了第1、2、4、6章及第5章的5.1节，沈阳飞机制造公司研究员级高级工程师杨春龙编写了第3章及第5章的5.2节，南京航空航天大学教师欧阳林寒博士编写了第7章。全书由庄品统稿。

本书中部分资料及数据参考或直接引用了参考文献中的内容，在此对所参阅资料的作者及机构深表感谢！本书所涉及的内容广泛、学科跨度大，书中难免有疏漏和不足，恳请专家及读者批评指正。

庄　品

2017年1月15日

目 录

第1章

制造系统的基本原理

制造业是将可用资源与能源，通过制造过程，转化为可供人们使用或利用的工业品或生产消费品的行业。它涉及国民经济的很多行业，如机械、电子、轻工、化工、食品、军工、航天等。可以说，制造业是国民经济和综合国力的支柱产业。

制造业一方面创造价值，生产物质财富和新的知识，另一方面为国民经济各个部门包括国防和科学技术的进步与发展提供先进的手段及装备。在工业化国家，约有1/4的人口从事各种形式的制造活动，在非制造业部门，约有半数人的工作性质与制造业密切相关。据估计，工业化国家70%~80%的物质财富来自制造业，因此，很多国家特别是美国，把制定制造业发展战略列为重中之重。美国认为，制造业不仅是一个国家国民经济的支柱，而且对经济和政治的领导地位也有着决定性影响。1987年美国国防部的一份报告指出，要重振美国经济雄风，要在21世纪全球经济中继续保持美国经济霸主地位，必须大力重振制造业。制造业对一个国家的经济地位和政治地位具有至关重要的影响，在21世纪的工业生产中具有决定性的地位和作用。

■1.1 制造系统概述

1.1.1 制造系统的基本概念

1. 制造的概念及分类

1）制造的概念及内涵

制造（manufacture）有广义与狭义之分。传统上，人们一般将制造理解为产品的机械工艺过程或机械加工过程，狭义的制造就是指加工。因此，制造可定义为使用一系列的能量，把原材料的几何、物理和化学性态进行预定变化，获取产品的过程。制造过程是将制造资源（原材料、劳动力、能源等）转变为有形财富或产品的过程。

随着社会的进步和制造活动的发展，制造的内涵也在不断深化和扩展。农业社会阶段及以前时期，制造活动主要是采用简单工具（石器、铜器、铁器等）的手工制造，制造的对象主要是自然界地表层的天然物质资源。工业社会阶段，制造活动发展为采用复杂机器作为工具的机器制造，并且随着科学技术的发展，新的制造模式不断出现，如机械化流水线制造、自动化制造等，制造的对象主要是埋藏在地下的石油和其他矿产资源。今天，世界已跨入信息社会阶段，现代制造模式如柔性制造、集成制造、敏捷制造、智能制造、纳米制造、生物制造等不断涌现，制造的对象已经扩大到分子、原子，甚至是蕴藏在人们头脑中的信息、知识等无形资源。有关专家指出，下一个社会阶段将相继是纳米科技时代和生物科技时代，以分子、原子等为对象的纳米制造和以基因技术为核心的生物制造将闪亮登场，制造的主要对象将扩大到基因资源和微观领域的各种资源。专家们预言，将用纳米科技"营造自然界尚不存在的新的物质体系"，将用基因"重塑世界"。

1983年，国际生产工程学会（International Institution for Production Engineering Research，CIRP）把制造定义为："包括制造企业的产品设计、材料选择、规划、制造的生产、质量保证、管理和营销的一系列有内在联系的活动与运作/作业。"这一定义使制造的概念突破了传统的狭义观念。1998年，美国国家研究委员会（United States National Research Council，NRC）把制造定义为：创造、开发、支持和提供产品与服务所要求的过程与组织实体。1999年，美国麻省理工学院（Massachusetts Institute of Technology，MIT）定义现代制造包括产品的设计与开发、产品规划、销售和服务，以及实现这些功能所应用的技术、流程/过程及人与技术结合的途径等。2002年，美国生产与库存控制学会（American Production and Inventory Control Society，APICS）定义制造包括设计、物料选择、规划、生产、质量保证、管理和对离散顾客与耐用货物营销的一系列相互关联的活动和运作/作业。

因此，制造的概念是一个不断发展进化的概念。现代制造以社会、经济发展需求为目标，以资源和资源转换为对象，以现代制造科学与技术为基础，以制造系统为载体，以信息化、网络化、生态化和全球化为环境和背景，展现在我们面前。

2）制造的分类

制造可分为三大类：基础制造、变换和制造。

（1）基础制造，指的是获取自然资源，并把它们转换成能被其他制造业利用的原材料。

（2）变换，指的是把基础制造的输出转换为工业产品。

（3）制造，指的是把坯件经加工装配成最终产品的生产。

2. 制造模式的概念

1）模式的定义

模式（mode）是某种事物的标准形式或使人可以照着做的标准样式。在社会科学中，模式是研究社会现象的理论图式和解释方案，也是一种思想体系和思维方式，如进化模式、冲突模式等。

2）制造模式的定义

制造模式（manufacturing mode）是指企业体制、经营、管理、生产组织和技术系统的形态结构与运作模式。从广义的角度看，制造模式就是一种有关制造过程和制造系统建立与运行的哲理及指导思想，是制造系统实现生产的典型组织方式，是制造企业经营管理方法的模型，是提供给制造系统通用的和全局的样板，是众多同类系统模仿的典范。

因此，制造过程的运行、制造系统的体系结构及制造系统的优化管理与控制等均受到制造模式的制约，必须遵循由制造模式所确定的规律。

在农业社会阶段，制造模式是手工作坊的生产，产品设计、加工、装配和检验工作基本上都由手工完成。从19世纪中叶到20世纪中叶，产品制造过程的专业化分工和互换性技术迅速发展，制造模式是刚性生产，流水线提高了劳动生产率，降低了成本。20世纪后半叶，顾客多样化需求和竞争加剧，产品生产向多品种、小批量、缩短生产周期方向发展，刚性生产模式渐渐被柔性生产模式所代替，出现了柔性制造、计算机集成制造（computer integrated manufacturing，CIM）、敏捷制造、精益生产、可重构制造、虚拟制造、绿色制造、智能制造等。

3）制造模式与制造哲理

制造哲理（manufacturing philosophy）是关于制造系统的世界观，是客观反映制造系统在人脑中的主观影像，也是人们设计或改造制造系统时所依据的基本概念、原则、思想和理论。制造模式的基础是制造哲理，是制造哲理在制造系统中的反映，制造模式反映制造系统在运行过程中所遵循的规律。

3. 制造系统的概念

1）系统的定义

《辞海》中将系统定义为"自成体系的组织；相同或相类似的事物按一定的秩序和内部联系组合而成的整体"。在自然辩证法中，同要素组成一对范畴，是由若干相互联系和相互作用的要素组成的具有特定功能的统一整体；要素构成系统组成单元。《朗文当代英语字典》将系统解释为："一组经常交互或相互关联的物体组成的整体；一个关于原则、思想和原理的有机集合，用于解释一个系统性整体的安排和运动。"

一般系统论的奠基人贝塔朗菲把系统定义为：系统是相互作用诸要素的综合体。现在对于系统比较普遍的定义为：系统是由相互作用和相互依赖的若干组成部分按一定规律结合而成的具有特定功能的有机整体。

2）制造系统的定义

关于制造系统的定义，尚在发展和完善之中，至今还没有统一的定义。

英国著名学者 Parnaby 于1989年给出的定义为：制造系统是工艺、机器系统、人、组织结构、信息流、控制系统和计算机的集成组合，其目的在于取得产品制造的经济性和产品性能的国际竞争性。

国际生产工程学会1990年公布的制造系统的定义：制造系统是制造业中形成制造生产的有机整体。在机电工程产业中，制造系统具有设计、生产、发运和销售的一体化功能。

美国麻省理工学院教授 Chryssolouris 于1992年给出的定义为：制造系统是人、机器和装备及物料流和信息流的一个组合体。

国际著名制造系统工程专家、日本京都大学人见胜人教授于1994年指出：制造系统可从三个方面来定义。

（1）制造系统的结构方面：制造系统是一个包括人员、生产设施、物料加工设备和其他附属装置等硬件的统一整体。

（2）制造系统的转变特性：制造系统可定义为生产要素的转变过程，特别是将原材料以最大生产率和最小成本转变成产品。

（3）制造系统的过程方面：制造系统可定义为生产的运行过程，包括计划、实施和控制。

综合以上几种定义，可将制造系统定义如下：制造系统是包含从原材料供给到销售服务的所有制造过程及其所涉及的硬件和有关软件所组成的具有特定功能的一个有机整体。其中，硬件包含人员、生产设备、材料、能源和各种辅助装置；软件包括制造理论、制造技术（制造工艺和制造方法等）和制造信息等。

3）机械制造系统

机械制造系统是一种典型的制造系统，它由可实现物质转化、信息传递或转换的机床、夹具、刀具、被加工零件、操作人员等组成，是具有制造功能的有机整体。诸如工业、石油、化工、仪器仪表、建筑、印刷、纺织、矿冶、农业、交通、食品、医疗、医药、家电、通信、航空航天、船舶、电子等部门的机械制造都属于这一范畴。图1-1描述了机械制造系统所涉及的领域和生产构成。

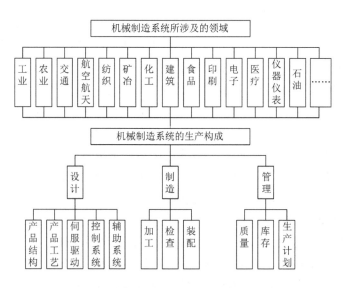

图 1-1　机械制造系统涉及的领域和生产构成

一般情况下，机械制造系统是复杂的离散事件动态系统，它输入制造资源（毛坯或半成品、能量、信息和劳动力），经过机械加工过程输出零件或者产品（成品），这个过程就是制造资源向零件或产品（成品）的转换过程。制造系统的典型结构如图1-2所示。

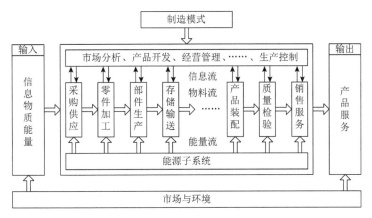

图 1-2 制造系统的典型结构

4. 制造系统的基本特性

必须用系统科学和工程的观点与方法来研究描述制造系统的概念及制造系统的基本特性。制造系统是一个按规定顺序、定向的转换过程，是一个具有非线性、远离平衡态、有耗散特征的动态开放式系统。

制造系统的基本特性如下。

（1）集合性。制造系统是由两个或两个以上的子系统组成的集合体。

（2）相关性。制造系统内各子系统是相互联系的。集合性确定了制造系统的组成要素，而相关性则说明这些组成要素之间的关系。制造系统中任一要素与存在于该制造系统中的其他要素是互相关联和互相制约的，当其中某一要素发生变化时，其他相关联的要素也需要相应改变和调整，以保持系统的整体最优性。

（3）目的性。制造系统是一个整体，要完成一定的制造任务，或者说要达成一个或多个目的。其主要目的就是把制造资源转变成产品或财富。

（4）环境适应性。一个具体的制造系统，必须具有对周围环境变化的适应性。外部环境与系统是互相影响的，两者之间必然要进行物质、能量或信息的交换。制造系统应是具有动态适应性的系统，表现为以最少的时间去适应变化的环境，使系统接近理想状态。

（5）动态性。制造系统总是处于生产要素（原材料、能量、信息、技术等）不断输入，产品不断输出的动态过程中。硬件、软件、人、组织等处于不断变化和发展之中，制造系统要不断适应激烈的市场竞争和市场需求变化，不断更新与完善运行机制，重组制造系统结构，不断向更高形式发展。

（6）反馈性。制造系统在运行过程中，其输出状态（如产品质量信息和制造资源利用状况）总是不断地反馈回制造过程的各个环节中，从而实现制造过程的不断调节、改进和优化。

（7）随机性。制造系统中有很多随机因素，从而使制造系统具有很强的随机性。例如，制造系统对产品的市场需求、产品的制造与装配质量等均有随机性，因而给制造系统的控制带来很大的难度。

1.1.2　制造系统的分类

制造业的生产过程千差万别，采用什么标准来对制造系统进行分类，是研究制造系统的重要问题。根据划分制造系统类型的目的，分类标志应该采用能反映制造过程主要特征的那些因素，如产品的结构特征、使用功能、制造工艺和制造系统规模等。从不同角度，可对制造系统进行如下分类。

1. 按制造工艺类型分类

（1）离散型制造系统：机械制造、家具制造、服装、电子设备制造行业的生产过程均属这一类型。制造工艺的特点是：它的产品是由许多零部件构成的，各零件的加工过程彼此是独立的，制成的零件通过部件装配和总装配最后成为成品。离散型制造系统生产管理的特点，除了要保证及时供料和稳定的加工质量外，更重要的是要控制零部件的生产进度，保证生产的成套性。因为如果生产的品种、数量上不成套，只要缺少一种零件，就无法装配出成品来。另外，如果在生产进度上不能按时成套，那么由于少数零件的生产进度拖期，必然会延长整个产品的生产周期，以至延误产品的交货期。同时，还要蒙受大量在制品积压和生产资金积压的损失。

（2）连续型制造系统：化工、炼油、造纸、水泥等是连续型制造系统的典型。制造工艺的特点是：工艺过程是连续进行的；工艺过程的加工顺序是固定不变的，生产设施按照工艺流程布置；生产对象按照固定的工艺流程连续不断地通过一系列设备和装置，被加工、处理成为成品。对于连续型制造系统生产管理的重点是要保证连续供料和确保每一生产环节在工作期间都正常运行。因为任何一个生产环节出现故障，就会引起整个生产过程的瘫痪。由于连续型制造系统产品和生产工艺相对稳定，通常采用各种自动化装置，实现对生产过程的实时监控。

2. 按生产批量分类

（1）单件小批量制造系统：单件小批量制造系统生产的特点是产品对象基本上是一次性需求的专用产品，一般不重复生产。因此生产中品种繁多，生产对象不断变化，生产设备和工艺装备必须采用通用性的，工作地的专业化程度很低。生产过程属于单件小批量制造类型的企业以重型机器制造、大型发电设备制造、远洋船舶制造等企业为典型代表。

（2）批量制造系统：批量制造系统生产的对象是通用产品，生产具有重复性。它的特点是生产的品种较多，每种品种的产量不大，每一种产品都不能维持常年连续生产，所以在生产中形成多种产品轮番生产的局面。这一生产类型的典型企业是机床制造厂、机车制造厂等。

（3）大批量制造系统：特点是生产的品种少，每一种品种的产量大（或单位产品劳动量和年产量的乘积很大），生产过程稳定地、不断重复地进行。一般这类产品在一定时期内具有大且相对稳定的社会需求量。例如，电冰箱、电视机等家用电器及灯泡、电池、轴承等标准零部件。

3. 按生产计划分类

（1）备货型（make-to-stock，MTS）制造系统：是指在没有接到用户订单时，经过市场预测按已有的标准产品或产品系列进行的生产，生产的直接目的是补充成品库存，通过维持一定量成品库存即时满足用户的需要。例如，轴承、紧固件、小型电动机等产品的生产属于 MTS 生产，这些产品的通用性强，标准化程度高，有广泛的用户。

（2）订货型（make-to-order，MTO）制造系统：是指按用户特定的要求进行的生产。用户可能对产品提出各种各样的要求，经过协商和谈判，以协议或合同的形式确认对产品性能、结构、质量、数量和交货期的要求，然后组织设计和制造。例如，锅炉、船舶等产品的生产，属于 MTO 生产，这些产品的专用性强，大多数是非标准的，有特定的用户。

4. 按层次结构分类

（1）单元级制造系统：是组成更高效制造系统的基础，其主要任务是实现给定生产任务的优化分批，实施制造资源的合理分配和利用，控制资源的活动，高效地完成给定的全部生产任务。产品的物理转换都是由单元级制造系统来实现的。

（2）车间级制造系统：通过生产计划将上层输入的加工订单分解为可执行的工序计划。在生产过程中，进行生产调度和控制。它的功能主要有：完成物料处理的活动，包括运输、储存、加工及测试检验等；进行车间生产的管理、生产作业计划、生产调度和控制。

（3）企业级制造系统：又称为工厂级制造系统，它可以达到在全厂范围内生产管理、机械加工和物料储运过程全盘自动化，并由计算机系统进行控制。

（4）全球制造系统：利用全球异地的资源来制造市场所需产品，资源和信息的共享通过全球互联网进行。全球制造的特点是制造工厂和销售服务遍布全世界，全球化的产品通过网络协调运作，把分布在世界各地的工厂和销售点连接成一个整体。

1.1.3 制造系统的组成

1. 制造系统的基本要素

从制造系统的基本模型可以看出（图1-3），制造系统由六大要素组成，即输入、转换过程、机制、约束、反馈和输出。

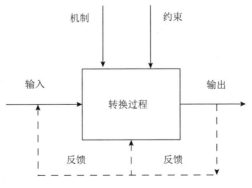

图 1-3　制造系统的基本模型

1）输入

资源输入是实现转换功能的必备和前提条件，主要有两大类。

（1）有形资源，如土地、厂房、机器、设备、能源、动力及各种自然资源和人力资源等。

（2）无形资源，主要有管理、市场、技术、信息、知识、智力资源及企业形象、企业文化、产品品牌、客户关系、公众认可等。

2）转换过程

主要是依靠物理的或化学的原理，把各种输入转换成输出的过程。衡量转换的优劣主要有五大指标（TQCSE），即时间（time）短、质量（quality）优、成本（cost）低、服务（service）好、环境（environment）清洁。

3）机制

主要是支撑企业实现资源转换的各种平台，如硬件平台、软件平台、战略平台、知识平台、文化平台等。

（1）硬件平台。主要指生产设施、设备和系统等，如生产线、设计系统、试验系统、信息网络等基础设施，是企业系统的最基本的物质平台。

（2）软件平台。除计算机软件外，还泛指管理思想、管理模式、管理规范、政策法规、规章制度等。

（3）战略平台。战略平台指采用的竞争战略、制造战略，如敏捷竞争战略及其相应的敏捷制造模式。

（4）知识平台。在知识经济时代，企业更加重视人的作用，更加重视知识的生产、分配和使用，建立了一套全新的知识供应链和知识管理系统；开发、管理和利用知识是先进制造系统的另一重要战略，只有那些能更快地把信息的海洋转换为有用知识的企业才能战胜竞争对手。

（5）文化平台。知识时代，企业间的较量更多地表现为企业的整体科技素质和更深刻的文化内涵，企业文化建设的重要作用越来越凸显出来。

4）约束

主要是指企业的外部约束控制，如国家的方针政策、法律法规、标准规范及其他的有关要求和约束，如环境保护、社区要求等。

5）反馈

制造系统在运行过程中，其输出状态（如制造资源利用状况、产品质量反馈和顾客反馈）的信息总是不断反馈到制造过程的各个环节中，从而实现产品全生命周期中的不断调节、改进和优化。

6）输出

输出是企业系统的基本要素，也是企业系统存在的前提条件。现代企业系统对社会环境的输出至少应包含以下三种类型。

（1）产品，包括硬件产品和软件产品。

（2）服务，包括售前服务、售后服务、技术输出、人员培训、咨询服务等。

（3）信息，包括质量信息、价格信息、运输信息、生产计划信息等。

2. 制造系统的功能组成

制造系统中存在多种性质不同的活动，这些活动的执行一般是由不同的职能部门来完成。制造系统主要分为四个功能模块：研究与开发、生产控制、市场营销、财务管理，如图1-4所示。

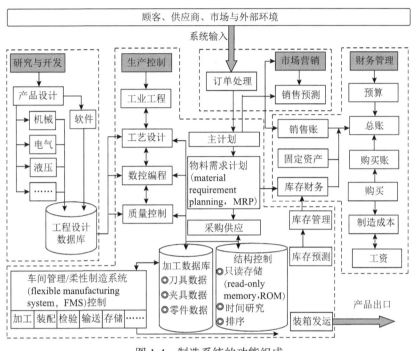

图 1-4　制造系统的功能组成

3. 制造系统的结构组成

制造系统是由制造模式和制造技术两大要素构成的有机整体，如图1-5所示。模式是形式，技术是手段，二者是辩证统一的。人是系统结构中的有机组成部分。

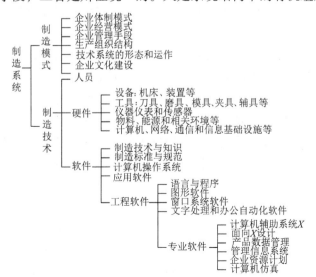

图 1-5　制造系统的结构组成

4. 制造系统的过程组成

制造过程是制造活动所经历的产品全生命周期过程，一般包括市场分析、产品设计、工艺设计、加工装配、检验包装、销售服务和回收与报废处理。下面分别讨论单元级和企业级制造系统的过程流理论。

1）单元级制造系统的"三过程流"理论

对于机械加工的单元级制造系统，在运行过程中总是伴随着物料流、信息流和能量流的运动。单元级制造系统的"三过程流"示意图可用图1-6表示。

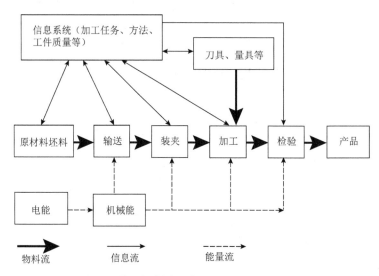

图1-6　单元级制造系统"三过程流"示意图

（1）物料流。机械加工系统输入的是原材料或坯料（有时也包括半成品）及相应的刀具、量具、夹具、润滑油、冷却液和其他辅助物料等，经过输送、装夹、加工检验等过程，最后输出半成品或产品（一般还伴随着切屑的输出）。整个加工过程（包括加工准备阶段）是物料输入和输出的动态过程，这种物料在机械加工系统中的运动被称为物料流。

（2）信息流。在机械加工系统中，必须集成各方面的信息，以保证机械加工过程的正常进行。这些信息主要包括加工任务、加工工序、加工方法、刀具状态、工件要求、质量指标、切削参数等。这些信息又可分为静态信息（如工件尺寸要求、公差大小等）和动态信息（如刀具磨损程度、机床故障状态等）。所有这些信息构成了机械加工过程的信息系统，这个系统不断地和机械加工过程的各种状态进行信息交换，从而有效地控制机械加工过程，以保证机械加工的效率和产品质量。这种信息在机械加工系统中的作用过程称为信息流。

（3）能量流。能量是一切物质运动的基础。机械加工系统是一个动态系统，其动态过程是机械加工过程中的各种运动过程。这个运动过程中的所有运动，特别是物料的运动，均需要能量来维持。来自机械加工系统外部的能量（一般是电能），多数转变为机械能。一部分机械能用以维持系统中的各种运动，另一部分通过传递、损耗而达到机械加工的切削区域，转变为分离金属的动能和势能。这种在机械加工过程中的能量运动称为能量流。

机械加工系统中的物料流、信息流、能量流之间相互联系、相互影响，组成了一个不可分割的有机整体。

2）企业级制造系统的"五过程流"理论

制造系统的资源转换本质上是一个过程，是一个面向客户需求、不断适应环境变化、不断改善和进化的动态过程。在企业级制造系统的资源转换过程中，有五种要素流在流动，极大地影响着制造系统运行的质量和发展的活力，这就是信息流、物料流、资金流、价值流和工作流，如图1-7所示。

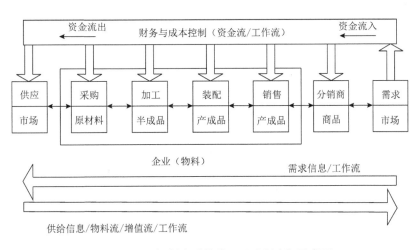

图 1-7　企业级制造系统的"五过程流"示意图

（1）信息流。根据类型可将信息分为需求信息和供给信息。需求信息如客户订单、生产计划、采购合同等从需求方向向供应方向流动，这时还没有物料流动，但是它却引发物流。而供给信息如入库单、完工报告单、库存记录、提货单等，同物料一起从供应方向向需求方向流动。广义上讲，物料、资金、价值都是以信息的形式向人们反映。

（2）物料流。任何制造系统都是根据客户和市场的需求，开发产品，购进原料，加工制造出成品，以商品的形式销售给客户并提供售后服务。物料从供方开始，沿着各个环节向需方移动。这是最显而易见的物质流动。

（3）资金流。物料是有价值的，物料的流动引发资金的流动。企业系统的各项业务活动都会消耗一定的资源。消耗资源会导致资金流出，只有当消耗资源生产出产品出售给客户后，资金才会重新流回企业系统，并产生利润。一个商品的经营生产周期，是以接到客户订单开始到真正收回货款为止。为合理使用资金，加快资金周转，必须通过企业的财务成本控制系统来控制各个环节上的各项经营生产活动；通过资金的流动来控制物料的流动；通过资金周转率的快慢体现企业系统的经营效益。

（4）增值流。从形式上看，客户是在购买商品和服务，但实质上客户是在购买能提供效益价值的商品和服务。各种物料沿各环节移动，是一个不断增加其技术含量或附加值的增值过程。

（5）工作流。信息、物料、资金都不会自己流动，物料的价值也不会自动增值，要靠人的劳务来实现，要靠企业系统的业务活动——工作流来带动。工作流决定了各种流的流速和流量，企业系统的体制组织必须保证工作流畅通，对瞬息万变的环境做出响应，加快各种流的流速（生产率），在此基础上增加流量（产量），为企业系统谋求更大的效益。

由上可见，通过过程重组和优化特别是五种要素流的合理配置和协同运作，可改善和提高制造系统的过程特性。这里涉及企业流程重组的各种理论和方法。

1.1.4 制造系统的发展历史

分析制造自动化的发展历史，制造系统的发展经历了以下五个阶段（图1-8）。

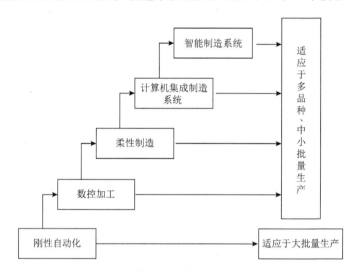

图 1-8 制造系统的发展历史

1. 第一阶段，刚性自动化

这一阶段包括刚性自动线和自动单机，在20世纪四五十年代已相当成熟。刚性自动化阶段应用传统的机制设计与制造工艺方法，采用专用机床和组合机床、自动单机或自动化生产线进行大批量生产，其特征是高生产率和刚性结构，很难实现产品的改变。

涉及的主要技术有继电器程序控制、组合机床等。

2. 第二阶段，数控加工

这一阶段包括数字控制（numerical control，NC）和计算机数控（computer numerical control，CNC）。NC技术在20世纪50～70年代发展迅速并已成熟，但到了七八十年代，由于计算机技术的迅速发展，它迅速被CNC取代。数控加工设备包括数控机床、加工中心等。数控加工的特点是柔性好、加工质量高，适应于多品种、中小批量（包括单件产品）的生产。

涉及的主要技术有数控技术、计算机编程技术等。

3. 第三阶段，柔性制造

这一阶段包括计算机直接数控（direct numerical control，DNC）、柔性制造单元（flexible manufacturing cell，FMC）、柔性制造系统（flexible manufacture system，FMS）、柔性加工线（flexible manufacturing line，FML）等。强调制造过程的柔性的高效率，适应于多品种、中小批量的生产。

涉及的主要技术有成组技术 GT、DNC、FMC、FMS、FML、离散系统理论和方法、仿真技术、车间计划与控制、制造过程监控技术、计算机控制与通信网络等。

4. 第四阶段，计算机集成制造系统

计算机集成制造系统（computer integrated manufacturing system，CIMS）在20世纪80年代以来得到迅速发展，而今正方兴未艾。其特征是强调制造全过程的系统性和集成性，以解决现代企业生存与竞争的 TQCS 问题，即时间（time）、质量（quality）、成本（cost）、服务（service）。

涉及的主要技术有现代制造技术、管理技术、计算机技术、信息技术、自动化技术和系统工程技术等。

5. 第五阶段，智能制造系统

所谓智能制造系统是一种由智能机器和人类专家共同组成的人机一体化智能系统，它在制造过程中能进行智能活动，诸如分析、推理、判断、构思和决策等。

涉及的主要技术有人工智能，特征分析，加工过程的智能监视、诊断、补偿和控制，虚拟制造，生产过程的智能调度、规划、仿真与优化等。

1.1.5　新一代制造技术的特点

近年来，制造自动化技术的研究发展迅速，其发展趋势可用"六化"简要描述，即制造全球化、制造敏捷化、制造网络化、制造虚拟化、制造智能化和制造绿色化。

1. 制造全球化

制造全球化的概念出于美国、日本、欧洲等发达国家和地区的智能系统计划。近年来随着计算机技术的发展，制造全球化的研究和应用发展迅速。制造全球化包括的内容非常广泛，主要有：①市场的国际化，产品销售的全球网络正在形成；②产品设计和开发的国际合作；③产品制造的跨国化；④制造企业在世界范围内的重组与集成，如动态联盟公司；⑤制造资源的跨地区、跨国家的协调、共享和优化利用；⑥全球制造的体系结构将要形成。

2. 制造敏捷化

敏捷制造是一种面向21世纪的制造战略和现代制造模式，当前全球范围内敏捷制造的研究十分活跃。敏捷制造是对广义制造系统而言。制造环境和制造过程的敏捷性

问题是敏捷制造的重要组成部分。敏捷化是制造环境和制造过程面向21世纪制造活动的必然趋势。制造环境和制造过程的敏捷化包括的内容很广：①柔性，包括机器柔性、工艺柔性、运行柔性和扩展柔性等；②重构能力，能实现快速重组重构，增强对新产品开发的快速响应能力；③快速化的集成制造工艺，如快速原型制造（rapid prototyping manufacturing，RPM），它是一种计算机辅助设计（computer-aided design，CAD）和计算机辅助制造（computer-aided manufacturing，CAM）的集成工艺。

3. 制造网络化

基于网络的制造，包括以下几个方面：①制造环境内部的网络化，实现制造过程的集成；②制造环境与整个制造企业的网络化，实现制造环境与企业中工程设计、管理信息系统等各子系统的集成；③企业与企业间的网络化，实现企业间的资源共享、组合与优化利用；④通过网络，实现异地制造。

总之，制造的网络化，特别是基于 Internet/Intranet 的制造已成为重要的发展趋势。

4. 制造虚拟化

制造虚拟化主要指虚拟制造（virtual manufacturing），又称拟实制造。

虚拟制造是以制造技术和计算机技术支持的系统建模技术与仿真技术为基础，集现代制造工艺、计算机图形学、并行工程、人工智能、人工现实技术和多媒体技术等多种高新技术为一体，由多学科知识形成的一种综合系统技术。它将现实制造环境及其制造过程通过建立系统模型映射到计算机及其相关技术所支撑的虚拟环境中，在虚拟环境下模拟现实制造环境及其制造过程的一切活动和产品制造全过程，并对产品制造及制造系统的行为进行预测和评价。虚拟制造的研究正越来越受到重视。例如，美国政府制订的敏捷制造使能计划包括五个重点研究领域，虚拟制造是其中之一。虚拟制造是实现敏捷制造的关键技术，对未来制造业的发展至关重要；同时虚拟制造将在今后发展成为很大的软件产业，我们应充分注意到这个发展趋势。

5. 制造智能化

智能制造将是未来制造自动化发展的重要方向。所谓智能制造系统是一种由智能机器和人类专家共同组成的人机一体化智能系统，它在制造过程中能进行智能活动，诸如分析、推理、判断、构思和决策等。智能制造技术的宗旨在于通过人与智能机器的合作共事，去扩大、延伸和部分地取代人类专家在制造过程中的脑力劳动，以实现制造过程的优化。

有人预言22世纪的制造工业将由两个"I"来标识，即 integration（集成）和 intelligence（智能）。

6. 制造绿色化

环境、资源、人口是当今人类社会面临的三大主要问题。特别是环境问题，其恶化程度与日俱增，正在对人类社会的生存与发展造成严重威胁。近年来的研究和实践使人们认识到环境问题并非是孤立存在的，它和资源、人口两大问题有着根本性的内在联系。特别是资源问题，它不仅涉及人类世界有限的资源如何利用，而且它又是产生环境问题的主要根源。于是，近年来，一个新的概念已经提出：最有效地利用资源和最低限度地产生废弃物，是当前世界上环境问题的治本之道。

制造业是将可用资源（包括能源）通过制造过程转化为可供人们使用和利用的工业品或生活消费品的产业。它涉及国民经济的大量行业，如机械、电子、化工、食品、军工等。制造业是创造人类财富的支柱产业。制造业在将制造资源转变为产品的制造过程中和产品的使用与处理过程中，同时产生废弃物（废弃物是制造资源中未被利用的部分，所以也称废弃资源），废弃物是制造业对环境污染的主要根源。

由于制造业量大面广，对环境的总体影响很大。可以说，制造业一方面是创造人类财富的支柱产业，但同时又是当前环境污染的主要源头。因此，如何使制造业尽可能少地产生环境污染是当前环境问题研究的一个重要方面。于是一个新概念——绿色制造（green manufacturing）由此产生。

绿色制造涉及的面很广，涉及产品的整个生命周期和多生命周期。对制造环境和制造过程而言，绿色制造主要涉及资源的优化利用、清洁生产和废弃物的最少化及综合利用。绿色制造是目前和将来制造自动化系统应该予以充分考虑的一个重大问题。

■1.2　制造工程学科

1.2.1　制造工程的概念

制造业赖以生存的关键是制造工程的发展。制造工程是研究如何将基础科学和技术科学转化为专业生产技术、工程技术及工艺流程与方法的学科。它是一个以制造科学为基础的、由制造模式和制造技术构成的、对制造资源和制造信息进行加工处理的有机整体。它是传统制造工程与计算机技术、数控技术、信息技术、控制论及系统科学等学科相结合的产物。因此，制造工程是一个综合性学科。

制造工程的门类很多，机械工程、电子工程、化学工程等均属于制造工程。它随着国民经济的发展在多种学科的交叉渗透中不断发展着。

1978年美国制造工程师学会对制造工程的定义是：制造工程是工程专业的一个分支。它要求具有了解、应用和控制制造过程中各个工程程序与工业产品的生产方法所必需的教育及经验；还要求具有设计制造流程的能力，研究和开发新的工具、机器和设备的能力，研究和开发新的工艺过程的能力，并且将它们综合成为一个系统，以实现用最少的费用生产出高质量的产品。

该定义体现了制造工程的功能，这种功能有一个发展演变的过程。最初仅限于使用工具制造物品，而后逐渐地将制造过程同与其有关的因素作为一个整体来考虑。随着科学技术的进步，制造工程概念有了新的含义，即除了设计和生产以外，现代制造工程还包括企业活动的其他方面，如产品的研究与开发、市场和销售服务等。制造工程学科除了包含工程材料、成型技术、加工工艺外，还包含制造自动化及相应的传感测试和监控技术等。

工业工程专家认为，制造工程可以被认定为对产品的生产过程进行设计。制造工程包括与生产过程有关的一切需要考虑的事项。

制造工程没有一个公认的定义。信息技术的发展及引入使制造技术产生了革命性的变化，出现了制造系统和制造科学，从此制造就以系统的新概念问世。制造技术与系统论、信息论、控制论、方法论相结合形成了新的制造学科，即制造系统工程学。1979年日本出版了《制造系统工程》专著。

我们认为，现代制造工程是一个系统工程。它是一个以制造科学为基础的、由制造模式和制造技术构成的、对制造资源和制造信息进行加工处理的有机整体。它是传统制造工程与计算机技术、数控技术、信息技术、控制论及系统科学等学科相结合的产物。因此，制造工程是一个综合性学科，它的研究对象是制造系统。制造工程是学科名称，制造系统是对制造企业的科学描述。

1.2.2 制造的学科体系

制造的学科体系如图1-9所示，研究内容包含基础理论、制造科学、制造技术、制造模式等。

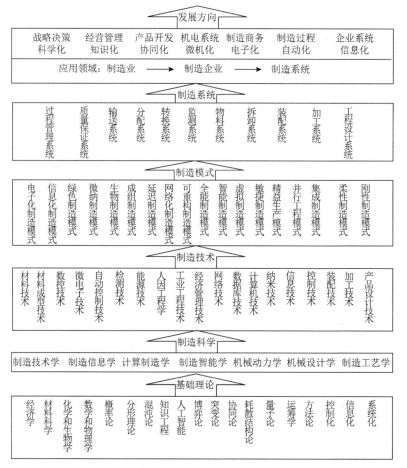

图 1-9 制造的学科体系

1. 制造科学

制造科学主要研究制造哲理、制造策略、制造系统体系结构及各种基础性的理论与方法,从学术理论方面确定制造系统的基本内涵和外延。新发展的制造技术学、制造信息学、计算制造学、制造智能学,加上传统制造科学中的机械动力学、机械设计学、制造工艺学,构成了现代制造科学的基本内容。

2. 制造工程

制造工程主要研究制造系统中的制造技术和制造模式的实际问题。制造技术包括产品设计技术、加工技术、装配技术、控制技术、信息技术、纳米技术等专业技术。制造模式包括集成制造模式、并行工程模式、精益生产模式、敏捷制造模式、虚拟制造模式、智能制造模式、可重构制造模式、生物制造模式、微纳制造模式和绿色制造模式等多种新模式。制造技术是制造系统的产品实现之法,制造模式是制造系统的高效经营之道。

3. 基础理论

制造技术的发展,离不开相应历史发展阶段的科技进步和基础科学理论的支撑。在大批量自动化生产阶段,其基础理论是力学与统计学;多品种、小批量生产方式下,其基础理论发展为以离散事件动态系统为代表的系统控制理论;在以 CIMS、敏捷制造、智能制造系统为代表的制造系统模式中,基础理论则发展成为系统理论、人工智能理论。制造技术进一步向前发展,越来越多地依赖于基础科学理论的深化,依赖于不同领域、不同学科的发展,越来越多地吸收数学、生物、材料、信息、计算机、系统论、信息论、控制论等诸多学科的基本理论和最新成果。

1.2.3　制造技术的概念

1. 制造技术的定义

现代科学技术体系主要由科学、工程和技术三大部分组成。科学是人类探索自然和社会现象并取得认识的过程与结果,认识的过程是研究,认识的结果是知识。工程是人们综合运用科学的理论和技术的手段去改造客观世界的具体活动,以及取得的实际成果。技术是人类在优化世界的实践过程中所采用的手段和方法,也是人的因素(知识、能力)与物化因素(工具、装备)的统一。技术是科学和工程的中间环节,其目的是探讨各专业生产过程的可行性和通用性的手段。

制造技术(manufacturing technology)是根据人们的需求,使原材料成为产品所运用的一系列技术的总称,是制造业赖以生存和进步的主体技术。它有狭义与广义之分。

(1)狭义制造技术。它是指将原材料经济有效地加工成最终产品的手段。它主要是指工艺方法和加工设备,包括物料流转变过程中采用的各种加工成形技术、材质处理技术、装配技术、物料搬运技术、包装技术、储存技术及必要的辅助技术。制造技术常以各种工艺装备的硬件形式体现,这些装备的自动化程度和先进性在很大程度上决定着企业的生产能力、产品质量、生产率及对市场的应变能力。

（2）广义制造技术。它是完成制造活动所需的一切手段的总和。它涉及的领域十分广泛，不仅重视工艺方法和设备，还强调设计方法、生产组织模式、制造与环境和谐统一、制造的可持续性及制造技术与其他科学技术的交叉和融合，甚至还涉及制造技术与制造全球化、贸易自由化、军备竞争等。

2. 先进制造技术

先进制造技术是指根据市场需求，使原材料成为产品所运用的一系列先进技术的总称，是现代制造业赖以生存和发展的主体技术。

先进制造技术是传统制造技术不断吸收机械、电子、信息、材料、能源及现代管理等方面的成果，并将其综合应用于产品全生命周期，以实现优质、高效、低耗、清洁、灵活生产，并取得理想技术经济效果的制造技术。

3. 先进制造技术的体系结构

先进制造技术的体系结构如图1-10所示，由里到外包含基础制造技术、单元制造技术和系统集成技术三个不同层次，反映了先进制造技术由基础到单元，再到系统集成的发展过程。

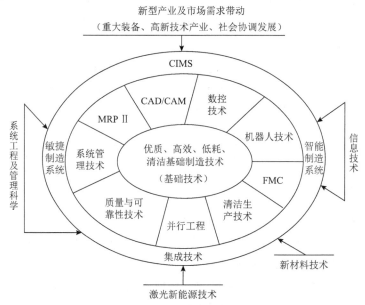

图 1-10　先进制造技术的体系结构

（1）基础制造技术层。这个层次的技术是先进制造技术的基础和核心，是在机械加工、铸造、锻压、焊接、热处理、表面保护等领域至今仍在大量应用的经济实用的制造技术，包含洁净铸造、精密锻造、精密加工、精密测量、表面强化、优质高效连接、功能型防护涂层等。这些基础制造技术经过优化和提炼，保证了制造系统优质、高效、低耗、清洁地进行生产。

（2）单元制造技术层。传统制造技术与电子、信息、新材料、新能源、环境科学、系统工程、现代管理等高新技术相结合，形成了一个新型单元制造技术，如CAD/CAM

技术、MRPⅡ、数控技术、机器人技术、系统管理技术、FMC等，这些单元制造技术大大提高了同一领域、不同生产过程的自动化程度，简化了生产过程，提高了生产效率，降低了资源消耗。

（3）系统集成技术层。系统集成技术应用信息技术、网络通信技术及系统管理技术等，将单元制造技术进行有效集成，形成集成的大制造系统，实现了制造系统最大的综合效益，如CIMS、敏捷制造系统（agile manufacturing system，AMS）等。

1.2.4 制造的基础理论

制造学科发展到今天已成为一门面向整个制造业，涵盖整个产品和制造系统生命周期及其各个环节的"大制造、大系统、大科学"，即制造科学具有综合、交叉的特点。其中，制造机理、制造信息学、计算制造学、制造智能学和制造系统的结构与建模等构成了现代制造系统的科学理论基础。

1. 制造信息学

制造信息学是研究与制造活动有关的信息、信息驱动、人类运用制造信息的机制及制造信息体系结构的一门基础科学。制造信息的主要来源是知识，制造系统对信息的依赖也是对知识的依赖。制造经验、技能和知识的信息化，特别是制造活动中人的经验、技能、诀窍和知识的表达、获取、传递与变换，以及CAD、计算机辅助生产计划（computer-aided process planning，CAPP）、产品数据管理（product data management，PDM）将是制造信息学的重要研究内容（图1-11），也是制造系统及制造单元智能化的基础。另外，制造过程中所需接收和处理的各种信息正在爆炸性地增长，海量制造信息的规范、存储、管理及制造信息系统等也是制造信息学研究的关键问题。

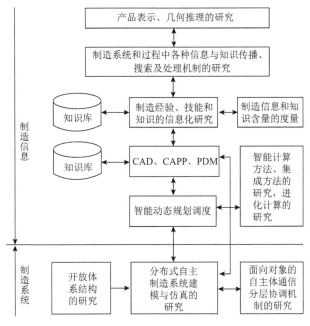

图1-11 制造信息学的研究内容

2. 计算制造学

计算制造是指利用计算机对制造过程和制造系统的表示、计算、推理与形式处理，包括制造中的几何表示、计算、优化和推理，制造过程建模、控制、规划、调度，和管理有关的计算问题及其复杂性问题分析。计算制造的目的是使制造系统中的种种问题归结为计算机可形式化的计算模型，形成虚拟原型（virtual prototype，VP）研究可计算性和复杂性。

计算制造中存在三个典型问题，即调度、排样与对策。其中，调度问题包括组合爆炸、求解速度与求解质量、问题规模与新型启发式算法等；排样问题包括几何表示、几何推理、几何问题求解等，如背包问题、机器人无碰路径规划问题；对策问题包括分布式控制与自主决策、多自主体的合作与竞争等。

计算机几何是计算制造的理论基础之一，它与代数几何、组合几何、凸分析、数据结构、复杂性分析等都是实现制造中几何问题分析的基础。计算机几何已成为解决制造系统中诸多难题的有力工具，其理论框架包括几何模型、计算机表示与空间推理的理论及方法等。

计算智能是计算制造的另一个重要的研究内容。计算智能是基于数值计算的智能方法，其灵活性、通用性及严密性明显优于基于知识的人工智能技术。计算智能对提高制造系统和制造单元的智能化水平有着重大的意义。计算智能主要包括进化计算、神经网络与模糊系统等。其中，进化计算因其具有自组织、自适应、自学习和本质并行性等特点，与混沌理论和分形几何一起，被认为是研究非线性和复杂系统的新的三大方法之一。进化计算基于自然突变、自然选择的生物进化思想，将复杂的制造系统描述为生物进化模型，利用其自重组、自适应与进化特性，研究制造系统的动态重组与自组织行为。这为解决分布式制造系统的自组织行为能力与分布式协同这一"瓶颈"问题提供了新的思路和方法，有助于降低这一问题的复杂性。进化计算在制造系统中的应用还包括系统建模、工程优化、最优控制、机器学习与制造机器人等方面。计算制造的有关研究内容见图1-12。

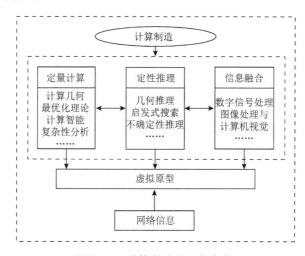

图1-12　计算制造的研究内容

3. 制造智能学

人工智能特别是计算智能在制造系统及其各环节的广泛应用，以及制造知识的获取、表示、存储和推理成为可能，导致出现了制造智能与制造技术的智能化。制造智能主要表现在智能调度、智能设计、智能加工、智能操作、机器人、智能控制、智能工艺规划、智能测量和诊断等多方面。制造智能涉及的算法包括遗传算法（genetic algorithm，GA）、人工神经网络（artificial neural network，ANN）、学习编程（programmed learning，PL）等。基于制造智能的智能化制造系统是制造系统的发展方向，被称为21世纪的制造系统。智能化制造系统需要大量的知识。基于人工智能的方法通过计算机来获取、表示、组织和利用知识，在智能制造中将发挥重要作用。生物智能、仿生制造系统的自组织机制与方法，基于信息模型的个体复制和通过进化形成的自适应能力，是解决当今制造业面临的种种难题的一条有望的途径。制造智能及其相关内容见图1-13。

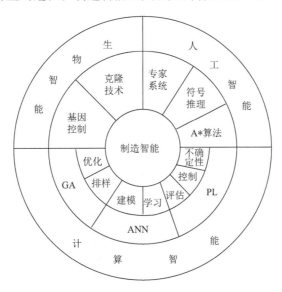

图 1-13 制造智能及其相关内容

1.2.5 制造工程的层次结构

1. 本书中制造工程的层次结构

本书从当代制造工程发展的特点出发，根据工业工程人才培养目标的要求，按照"制造系统—制造模式—制造技术"三个层次来组织现代制造系统的学科内容。

制造业是由一个个制造企业组成的，按照制造系统的定义，可以把每个制造企业看成是一个制造系统。制造业的实践表明，制造技术必须在与之相匹配的制造模式里运作才能发挥作用。以"系统—模式—技术"为结构，使教学内容既符合制造系统演化的内在规律，又体现工业工程的技术与管理交叉的特征。

2. 制造系统、制造模式和制造技术的关系

表1-1给出了制造系统、制造模式和制造技术在不同时期的对应关系。

表 1-1　制造系统、制造模式和制造技术的关系

发展年代	制造系统	制造模式	制造技术（举例）
20 世纪 50 年代	刚性制造系统	刚性制造模式	专用自动机；专用自动线；流水线；标准化；继电器逻辑控制器；可编程逻辑控制；组合机床；统计过程控制
20 世纪 60 年代	FMC	单机柔性制造模式	数控机床；加工中心；微电子技术/数字电路；在线测试技术；自动编程技术
20 世纪 70 年代	FMS	柔性制造模式	工业机器人；CAD；计算机辅助工程（computer aided engineering，CAE）；计算机辅助工艺设计；物料储存自动化技术；网络通信与群控；计算机生产管理与质量保证技术；制造过程监控技术；MRP 与 MRP Ⅱ
20 世纪 80 年代	CIMS	CIM 模式	信息集成技术；CAD/CAPP/NCP 或 CAD/CAM 集成；信息技术；质量保证技术；PDM；柔性自动化加工系统；仿真技术与车间动态系统；数据库技术；计算机通信网络技术
20 世纪 90 年代	智能制造系统	智能制造模式	系统集成技术；CAD/CAE/CAM/CAPP/PDM/MRP Ⅱ；专家系统；GA；ANN；决策支持系统；智能机器；智能单元；制造智能
	AMS	可重构、并行、敏捷、精益、虚拟、绿色等	过程集成技术；准时生产；企业资源计划（enterprise resource planning，ERP）；计算机仿真技术；面向产品生命周期的设计技术；数据库与网络通信技术；CIMS
21 世纪	全球制造系统	21 世纪制造模式	企业集成技术；制造资源和组织全球化；知识管理；知识创新；技术创新；网络化制造技术；e-制造技术；数字化设计与制造；制造业信息化

（1）制造模式是建立制造系统的基础，制造系统是制造模式的物理实现。制造模式是制造系统的重要组成部分，有战略决策的作用和地位。制造系统是一种人造的开放式系统，体现了人类的意志、原则和规律。在制造系统的规划、设计、运行和发展过程中，制造模式决定了制造系统的结构和运行方式。

（2）制造技术是形成制造模式的基础，制造模式是适应制造技术的必要条件。制造技术因制造系统的需求而产生，制造模式则因制造技术拉动而变旧为新。制造模式与制造技术互为依存，不可分离。制造模式是制造技术发挥作用的形式，制造技术是制造模式具体运用的内容。

■1.3　CIMS

1.3.1　CIMS 的基本概念

1. 产生背景

20 世纪 70 年代，美国 Joseph Harrington 博士首次提出了计算机集成制造（computer integrated manufacturing，CIM）理念。它的内涵是借助计算机，将企业中

各种与制造有关的技术集成起来，进而提高企业适应市场竞争的能力。但是，基于CIM理念的CIMS在20世纪80年代中期才开始得到重视并大规模实施，其原因是在70年代的美国产业政策中，过分地夸大了第三产业的作用，而将制造业特别是传统产业贬低为"夕阳工业"，这导致美国制造业优势急剧衰退，并在80年代初开始的世界性的石油危机中暴露无遗。此时，美国才开始重视并决心用其信息技术的优势夺回制造业的霸主地位，认为"CIMS，no longer a choice！"。

这里的"制造"是"广义制造"的概念，它包括了产品全生命周期各类活动——市场需求分析、产品定义、研究开发、设计、生产、支持（包括质量、销售、采购、发送、服务）及产品最后报废、环境处理等的集合。其中，价值流是指以产品T、Q、C、S、E等价值指标所体现的企业业务过程流，如成本流等。

我国"现代集成制造系统"拓展了传统CIMS的要点，细化了现代市场竞争的内容（P、T、Q、C、S、E）；提出了CIMS的现代化特征是数字化、信息化、智能化、集成优化、绿色化；强调了系统的观点，拓展了系统集成优化的内容，包括信息集成、过程集成和企业间集成优化、企业活动中三要素和三流的集成优化，以及CIMS相关技术和各类人员的集成优化，突出了管理与技术的结合，以及人在系统中的重要作用；指出了CIMS技术是基于传统制造技术、信息技术、管理技术、自动化技术、系统工程技术的一门发展中的综合性技术，其中，特别突出了信息技术的主导作用；扩展了CIMS的应用范围，包括离散型制造业、流程及混合型制造业。此外，这种提法更具广义性、开放性和持久性。

2. CIM的基本概念

1974年，Joseph Harrington博士在 *Computer Integrated Manufacturing* 一书中提出CIM的概念，此概念有两个要点。

（1）从功能上，CIM包含一个制造企业的全部生产和经营管理活动，从市场预测、产品设计、制造装配、经营管理到售后服务是一个整体，要全面考虑。

（2）从信息上，整个生产过程实质上是一个数据采集、传送和处理决策的过程，最终形成的产品可以看成是数据（信息）的物质表现。

围绕着Joseph Harrington博士的这一概念，世界各国对CIM的定义进行了不断的研究和探索。1985年德国经济委员会推荐的定义是："CIM是指在所有与生产有关的企业部门中集成地采用电子数据处理，CIM包括在生产计划与控制（production planning and control，PPC）、计算机辅助质量管理（computer aided quality management，CAQ）之间信息技术上的协同工作，其中生产产品所必需的各种技术功能与管理功能应实现集成。"

日本能率协会在1991年完成的研究报告中对CIMS的定义为："为实现企业适应今后企业环境的经营策略，有必要从销售市场开始对开发、生产、物流、服务进行整体优化组合。CIM是以信息为媒介，用计算机把企业活动中多种业务领域及其职能集成起来，追求整体效率的新型生产系统。"

美国IBM公司1990年采用的关于CIM的定义是："应用信息技术提高组织的生产

率和响应能力。"

　　欧洲共同体（以下简称欧共体）计算机集成制造 – 开放体系结构（computer integrated manufacturing-opensystem architecture，CIM-OSA）课题委员会关于 CIM 的定义："CIM 是信息技术和生产技术的综合应用，旨在提高制造型企业的生产率和响应能力，由此，企业的所有功能、信息、组织管理方面都是一个集成起来的整体的各个部分。"

　　综合诸种定义，可以把 CIM 定义归结为：利用计算机通过信息集成，把企业的生产经营活动管理起来，以提高企业对激烈多变的竞争环境的适应能力，求得企业的总体效益，使企业能够持续稳定发展。

　　CIM 是一种组织现代化生产的哲理，863/CIMS 主题专家组通过近十年来对这种哲理的具体实践，根据中国国情，把 CIM 及 CIMS 定义为：CIM 是一种组织、管理与运行企业生产的哲理，它借助计算机硬件及软件，综合运用现代管理技术、制造技术、信息技术、自动化技术、系统工程技术，将企业生产全过程（市场分析、经营管理、工程设计、加工制造、装配、物料管理、售前售后服务、产品报废处理）中有关的人/组织、技术、经营管理三要素与其信息流、物流有机地集成并优化运行，实现企业整体优化，以达到产品高质、低耗、上市快、服务好，从而使企业赢得市场竞争。CIMS 是基于 CIM 哲理构成的系统。

　　CIMS 是一种基于 CIM 理念构成的数字化、信息化、智能化、绿色化、集成优化的制造系统，是信息时代的一种新型生产制造模式。

　　在这里，CIMS 主题专家组强调了以改善产品的 T（time，指产品上市时间）、Q（quality，产品的质量）、C（cost，产品的价格）、S（service，服务），赢得竞争为目标。在系统全过程中，人是三要素和两种流集成优化、多种技术综合运用的核心。CIMS 中的 M，不仅是针对制造业，还应扩展到管理等领域。

　　CIMS 的主要特点是计算机化、信息化、智能化、集成优化，CIM 哲理和相关技术既可用于离散型制造业，也可用于流程和混合型制造业。

　　CIMS 哲理的提出，引起了各国的重视，许多国家纷纷将其列入国家重点计划，并取得显著成效。例如，美国国家关键技术委员会把 CIM 列入影响美国长期安全和经济繁荣的22项关键技术之一。美国空军、国防部、国家标准研究院等政府部门都制订了发展 CIM 的战略规划。欧共体在1984~1993年对 CIM 应用资助计划。日本通产省20世纪80年代末制订了"智能制造系统"计划等。目前，世界上每年的 CIM 产业已达数十亿美元，与 CIM 有关的系统集成、企业管理、工程设计及制造等相关技术都取得了长足的进展。

　　20世纪80~90年代，CIM 进入了一个迅速发展的阶段，其内涵与概念都有了许多新的丰富，并与许多新概念[如人工智能、准时制造（just in time）、精良生产、敏捷制造、并行工程等]相结合，形成互补。研究这些方法及技术对应用 CIM 技术求得企业经营活动的总体优化有着不可低估的意义。

3. CIMS 的分类

　　CIMS 是一种生产管理系统，不同的企业环境有不同的运作方式，市场上没有具体的、现成的产品，也没有严格的分类标准。为了分析问题的方便，人们人为地对其加以分类。从生产工艺方面，CIMS 可大致分为以下三种。

（1）离散型制造业 CIMS：这个行业的特点是加工生产过程不是连续的，而是先加工单个零件，然后再将单个零件进行组装，装配成半成品或成品，如机床、汽车、电子设备的生产企业等。

（2）连续型制造业 CIMS：这个行业的特点是原材料加工装置连续不断地进行规定的物理化学变化而最终得到符合需要的产品，如水泥生产、化学化工、石化行业等。

（3）混合型制造业 CIMS：这个行业的特点是生产过程中既有离散型生产环节，又有连续型生产环节，如钢铁企业炼铁、炼钢厂炼钢、轧钢厂轧钢等各个生产过程都属于连续型的过程，但各个厂的钢水、铁水、钢锭、钢板的加工又是离散型过程。因此，称这类行业为混合型制造业的 CIMS。

从 CIMS 体系结构方面，可以分成集中型、分散型和混合型三种。

4. CIMS 发展的三个阶段

1）以信息集成为特征的 CIMS

信息集成主要解决企业中各个自动化孤岛之间的信息交换与共享，其主要内容有企业建模、系统设计方法、软件工具和规范、异构环境和子系统的信息集成。早期信息集成的实现方法主要通过局域网和数据库来实现，近期采用企业网、外联网、PDM、集成平台和框架技术来实施。值得指出的是，基于面向对象技术、软构件技术和 Web 技术的集成框架已成为系统信息集成的重要支撑工具。

相应地，在企业管理上应用了 MRP Ⅱ、准时制造等，进而带动了企业文化和管理的优化。

2）以过程集成为特征的 CIMS

传统的产品开发模式采用串行产品开发流程，设计与加工生产是两个独立的功能部门，缺乏数字化产品定义和 PDM，缺乏支持群组协同工作的计算机与网络环境。但是，并行工程较好地解决了这些问题，它组成多学科团队，尽可能多地将产品设计中的各个串行过程转变为并行过程，在早期设计阶段采用 CAD、CAE、CAPP、面向制造的设计（design for manufacturing，DFM）、面向装配的设计（design for assembly，DFA）、面向质量的设计（design for quality，DFQ），以减少返工，缩短开发时间。并行工程的关键技术有：信息集成技术；过程建模及重组；面向并行工程的计算机辅助工具；支持并行作业的多学科的协同工作小组及计算机支持的协同工作（computer supported cooperative work，CSCW）和集成框架等。

此阶段中，在管理上引入业务流程重组（business process reengineering，BPR），项目管理采取扁平组织，将 MRP Ⅱ 与准时制造结合，形成推、拉结合的生产管理模式，吸收精益制造思想等。这些都进一步优化了企业的文化和管理。

3）以企业集成为特征的 CIMS

企业间集成优化是企业内外部资源的优化利用，实现敏捷制造，以适应知识经济、全球经济、全球制造的新形势。

　　从管理的角度，企业间实现企业动态联盟、虚拟企业（virtual enterprise），形成扁平式企业的组织管理结构和"哑铃型"企业，克服"小而全""大而全"，实现产品型企业，增强新产品的设计开发能力和市场开拓能力，发挥人在系统中的重要作用等。

　　企业间集成的关键技术包括信息集成技术、并行工程技术、虚拟制造、支持敏捷工程的关键技术系统、基于网络（如 Internet/Intranet/Extranet）的敏捷制造及资源优化，如 ERP、供应链、电子商务。

5. CIMS 的发展趋势

　　1）集成化

　　集成化有三个含义：一是技术的集成；二是管理的集成；三是技术与管理的集成。其本质是知识的集成，即知识表现形式的集成。现代集成制造技术就是制造技术、信息技术、管理科学与有关科学技术的集成。

　　（1）现代技术的集成。机电一体化是个典型，它是高技术装备的基础，如微电子制造装备，信息化、网络化产品及配套设备，仪器、仪表、医疗、生物、环保等高技术设备。

　　（2）加工技术的集成。特种加工技术及其装备是个典型，如增材制造（即快速原型）、激光加工、高能束加工、电加工等。

　　（3）企业集成，即管理的集成。企业集成包括：生产信息、功能、过程的集成；生产过程的集成；全寿命周期过程的集成；企业内部的集成和企业外部的集成。

　　2）数字化

　　数字化制造就是指制造领域的数字化，它是制造技术、计算机技术、网络技术与管理科学的交叉、融和、发展及应用的结果，也是制造企业、制造系统与生产过程、生产系统不断实现数字化的必然趋势。它包含了三大部分——以设计为中心的数字制造、以控制为中心的数字制造和以管理为中心的数字制造。

　　3）精密化

　　所谓"精密化"，一方面是指对产品、零件的精度要求越来越高；另一方面是指对产品、零件的加工精度要求越来越高。"精"是指加工精度及其发展，如精密加工、细微加工、纳米加工等。

　　4）极端化

　　"极"就是极端条件，就是指在极端条件下工作的或者有极端要求的产品，从而也是指这类产品的制造技术有"极"的要求。例如，在高温、高压、高湿、强磁场、强腐蚀等条件下工作的，或有高硬度、大弹性等要求的，或在几何形体上极大、极小、极厚、极薄、奇形怪状的。显然，这些产品都是科技前沿的产品。其中之一就是"微机电系统"。可以说，"极"是前沿科技或前沿科技产品发展的一个焦点。

　　5）自动化

　　自动化就是减轻人的劳动，强化、延伸、取代人的有关劳动的技术或手段。自动化从自动控制、自动调节、自动补偿、自动辨识等发展到自学习、自组织、自维护、自修复等更高的自动化水平；今天自动控制的内涵与水平已远非昔比，从控制理论，到控制技术、控制系统、控制元件，都有着极大的发展。

6）网络化

网络化是现代集成制造技术发展的必由之路，企业要避免传统生产组织所带来的一系列问题，必须在生产组织上实行某种深刻的变革。这种变革体现在以下两方面。

一方面，利用网络，在产品设计、制造与生产管理等活动乃至企业整个业务流程中充分享用有关资源，即快速调集、有机整合与高效利用有关制造资源。

另一方面，这必然导致制造过程与组织的分散化、网络化，企业必须集中力量在自己最有竞争力的核心业务上。科学技术特别是计算机技术、网络技术的发展，使得生产技术发展到使这种变革的需要成为可能。

7）智能化

制造技术的智能化突出了在制造诸环节中，以一种高度柔性与集成的方式，借助计算机模拟的人类专家的智能活动，进行分析、判断、推理、构思和决策，取代或延伸制造环境中人的部分脑力劳动。同时，收集、存储、处理、完善、共享、继承和发展人类专家的制造智能。智能化制造必将成为未来制造业的主要生产模式之一。

8）绿色化

制造业的产品从构思开始，到设计阶段、制造阶段、销售阶段、使用与维修阶段，直到回收阶段、再制造各阶段，都必须充分注意环境保护。所谓环境保护是广义的，不仅要保护自然环境，还要保护社会环境、生产环境，而且要保护生产者的身心健康。

1.3.2 CIMS 的组成

CIMS 由四个功能分系统（管理信息子系统、工程设计自动化子系统、制造自动化子系统、质量保证子系统）和两个支撑分系统（数据库子系统、计算机通信网络子系统）组成（图1-14）。

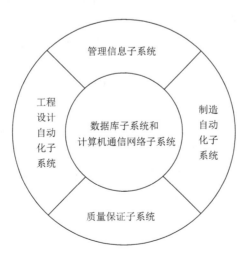

图 1-14 CIMS 的组成

1. 管理信息子系统

管理信息子系统是以 ERP 为核心，包括预测、经营决策、各级生产计划、生产技术准备、销售、供应、财务、成本、设备、工具、人力资源等管理信息功能，通过信息的集成，达到缩短产品生产周期、降低流动资金占用、提高企业应变能力的目的。管理信息子系统包括管理信息系统(management information system)、办公自动化(office automatic)、供应链、CAQ、BPR 及 ERP 等技术。

2. 工程设计自动化子系统

产品设计开发活动包括产品概念设计、结构分析、详细设计、工艺设计及数控编程等。工程设计自动化是指在产品设计开发过程中，通过计算机技术的应用来辅助产品设计、制造准备及产品性能测试等阶段的工作，即常说的 CAD/CAE/CAPP/CAM 系统，目的是使产品开发活动更高效、更优质、更自动地进行。

3. 制造自动化子系统

制造自动化子系统是 CIMS 中信息流和物料流的结合点，是 CIMS 最终产生经济效益的聚集地，由数控机床、加工中心、清洗机、测量机、运输小车、立体仓库、多级分布式控制（管理）计算机等设备及相应支持软件组成。根据产品的工程技术信息、车间层的加工指令，完成对零件毛坯加工的作业调度及制造，使产品制造活动周期短、成本低、柔性高。制造自动化子系统包括 DNC、CNC、FMC、FMS、RPM 和虚拟制造等。

4. 质量保证子系统

质量保证子系统包括质量决策、质量检测与数据采集、质量评价、控制与跟踪等功能，以实现产品的高质量、低成本、提高企业竞争力的目的。质量保证子系统保证从产品设计、产品制造、产品检测到售后服务全过程的质量，一般包含下面四个子系统。

（1）质量计划子系统，用来改进质量目标，建立质量标准和技术标准，计划可能达到的途径和预计可能达到的改进效果，并根据生产计划和质量要求制订检测计划与检测规程及规范。

（2）质量检测子系统，采用自动或手工对零件进行检验，对产品进行试验，采集各类质量数据并进行校验和预处理。

（3）质量评价子系统，包括对产品设计质量评价、外购外协件质量评价、供货商能力评价、工序控制点质量评价、质量成本分析及企业质量综合指标分析评价。

（4）质量信息综合管理与反馈控制子系统，包括质量报表生成、质量综合查询、产品使用过程质量综合管理及针对各类质量问题所采取的各种措施与信息反馈。

5. 数据库子系统

在 CIMS 环境下，所有经营管理、工程技术、制造控制、质量保证等各类数据，需要在一个结构合理的数据库系统里进行存储和调用，以满足各子系统信息的交换和共享。

数据库子系统支持 CIMS 各分系统，是覆盖企业全部信息的数据库系统，它在逻辑上是统一的，在物理上可以是分布的全局数据管理系统，可以实现企业数据共享和信息集成。

6. 计算机通信网络子系统

计算机网络是以共享资源为目的而连接起来的由多台计算机、终端设备、数据传输设备及通信控制处理设备的集合，它们在统一的通信协议控制下，具有硬件、软件和数据共享的功能。

计算机通信网络子系统是支持 CIMS 各个分系统的开放型网络通信系统，采用国际标准和工业标准规定的网络协议，可以实现异种机互联、局部网络异构及多种网络的互联。计算机通信网络子系统以分布为手段，满足各应用分系统对网络支持服务的不同需求，支持资源共享、分布处理、分布数据库、分层递阶和实时控制。

1.3.3　CIMS 的体系结构

1. 概述

我们把 CIMS 体系结构定义为一组不同层次的各种视图模型的集合。CIMS 在内容、范围、时间进程上，都不应该是封闭的，对所述体系结构还特别强调其开放性，故称为开放系统体系结构。

对 CIMS 体系结构的认识有一个发展过程。20世纪80年代中期，以美国制造工程师学会计算机及自动化系统分会（The Computer and Automated Systems Association of the Society of Manufacturing Engineers，CASA/SME）为代表提出了一种轮形体系结构，强调以共享数据库和通信网络为中心把各项单元技术连接成一个整体。IBM 公司当时也提出了一个类似的轮形结构。但这种类型的结构只强调了 CIMS 的技术方面，只进行技术方面的信息集成不可能获得 CIMS 集成的全部效益。随着 CIMS 实践的不断深入，人们对复杂系统必须有多方位建模有了认识，特别是对人的因素在 CIMS 实施中的重要性有了越来越清楚的认识，因此，CIMS/OSA 的立方体结构被更多的人接受，而成为国际标准化组织（International Standard Organization，ISO）采用的"预标准"。从其目标来说，CIMS/OSA 要为 CIMS 用户提供设计和实施 CIMS 系统的指南，要为 CIM 供货商提供与CIMS/OSA 相适应的可销售的产品指南；CIMS/OSA 要支持战略、战术和操作计划各级管理中的决策及对产品设计、制造等的直接操作的决策；CIMS/OSA 还要提供信息技术支持，以保证系统的一致性和设计的优化。由于 CIMS 的极端复杂性，不确定因素和人为因素非常突出，所以不能期望这一建模和设计过程的完全自动化，在整个设计过程及将来的实施和运行过程中，必然需要技术熟练的专家干预才能进行系统优化。

2. AMRF 递阶控制结构

美国国家标准与技术研究院所属的 AMRF 提出五层递阶控制结构（图1-15），它采用模块式的分级结构，每一模块均接受上一级的命令并将状况反馈至上一级，每一模块都具有独立的数据存取接口。通过这种分级式控制结构和模块化系统可将复杂的整体任务一级一级地分解成更细的具体任务来完成。

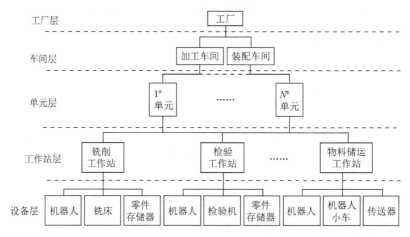

图 1-15　AMRF 递阶控制结构

1）工厂层控制系统

这是最高一级控制，履行厂级职能。它规划的时间范围（指任何控制级完成任务的时间长度）可从几个月到几年。这一层按主要功能可分为三个子系统：生产管理、信息管理和制造工程。

（1）生产管理。它跟踪主要项目，制订长期生产计划，明确生产资源需求，确定所需的投资，算出剩余生产能力，汇总质量性能数据。根据生产计划数据可确定交给下一级的生产指令。

（2）信息管理。通过用户接口实现必要的行政或经营管理功能，如成本估算、库存统计、用户订单处理、采购、人事管理和工资单处理等。

（3）制造工程。制造工程包括 CAD、CAPP 和 CAM，其功能一般都是通过用户和数据接口并在人的干预下实现的。

2）车间层控制系统

这一层控制系统负责协调车间的生产和辅助性工作及这些工作的资源配置。其规划时间从几周到几个月，它主要有以下两个模块。

（1）任务管理模块。该模块负责安排生产能力计划，对订单进行分批，把任务及资源分配给各单元，跟踪订单直到完成。同时，安排所有刀具、夹具、机器人、机床及物料运输设备的预防性维修及其他辅助性工作。

（2）资源分配模块。它负责分配各单元进行各项具体加工时所需的工作站、储存站、托盘、刀具及材料等。

3）单元层控制系统

这一层负责安排零件分批通过工作站的顺序和管理物料储运、检验及其他有关辅助性工作，其规划时间可从几小时到几周。具体工作内容是完成任务分解、资源需求分析，向车间层报告作业进展和系统状态，决定分批零件的动态加工路线，安排工作站的工序，给工作站分配任务及监控任务进展情况等。单元层控制系统设有三个模块。

（1）排队管理模块。它向上与操作命令模块接口，向下与调度模块接口。当提出新的作业项目申请后，该模块就必须分析其可行性，通过调度模块向工作站发出适当命令，并向操作命令模块反馈情况。当需要处理一项新的命令时，该模块就应在单元作业排队中建立一个项目，确定为满足该申请而需完成的任务，并把这些任务分配给适当的调度模块和报告已被系统接受的作业。该模块还不断接收来自下级模块有关工作站操作状况和作业完成情况的反馈。

（2）调度模块。每个工作站都配有一个调度模块，它向上与排队管理模块接口，向下与本单元的分配模块接口。调度模块负责管理各自的调度作业和监控该工作站任务的完成，选择下一个任务；向有关的分配模块发出适当命令处理该任务；清除所有取消的和已完成任务的作业。

（3）分配模块。每个工作站都配有分配模块，它向上与调度模块接口，向下直接与有关工作站控制器接口。分配模块有两个基本功能：一是把经过选择的任务用适当的命令结构分配给工作站；二是通过工作站的反馈，监控该命令的执行情况，并对工作站的反馈进行处理。调度模块利用经过这种处理的信息适时修改排队和工作站状态。

4）工作站层控制系统

它负责指挥和协调车间中一个设备小组的活动，其规划时间范围可从几分钟到几小时。一个典型的加工工作站由一台机器人、一台机床、一个物料储运器和一台控制计算机组成，它负责处理由物料储运系统交来的零件托盘。控制器将工件调整、零件夹紧、切削加工、切屑清除、加工检验、拆卸工件及清理工作等设备级各子系统排序。单元至工作站的控制接口可设计成用于各种形式的工作站。

5）设备层控制系统

这一层是"前沿"系统，是各种设备如机器人、机床、坐标测量机、小车、传送装置及储存/检索系统等的控制器。规划时间范围可以从几毫秒到几分钟。采用上述设备控制装置，是为了扩大现有设备的功能，并使它们符合标准局的控制和检测计量概念。标准局为设备控制系统研制的先进计量法包括热和运动误差的软件修正、在线超声波表面光洁度检测、切屑形状声发射监测、刀具磨损检测，还包括在机床上探测和预先计算由夹紧力引起的变形等。

这一层控制系统向上与工作站控制系统接口连接，向下与厂家供应的设备控制器接口连接。设备控制器的功能是把工作站控制器命令转换成可操作的、有次序的简单任务，并通过各种传感器监控这些任务的执行。

3. CIMS/OSA 开放式体系结构

CIMS/OSA 是由欧共体 CIM 体系结构委员会提出的一种开放式 CIMS 体系结构，它为制造企业制造 CIMS 规划、设计、实施和运行提供了一种参考模型，提出了一套标准的、实用的 CIMS 系统建模机理、方法和工具。

如图1-16所示，CIMS/OSA 是一个由结构、建模和视图三个方向所构成的三维框架模型。在这个三维框架模型的结构方向，由三个垂直的列来描述 CIMS 体系结构的通用层、部分通用层和专业层；在建模方向，由三个水平的行来表示 CIMS 的需求定义层、设计规范层和实施描述层；在视图方向，由功能视图、信息视图、资源视图和组织视图四个不同的视图按纵深依次平行地描述。从而使 CIMS 系统的设计和实施过程，分别沿着结构、建模和视图三个不同方向，遵循着从一般到特殊推导求解和逐步生成的过程。

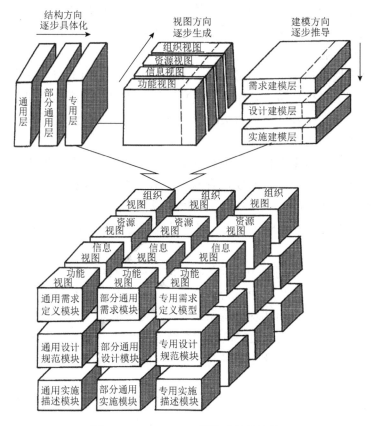

图 1-16　CIMS/OSA 开放式体系结构

1）CIMS/OSA 结构方向

在 CIMS/OSA 的结构方向，有通用层、部分通用层和专用层。

（1）通用层。包含各类企业共同的需求和处理方法，有各类通用组件、约束规划、服务功能和协议等 CIMS 系统的基本构成模块。

（2）部分通用层。有一整套适用于如机械制造、航空、电子等类型的制造企业的通用模型，包括按照行业类型、企业规模等不同分类的各类典型结构，是建立企业 CIMS 专用模型的工具。

（3）专用层。专用层结构仅适用于某特定企业，一个企业只能通过一种专用结构来描述，它是在通用层和部分通用层参考结构基础上，根据特定企业运行需求而选定或建立的 CIMS 系统和结构。

2）CIMS/OSA 建模方向

CIMS/OSA 的建模方向，是用于说明 CIMS 生命周期的不同阶段，包含需求定义、设计规范和实施描述三个不同的建模层次。

（1）需求定义层。描述一个 CIMS 企业的需求定义模型。

（2）设计规范层。根据企业经营生产需求和有限的能力，对企业 CIMS 进行设计和优化。

（3）实施描述层。在设计规范基础上，对 CIMS 企业生产活动过程及系统物理元件进行描述，包括 CAD、CAM、CAQ、MRP、DNC、FMC、机器人、包装机、传送机等制造技术元件，以及计算机硬件、通信网络、数据库系统、系统服务器、系统软件和应用软件等信息技术元件。

3）CIMS/OSA 视图方向

CIMS/OSA 的视图方向，可用于描述企业 CIMS 系统的不同组成部分，如功能视图、信息视图、资源视图和组织视图等。

（1）功能视图。用于获取企业用户对 CIMS 运行功能的需求，反映系统的基本功能规律，指导用户确定和选用受益人功能模块。

（2）信息视图。帮助企业用户确定其信息需求，建立基本信息关系，确定数据库结构。

（3）资源视图。用于帮助企业确定其资源需求，建立优化的资源结构。

（4）组织视图。用于确定 CIMS 内部的多级职责体系，建立 CIMS 的组织结构。

由此可以看出，CIMS/OSA 是一种可供任何企业使用，可描述 CIMS 生命周期的各个阶段及企业用户各类需求的通用完备的体系结构。

1.3.4 功能模型 IDEF0

1. 概述

IDEF 是用于描述企业内部运作的一套建模方法，是美国空军20世纪70年代末80年代初 ICAM（integrated computer aided manufacturing）工程在结构化分析和设计方法基础上发展起来的一套系统分析和设计方法。

IDEF0（功能建模）描述系统的功能活动及其联系，在 ICAM 中用来建立加工制造业的体系结构模型，其基本内容是 SADT（system analysis and design technology）的活动模型方法。它是由 Softech 公司发展起来的。

IDEF1（信息建模）描述系统信息及其联系，建立信息模型作为数据库设计的依据。这是由 Hughes 飞机公司为主发展起来的。

IDEF2（数据建模）用于系统模拟，建立动态模型。这是由 HOS 公司为主发展起来的。

IDEF0的基本思想是结构化分析方法，来源于 SADT 方法。IDEF0用严格的自顶向下地逐层分解的方式来构造模型，使其主要功能在顶层说明，然后分解得到逐层有明确范围的细节表示，每个模型在内部是完全一致的。

IDEF0在建模一开始，先定义系统的内外关系、来龙去脉，用一个盒子及其接口箭头来表示，确定系统范围，如图1-17所示。由于在顶层的单个方盒代表

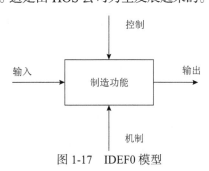

图 1-17　IDEF0 模型

了整个系统，所以写在方盒中的说明性短语是比较一般的、抽象的。同样，接口箭头代表了整个系统对外界的全部接口，所以写在箭头旁边的标记也是一般的、抽象的。然后，把这个将系统当成单一模块的盒子分解成另一张图形。

这张图形上有几个盒子，盒子间用箭头连接。这就是单个父模块所相对的各个子模块。这些分解得到的子模块，也是由盒子表示，其边界由接口箭头来确定。每一个子模块可以同样地细分得到更详细的细节，如图1-18所示。

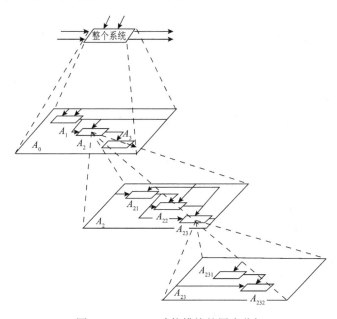

图 1-18   IDEF0 功能模块的层次分解

DEF0提供的规则，保证了如何通过分解得到人们所需要的具体信息。一个模块在向下分解时，分解成不少于3个、不多于6个的子模块。上界6，保证了采用递阶层次来描述复杂事物时，同一层次中的模块数不会太多，以致不符合人的认识规律。下界3，保证了分解是有意义的。但是，原始的SADT方法，规定一张图上的盒子数为2～7个，故我们也不做很硬性的限制。

模型中一个图形与其他图形间的精确关系，则用互相连接的箭头来表示。当一个模块被分解成几个子模块时，用箭头表示各子模块之间的接口。每个子模块的名字加上带标签的接口，确定了一个范围，规定了子模块细节的内容。

在所有情况下，子模块忠实地代表了父模块，以既不增加也不减少的方式反映着各自父模块所包含的信息。

2. IDEF0 模型示例

图1-19和图1-20提供了 CIMS 中 IDEF0图的实例。图1-19是 CIMS 的 IDEF0父图，图中有四个功能模块——营销管理子系统、新产品开发子系统、生产管理子系统和质量管理子系统。父图中的营销管理子系统又可分解为下一层中的三个子模块（图1-20），即销售管理、物流管理和客户管理。

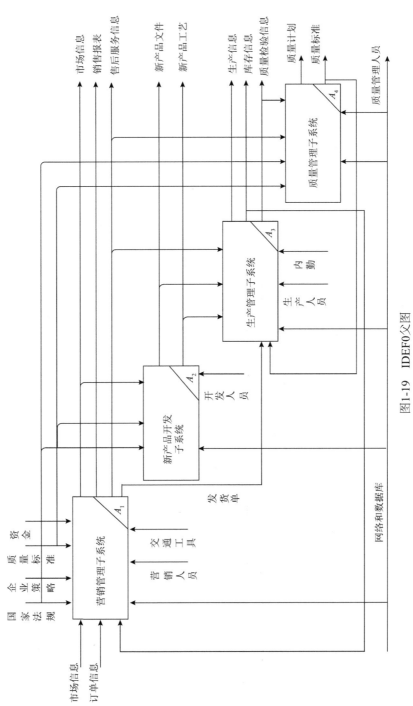

图1-19 IDEF0父图

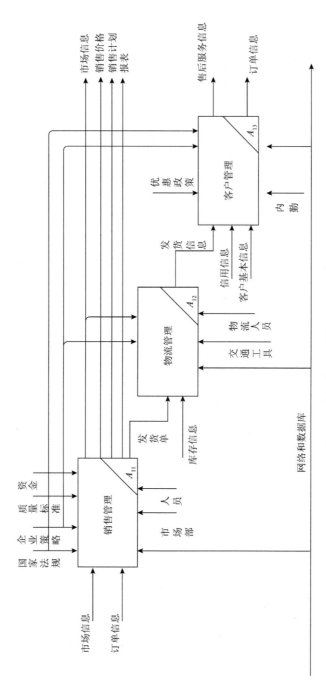

图1-20 营销管理子系统IDEF0子图

1.3.5   CIMS 的规划及设计

1. 可行性论证

可行性论证的主要任务是了解企业的战略目标及内外现实环境, 确定 CIMS 的总体目标和主要功能, 初步拟定集成的总体方案和实施的技术路线, 论证实施总体方案在经济、人力资源和社会条件方面的可行性, 制订投资规划和初步开发计划、编写可行性报告。

可行性论证的主要内容如下。

（1）了解企业的市场环境、生产经营特点、经营目标和采取的策略。

（2）调查分析企业当前的生产经营活动流程、信息流、生产设备及计算机资源情况、计算机应用情况、组织机构及人员情况。

（3）在掌握企业基本情况的基础上, 从全局观点分析影响经营战略目标实现所存在的瓶颈问题, 如企业在工程设计能力、交货期、产品品种、产品质量和成本等方面存在的急需解决的问题, 从而提出迫切需要通过 CIMS 改造企业的需求, 以期取得明显的经济效益。

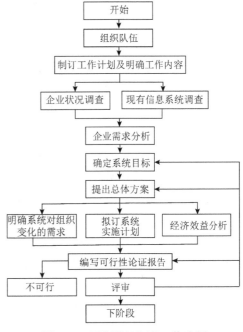

图 1-21   可行性论证的工作步骤

（4）拟订 CIMS 的集成方案和采取的技术路线, 要求集成方案与 CIMS 总目标一致, 既具有实用性, 又有一定的先进性。

（5）提出开发 CIMS 的关键技术及可行的解决途径。

（6）明确 CIMS 系统的开发计划。

（7）进行投资概算及初步成本效益分析, 说明 CIMS 应用工程的开发费用是企业经济实力所能承受的。

（8）编写可行性论证报告。

可行性论证的工作步骤如图1-21所示。

2. 初步设计

主要任务是确定 CIMS 的系统需求, 建立用 IDEF0表示的目标系统功能模型, 初步确定目标系统的信息模型, 提出 CIMS 系统实施的总体方案。

初步设计是对可行性论证的进一步深入和具体化, 在系统需求分析和主要技术方案设计方面应深入到各功能分系统, 进一步明确各分系统内部的功能需求, 产生相应的系统需求说明。

初步设计的工作内容如下。

（1）系统需求分析。与可行性论证阶段从战略层次进行需求分析不同，本阶段的需求分析是基于管理层和战术层进行的，更加细致地明确对 CIMS 功能、性能、信息、资源和组织结构的需求与目标，确定 CIMS 的阶段目标、总目标、总体方案及实施进度计划。

（2）系统总体结构设计。应紧紧围绕企业生产经营的总战略和总方针，灵活运用 CIM 哲理，注意解决实际问题。提出系统的总体框架及各主要组成部分的重要联系，合理划分功能分系统。总体结构还应分析和说明对支撑分系统结构的要求，并有比较详细的分析和说明。

（3）系统的功能及技术性能设计。为了完整描述系统所具有的功能及功能之间的联系，一般使用 IDEF0 方法进行系统功能设计。

（4）确定信息模型的实体和联系。确定数据库设计所需的共享数据的基本模式及其联系。

（5）提出系统集成的内部和外部接口要求。

（6）提出关键技术，提出解决途径。CIMS 的技术难点主要体现在系统集成和单元技术方面，尽量采用先进技术和先进的集成平台。

（7）进行系统资源设计，包括硬件、软件和人力资源。

（8）为下一阶段（详细设计）确定任务及实施进度计划。

（9）规划 CIMS 环境下的组织机构，包括 CIMS 领导小组、CIMS 联合设计小组、CIMS 办公室。

（10）提出经费预算并进行技术经济效益分析。

（11）编写包括功能模型和信息模型图表的初步设计报告。

初步设计的工作步骤如图 1-22 所示。

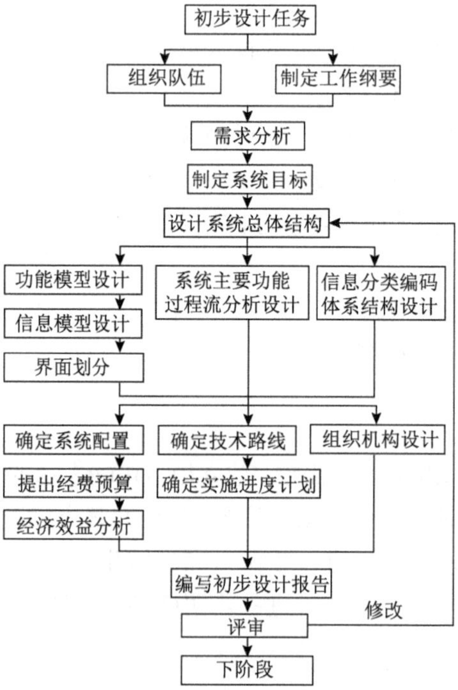

图 1-22　初步设计的工作步骤

3. 详细设计

主要任务是细化和完善初步设计得出的系统与分系统方案，完善业务过程重组和工作流设计，完成系统界面设计、数据库逻辑和物理设计、计算机网络的逻辑与物理设计。

详细设计的工作内容如下。

（1）系统详细设计需求分析。在前阶段的基础上详细设计功能需求分析、信息需求分析等。

（2）规定系统运行环境和限制条件，完成CIMS系统所需的硬件、软件的选型工作，特别是影响全局的大型硬件、软件的选型。

（3）确定系统技术标准和性能指标。

（4）确定各分系统/子系统的详细功能界面、信息界面、资源界面和组织界面。考虑分系统之间的联系和交互。

（5）定义实体的键和属性，建立系统的全局优化信息模型，在此基础上完成数据库的逻辑设计、数据安全和保密设计，编写全局信息数据字典。

（6）完成网络的逻辑设计与物理设计，确定网络协议和服务内容。

（7）拟订编码方案。

（8）确定实施阶段的计划和要求，提出系统实施任务，制订系统测试计划和质量保证措施。

（9）编写详细设计报告。

详细设计的工作步骤如图1-23所示。

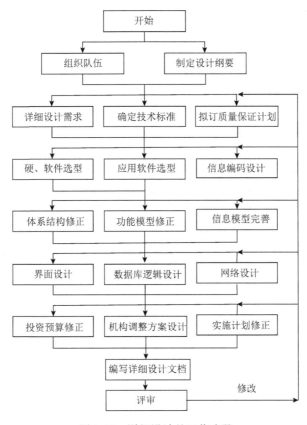

图1-23　详细设计的工作步骤

4. 实施和测试

在初步设计和详细设计的基础上,将已经确定的 CIMS 工程的总体框架进行物理实现。即在明确了各分系统的作用功能及与其他分系统的联系的情况下,按照进度计划进行分步实施,产生一个可运行的 CIMS 应用系统。

主要任务是按总体方案进行环境建设,完成数据库、网络及生产设备的安装,分步实施各分系统应用软件的编码、安装、调试,落实组织机构,并自下而上逐级开发、测试和集成,各项工作最终达到能为用户所接受且可运行的程度。

系统实施和测试的工作内容如下。

(1)计算机支撑环境的建立及制造设备的安装测试。其包括:①计算机房建设,即机房电源、空调、安全报警系统和办公设备的安装;②计算机及打印机等的安装、测试和验收;③网络设备、网络软件系统和数据库管理系统的安装、测试和验收;④生产设备的安装、调试及验收。

(2)应用系统实施。其包括:①数据库的建立、数据加载、测试和验收;②各功能分系统应用软件的设计、编辑、调试、测试和试运行;③分系统及子系统联调和测试;④总系统联调、测试,进行系统集成。

(3)企业机构调整。企业引进 CIMS 技术,对企业的运行模式将产生很大影响,因此要进行企业运行模式和组织机构的调整,还必须对人员进行培训。

系统实施和测试的工作步骤如图1-24所示。

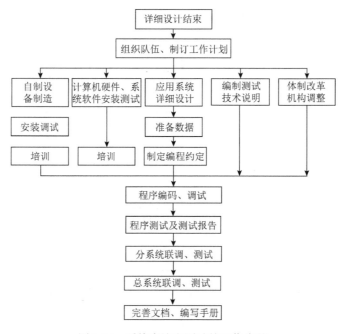

图 1-24　系统实施和测试的工作步骤

5. 运行和维护

主要任务是将已开发建成的系统投入运行,并在运行过程中进行调整、修改和完善。改正在调试阶段没有发现的错误，并使系统适应外界环境变化，实现功能扩充和性能的改善，对系统的运行效果进行评价。

运行和维护的工作内容如下。

（1）数据准备和录入。包括已有的数据资源向 CIMS 系统的输入，注意保证数据的正确性。

（2）系统试运行。系统运行可逐步开展。在此期间，用户和开发者要对系统的输出结果进行分析和研究，验证新系统在功能和性能上是否达到系统目标的要求，需要时，对系统进行必要的修改和补充。

（3）系统的修改和完善。主要针对系统软件、应用软件和硬件资源进行修改和完善。

（4）运行和维护。系统经过试运行和相应的修改完善后，就可逐步增加数据量，逐步完成运行评价。通过评价认为已达到设计目的，就可正式投入使用，这就标志着任务基本完成，开发工作告一段落，开始转入到 CIMS 系统的运行维护阶段。维护阶段的工作重点是系统性能的监测、分析和改进，保证系统在一定性能指标下正常运行。

运行和维护的工作步骤如图1-25所示。

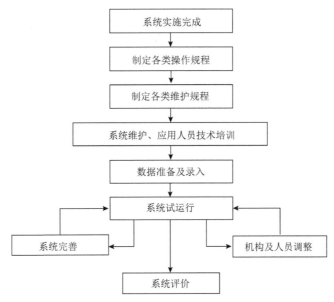

图 1-25　运行和维护的工作步骤

思考与练习题

1. 叙述制造的定义及内涵。
2. 叙述制造系统的定义及其分类。
3. 制造系统中有几种过程流？
4. 简述制造工程的含义。
5. 制造的学科体系主要有何内容？

6. 叙述先进制造技术的概念及其体系结构。

7. CIMS 的组成有哪些?

8. CIMS 的递阶控制结构分哪些层次? 各个层次的功能有哪些?

9. 简述 CIMS 的规划和设计过程。

➢拓展学习材料

1-1 计算机集成制造　　　　1-2 制造业信息化 CIMS 工程

第2章

先进制造模式

■ 2.1 成组技术

2.1.1 成组技术概述

1. 成组技术基本原理

成组技术的广义定义是将许多各不相同但又具有相似信息的事物，按一定准则分类成组，使若干种事物能采用同一或相似解决办法，以达到节省精力、时间和费用的目的。

成组技术应用于机械制造系统，则是将多种零件按其相似性归类编组，并以组为基础组织生产，用扩大了的成组批量代替各种零件的单一产品批量，从而实现产品设计、制造工艺和生产管理的合理化，使中小批量生产能获得接近大批量生产的经济效益，如图2-1所示。

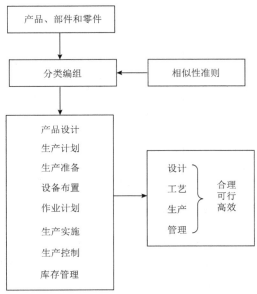

图 2-1　机械制造中成组技术的概念

　　成组技术的依据是相似性。莱布尼茨曾说，自然界都是相似的。列宁充分肯定这句话里有辩证法。我国劳动模范、相似理论创始人张光鉴先生曾说："……所以有些东西在我看来并非完全是新的，至少有80%不是新的，变异量不会超过20%。有些东西表面上看起来差异很大，只要你会分解，还是能找到相似的单元。"

　　在漫长年代中进化的自然界、在现代科技界和工业领域及其他领域、在社会的各行各业，无一不具有相似性。

　　电子绕原子核的运动与九大行星绕太阳的公转何等相似（结构、运动相似）；飞机的滑翔与鹰的飞翔何等相似（几何、动力、功能相似）；蜂窝结构与真正的蜂窝何等相似（几何相似）……普通车床与普通铣床相似吗？其内部构造完全相似。机械设备与装置、电子仪器与设备（也包括其他产品）零件具有相似性，如机械产品零件的结构、材料和工艺三个方面各自的主要特征具有相似性，电子产品中的元器件也存在相似性等。

　　所谓相似，就是相同加上相异，所谓相似即非完全相同，也非完全相异，这是相同与相异的辩证统一体。整个现代化社会、迅猛发展的科学与技术、高度自动化的工业界、人工智能的研究与开发等都完全顺应了这一客观规律。

　　相似性是客观事物的特征之一，相似性原理是成组技术原理的依据。

　　所谓零件的相似性，是指零件所具有各种特征的相似。每种零件有多种特征，主要包括结构、材料和工艺三个方面。此三种特征决定了零件在结构、材料和工艺上的相似性。图2-2所示为零件结构、材料和工艺三个方面各自的主要特征所构成的相似性。

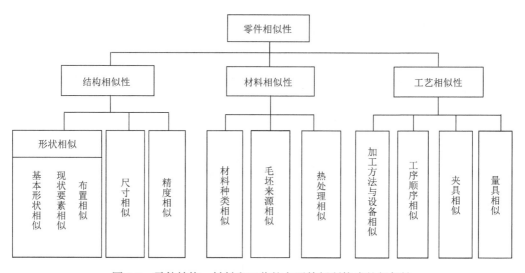

图 2-2　零件结构、材料和工艺的主要特征所构成的相似性

2. 典型回转体与非回转体的几何相似性

　　典型回转体与非回转体几何形状的相似性见图2-3。

　　图2-3（a）为回转体类零件，尽管外形或内孔在形状上有不同之处，但均为相似件，其工艺过程相同，具体加工方法也相同，只有某些加工细微之处略有差异。这类零件的基本切削加工在车床上完成，精加工在磨床上完成。

图2-3（b）为非回转体类零件，尽管外形或内腔在形状上有不同之处，但均为相似件，其工艺过程相同，具体加工方法也相同，只有某些加工细微之处略有差异。这类零件的基本切削加工在铣床上完成，精加工在磨床上完成。

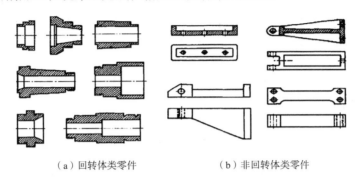

（a）回转体类零件　　　　　（b）非回转体类零件

图 2-3　典型回转体与非回转体几何形状的相似性

3. 零件的工艺相似性

图2-4为一工艺相似零件组。这是在镗床上镗孔的一组零件。

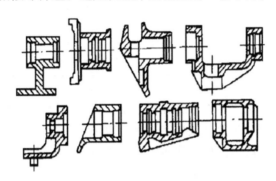

图 2-4　工艺相似的零件组

零件的结构、材料相似性与工艺相似性之间关系密切。结构和材料的相似性在一定程度上决定着工艺相似性。例如，零件的基本形状、形状要素、精度要求和材料，常常决定应采用的加工方法和机床类型；零件的最大外形尺寸则决定着应采用的机床规格等。因此，也把零件结构和材料的相似性称为基本相似性或一次相似性，而将工艺相似性称为二次相似性。

2.1.2　成组技术的分类方法

目前，将零件分类成组常用的方法有以下几种。

1. 视检法

视检法是由有生产经验的人员通过对零件图纸仔细阅读和判断，把具有某些特征属性的一些零件归结为一类。它的效果主要取决于个人的生产经验，多少带有主观性和片面性。

2. 生产流程分析法

生产流程分析法（production flow analysis，PFA）是参照零件生产流程及生产设备明细表等技术文件，通过对零件生产流程的分析，把工艺过程相近的，即使用同一组机床进行加工的零件归结为一类。PFA 的有效性与所依据的工厂技术资料有关。采用此法可以按工艺相似性将零件分类，以形成加工族。

3. 编码分类法

各种零件组（族）的划分及其应用参见表2-1。

表 2-1　各种零件组（族）的划分及其应用

序号	零件组(族)	应用
1	设计组（族）	零件图检索、设计合理化及标准化、CAD 等
2	工艺组（族）	检索工艺资料、编制成组工艺过程及工艺文件、工艺合理化及标准化
3	调整组（族）	建立成组工序，同族（组）零件均有相同工艺装备和调整方法
4	数控组（族）	简化数控编程工作，将程序相似的零件并为一组（族）
5	管理组（族）	实现成组技术生产管理，合理安排作业计划，调整负荷，建立管理信息系统
6	同期投产组（族）	保证同一计划期内生产不同产品的相似零件，能按成组生产要求集中投产

按编码分类，首先制定零件分类编码系统，将零件的有关设计、制造等方面的信息转译为代码（代码可以是数字或数字、字母兼用），把分类的零件进行编码，待零件有关信息代码化后，就可以根据代码对零件进行分类，零件有关生产信息代码化将有助于计算机辅助成组技术的实施。

2.1.3　成组技术的应用

成组技术涉及各类工程技术、计算机技术、系统工程、管理科学、心理学、社会学等学科的前沿领域。日本、美国、苏联和德国等许多国家把成组技术与计算机技术、自动化技术结合起来发展成 FMS，使多品种、中小批量生产实现高度自动化。全面采用成组技术会从根本上影响企业内部的管理体制和工作方式，提高标准化、专业化和自动化程度。在机械制造工程中，成组技术是 CAM 的基础，可将成组哲理用于设计、制造和管理等整个生产系统，改变多品种、小批量生产方式，以获得最大的经济效益。

1. 成组技术在产品设计中的应用

根据有关统计，在产品设计工作中有50%左右的时间用于零部件图的设计、绘图及修改，这部分工作中有相当多的重复性。通过成组技术可以将设计信息重复使用，不仅能显著缩短设计周期和减少设计工作量，同时还为制造信息的重复使用创造了条件。为此，必须首先针对现有产品选定编码系统，对其零件进行编码分类，合并成为各种零件组（族）。当设计人员构思设计新零件时，可先写出此零件的代码，然后检索出相似零件图样，有的能直接利用，有的作修改后再应用，完全不能用的再重新设计，但这种情形不多。按成组技术进行产品零件图设计的流程框图如图2-5所示。

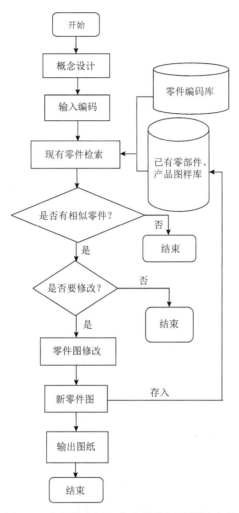

图 2-5 成组技术用于产品零件图的设计流程

成组技术在产品设计中的应用，不仅是零件图的重复使用，其意义更为深远的是为产品设计标准化明确了方向，提供了方法和手段，并可获得巨大的经济效益。在产品设计中，传统标准化方法其目的不够明确，收效不大。以成组技术为基础的标准化是促进产品零部件通用化、系列化、规格化和模块化的杠杆，其目的为：①产品零件的简化，用较少的零件满足多样化的需求；②零件设计信息的多次重复使用；③零件设计为零件制造的标准化和简化创造条件。

根据不同情况，可以将零件标准化分成零件主要尺寸标准化、零件功能要素配置标准化、零件基本形状标准化、零件功能要素标准化以至整个零件是标准件等不同的等级。按实际需要加以利用，才可以在设计标准化的基础上实现工艺的标准化（可参见图2-6）。

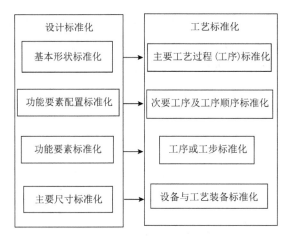

图 2-6 在设计标准化的基础上实现工艺标准化

2. 成组工艺的编制

对零件进行分类编码时，首先要将零件划分为回转体和非回转体两类。因为这两大类零件的结构和工艺有很大区别，因而编制成组工艺的方法也完全不同。以下分别进行讨论。

1）用复合零件法编制回转体零件成组工艺

在编制回转体零件成组工艺时，要将不同的零件合在一组内加工，要求做到"机床、工艺装备（包括夹具、刀具和辅助工具）和调整"的三统一。回转体零件的加工，内外回转表面的车削，定位、夹紧方式较简单，所用夹具式样少。因此，编制成组工艺的重点是"成组调整"。"成组调整"的要点如下：用同一夹具、同一套刀具和辅助刀具加工一组零件；同一零件组内不同零件加工时，允许更换刀具，但主要依靠尺寸的调节来适应；用各种快速调整措施，缩短更换零件时的调整时间。

基于回转体零件的这些特点，常用复合零件法编制成组工艺。复合零件拥有同组零件的全部待加工表面要素，由于其他零件所具有的待加工表面要素都比复合零件少，所以，按复合零件编制的成组工艺，既能加工复合零件本身，也必然能加工同组的其他零件，只要删去该组零件成组工艺中不为其他零件所具有的表面要素和工序或工步即可。由于复合零件的上述特点，复合零件可以是零件组中某个具体的零件，也可以是虚拟的假想零件，尤以假想零件的情况为多。图2-7所示是由7个表面要素或工步组成的回转体复合零件。

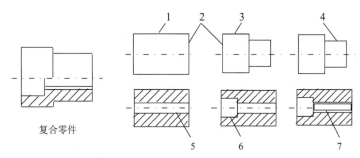

图 2-7 7个表面要素或工步组成的回转体复合零件

2）用复合路线法编制非回转体零件成组工艺

对非回转体零件，为了满足成组工艺的要求，应该做到"机床、夹具和工艺"三统一。由于非回转体零件几何形状不对称、不规则，其安装和定位方式远较回转体零件复杂，所以，"夹具的统一"是"三统一"中的关键。同时，不可能将复合零件原理用于非回转体零件。所以，常用复合路线法编制非回转体零件的成组工艺。复合路线法是以同组零件中最复杂的工艺路线为基础，与组内其他零件的工艺路线相比较，凡组内其他零件所需要而最复杂工艺路线所没有的工序分别添上，最后能形成满足全组零件加工要求的成组工艺过程。图2-8所示即为按复合路线法编制非回转体成组工艺过程概念图。

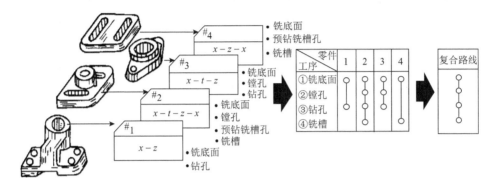

图 2-8　按复合路线法编制非回转体成组工艺过程概念图

3. 成组技术在车间设备布置中的应用

　　企业实施成组技术必须有一定的生产组织形式给予保证。目前虽有成组单机、成组生产单元（以下简称成组单元）、成组生产线等多种形式，但以成组单元（图2-9）使用最为普遍。例如，用PFA划分工艺相似零件组后，就能找出一组零件和一组机床间的对应关系。此种对应关系反映到车间设备布置和生产组织中就是成组单元。所以，成组单元就是指在车间的一定生产面积上，配置一组机床或其他生产设备和一组生产工人，用以完成一定的零件组的全部工艺过程。成组单元布置后，不仅物料流动直接从一台机床到另一台机床，消除了迂回和倒流，而且可使物料搬运工作大为简化，显著降低物料搬运工作量，并便于生产管理，大大缩短生产周期。所以，成组单元不仅是一种设备布置形式，还涉及产品对象、生产人员及生产计划和管理等方面，成组单元构成了一个完整的基层生产组织。

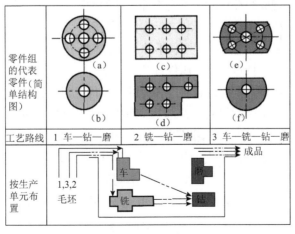

图 2-9　成组单元

4. 成组调整和成组夹具

回转体零件实现成组工艺的基本原则是调整的统一，如在多工位机床上加工时（如转塔车床、自动车床），调整的统一是夹具和刀具附件的统一，即采用相同夹具条件下用同一套刀具及附件加工一组或几组零件。由于回转体零件所使用的夹具形式和结构差别不大，较易做到统一，所以，用同一套刀具及其附件是实现回转体零件成组工艺的基本要求。由于数控车削中心的进步及完善，在数控车削中心上很容易实现回转体零件的成组工艺。

非回转零件实现成组工艺的基本原则之一是零件组必须采用统一的夹具——成组夹具。成组夹具是可调整夹具，即夹具的结构可分为基本部分（夹具体、传动装置等）和可调整部分（如定位元件、夹紧元件等）。基本部分对某一零件组或同类数个零件组都适用不变，当加工零件组中某一零件时，只需要调整或更换夹具上的可调整部分，即调整和更换少数几个定位或夹紧元件，就可以加工同一组中的任何零件。

现有夹具系统中，如通用可调整夹具、专业化可调整夹具、组合夹具，均可作为成组夹具使用。采用哪一种夹具结构，主要根据批量的大小、加工精度高低、产品的生命周期长短等因素。通常，零件的批量大、加工精度高时，采用专业化可调整夹具；零件组批量小时，可采用通用可调整夹具和组合夹具；产品生命周期短，适合用组合夹具。

5. 用于成组冷冲压的冲模

薄板冷冲压中实施成组技术的结果是促进和发展了各种形式的简易冲模、可调整冲模和组合冲模。一般来说，凡是分组后组内品种多而每种冲压件数批量较小时应选用组台冲模。与此相反，凡分组后组内品种多而冲压件批量较大时应选用可调整式冲模或设计成组冲模。下面简单介绍这些冲模的实际应用情况。

（1）组合冲模。组合冲模也称积木式冲模，其原理和组合夹具完全相同，是由一套结构要素标准和组合夹具完全一样，冲模元件又能和组合夹具元件相互通用的一整套元件所组成。根据生产需要，组装出各种能冲孔、冲裁、弯曲等的模具，甚至也可组装成简单的级进模和复合模，并在一定尺寸范围内调节。当生产不再需要时，可将各种模具拆散恢复成各种元件，在需要时再重新组装。

采用组合冲模实现成组冲压时，首先将冲压件的冲压工艺加以分解，即所谓分解式工艺。其原理为：虽然冲压件有各种形状，但加以分析后不难发现各种平面几何形状不外乎由直线、圆、圆弧等组成；空间几何形状不外乎由直角折边、V形或U形打弯等组成。根据冲压件几何形状的这些特点，将冲压件各几何要素分工序逐一冲制，并配备与各几何要素形状相适应的组合冲模，就能得到各式各样的冲压件。因此，冲压件的成组生产可建立在冲压件各几何要素分工序冲制的基础之上，而所用组合冲模是可以重复使用的。

（2）可调整冲模。对品种少而批量较大的冲件组，如每批有数千件，可采用成组冲模即可调整冲模。这类成组冲模由通用模架和可换模芯组件组成。这类结构的冲模可以在同一模架中，利用不同的模芯组件来冲制不同的零件。

（3）数控冲床。数控冲床在生产中的使用，是采用组合冲模的CAD软件，其为冲压件的成组生产提供了更好的条件，但不少数控冲床也是以分解式工艺为原理。当小批量生产冲压件时，由于数控冲床价格高昂，在常规冲床上使用普通冲模常常更有竞争力。

6. 物料的成组库存及管理

物料在库存中采用成组技术，这是物料库存及管理通常遵循的法则。

1）原材料库房中物料的排列

在原材料库房中，物料的排列按钢、有色金属、非金属排列。

其中钢按种类、含碳量、合金元素含量由低到高、尺寸由小到大、形状由简到繁和由外到内进行编码排列。

有色金属按铝合金、镁合金、铜合金、锌合金等顺序进行编码排列，各具体有色金属及其合金材料的排列可参照钢的编码排列规律。

非金属可按塑料、橡胶、玻璃、陶瓷及其他非金属材料的次序排列，各具体非金属的排列可参照钢的排列规律。

2）立体库中物料的排列

在 $10m \times 10m \times 10m$ 的立体库中，物料的排列可按工具、刀具、量具等分类排列。其中刀具可按回转体类刀具与非回转体类刀具分成大类，再根据刀具的种类、尺寸由小到大、形状由简到繁和由外到内进行编码排列。工具和量具等编码排列可以此类推。

3）电子、电器材料库中物料的排列

电子元器件的编码规则：先分成大类，再由简到繁、参数由小到大、尺寸由小到大、功能由单一到复杂进行编码。在库中的排列则根据此规则进行。

电器的编码规则：先分成大类，然后由简到繁、参数由小到大、尺寸由小到大、功能由单一到复杂进行编码。在库中的排列则根据此规则进行。

其他库房的物料排列和管理可参照前述规则进行。

2.1.4　应用成组技术的技术经济效益

多年来，国内外用成组技术改造传统的多品种、中小批量生产的经验证明，采用成组技术可以取得显著的技术经济效果。表2-2（以英国部分工厂调研结果为主）说明成组技术在生产中可取得的技术经济效益的具体方面。

表 2-2　成组技术在生产中可取得的技术经济效益

工作范围	项目	减少数/%	工作范围	项目	减少数/%
产品设计	新设计零件数	52	制造与生产管理	原材料库存	40
	图样总数	10		在制品库存	62
	新绘制零件工作图数	30		生产周期	70
生产准备	生产准备时间	69		延期交货	80
	生产准备费用	40		减少原材料储备	40
工厂设计	生产面积	20		提高工序生产率	30~40
	固定资产费用	40		降低废品率	40~50

20世纪80年代以来，我国持续推广和发展成组技术，同样也取得了很好的成绩。我国一些企业应用成组技术以来，在没有完善的零件分类编码系统且尚未与数控技术、计算机技术密切结合的情况下，也取得较好的成效。例如，北京朝阳机床厂用一台多工位可调组合机床和几台通用机床组成了拨叉类零件生产单元，用于生产30多个品种零件。与原来相比，单件工时减少了2/3～9/10，加工成本降低了2/3～3/4，在国内具有很强的竞争力。

从世界范围来看，20世纪80年代以后，成组技术主要在FMS、CIMS等高新技术中互相结合应用，而不再单独使用。从成组技术本身的发展来看，近20年没有突破性的新进展，尚停留在过去技术的应用上。但是，当前成组技术仍是制造业生产技术和生产组织的一块基石，也是先进制造技术所涵盖的一项内容，还将继续发挥它的作用。

在现代制造领域中，成组技术是数控加工、CAD、CAM、CAPP、FMS、CIMS及并行工程、敏捷制造、现代生产管理的重要理论基础之一，也是现代企业管理重要思想之一。成组技术将为机械制造自动化和现代企业管理开辟广阔的道路。

■2.2　并行工程

2.2.1　并行工程概述

1. 并行工程的背景与定义

传统的产品开发模式沿用"串行""顺序""试凑"的方法，即先进行市场需求分析，将分析结果交给设计部门，设计部门人员进行产品设计，然后将图纸交给另一部门进行工艺方法的设计和制造工装的准备，采购部门根据要求进行采购，等一切都齐备以后进行生产加工和测试。产品结果不满意时再反复修改设计和工艺，再加工、测试，直到满足要求。这种方法由于在产品设计中各个部门总是独立地进行，特别是在设计中很少考虑到工艺和工装部门的要求、制造部门的加工生产能力、采购部门的要求及检测部门的要求等，因此常常造成设计修改大循环，严重影响产品的上市时间、质量和成本。

为了改变这种传统的产品开发模式，赢得市场和竞争，在20世纪80年代初，人们不得不开始寻求更为有效的新产品开发方法。在这其中，最重要的一件事就是在1982年，美国国防高级研究计划局（Defense Advanced Research Projects Agency，DARPA）开始研究如何在产品设计过程中提高各活动之间"并行度"的方法。在1986年夏天，美国国防部防御分析研究所发表了非常著名的 R-338报告，提出了"并行工程"（concurrent engineering）的概念，并将其解释为对产品及其下游的生产和支持过程进行并行一体化设计的系统方法，并第一次提出了并行工程的定义：并行工程是集成地、并行地设计产品及其相关的各种过程（包括制造过程和支持过程）的系统方法。这种方法要求产品开发人员从设计一开始就考虑产品整个生命周期中从概念形成到产品报废处理的所有因素，包括质量、成本、进度计划和用户的要求。

2. 并行工程的本质

并行工程是组织跨部门、多学科的开发小组，在一起并行协同工作，对产品设计、工艺、制造等上下游各方面进行同时考虑和并行交叉设计，及时地交流信息，使各种问题尽早暴露，并共同解决。这样就使产品开发时间大大缩短，同时质量和成本都得到改善。并行开发流程见图2-10，并行工程有如下的本质。

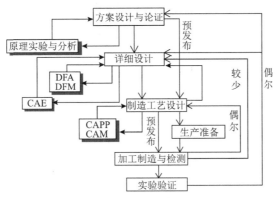

图 2-10 并行开发流程

（1）强调 DFM、DFA 和面向检测的设计（design for detection，DFD），并行工程强调设计人员在进行产品设计时一定要考虑在已有的制造、装配和检测手段下，产品能否顺利地制造、装配出来，而且能检测。

（2）强调面向生产的设计（design for production，DFP），主要指产品按要求的批量生产时，要考虑企业在设备生产能力和人员数量上能否达到要求，即并行工程要考虑企业的设备和人力资源。

（3）强调面向使用的设计（design for usability，DFU）、面向维修的设计（design for maintenance，DFM）和面向报废的设计（design for scrap，DFS），考虑产品在使用过程中是否能满足用户要求、是否利于维修，在废弃时是否易于处理等。

（4）并行交叉，按部件并行交叉，即将一个产品分成若干个部件，使各部件能并行交叉进行设计开发，对每单个部件，使其工艺过程设计、生产技术准备、采购、生产等各种活动尽最大可能并行交叉进行。

（5）尽早开始工作，并行工程强调各活动之间的并行交叉和时间性，所以强调人们要学会在信息不完备情况下就开始工作。

（6）强调面向过程（process-oriented）和面向对象（object-oriented）的设计，并行工程强调人员要面向整个过程或产品对象，特别强调设计人员在设计时不仅要考虑设计，还要考虑这种设计的工艺性、可制造性、可生产性、可维修性等，工艺部门的人也要同样考虑其他过程，设计某个部件时要考虑与其他部件之间的配合。

（7）并行工程强调系统集成与整体优化，它并不完全追求单个部门、局部过程和单个部件的最优，而是追求全局优化，追求产品整体的竞争能力。对产品而言，这种竞争能力就是产品的时间、质量、成本、服务（TQCS）综合指标。

3. 并行工程的特点

并行工程的目标是提高质量、降低成本、缩短产品开发周期和产品上市时间。并行工程实现上述目标主要通过以下三个方法，即质量改进设计、产品设计及其相关过程并行、产品设计及其制造过程一体化。这三种方法在产品开发过程中的应用，使得并行工程具有了如下一些特点。

（1）并行工程强调团队工作方式。为了设计出便于加工、便于装配、便于维修、便于回收、便于使用的产品，就必须将产品寿命循环各个方面的专家，甚至包括潜在的用户集中起来，形成专门的工作小组，大家共同工作，随时对设计出的产品和零件从各个方面进行审查，力求使设计出的产品便于加工、便于装配、便于维修、便于运送、外观美、成本低、便于使用。

（2）并行工程强调设计过程的并行性（图2-11）。并行性有两方面的含义：其一是在设计过程中通过专家把关同时考虑产品全寿命周期的各个方面；其二是在设计阶段就可同时进行工艺（包括加工工艺、装配工艺和检验工艺）过程设计，并对工艺设计的结果进行计算机仿真，直至用快速原型法生产出产品的样件。这种方式与传统的设计在设计部门进行、工艺在工艺部门进行已大不相同。

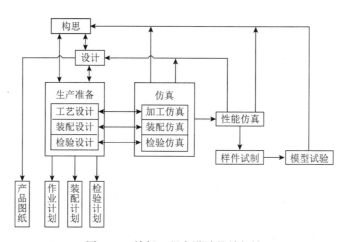

图 2-11　并行工程中设计的并行性

（3）并行工程强调设计过程的系统性。设计、制造、管理等过程不再是一个个相互独立的单元，而要将它们纳入一个整体的系统来考虑，设计过程不仅出图纸和其他设计资料，还要进行质量控制、成本核算，也要产生进度计划等。这种工作方式是对传统管理机构的一种挑战。

（4）并行工程强调设计过程的快速反馈。并行工程强调对设计结果及时进行审查，并及时反馈给设计人员。这样可以大大缩短设计时间，还可以保证将错误消灭在"萌芽"状态。

4. 并行工程带来的效益

（1）缩短产品投放市场的时间。并行工程技术的主要特点就是可以大大缩短产品开发和生产准备时间，并使两者部分重合。据报道，国外某一汽车厂采用并行工程后，产品从开发到达预定批量的时间从37个月缩短到19个月，设计和试制周期仅为原来的50%。

（2）降低成本。并行工程可在三个方面降低成本：首先，它可以将错误限制在设计阶段。据有关资料介绍，在产品寿命周期中，错误发现的越晚，造成的损失就越大。其次，并行工程强调"一次达到目的"。这种一次达到目的是靠软件仿真和快速样件生成实现的，省去了昂贵的样机试制。最后，由于在设计时同时考虑加工、装配、检验、维修等因素，产品在上市前的成本将会降低。同时，在上市后的运行费用也会降低。所以，产品的全寿命周期价格就降低了，既有利于制造者，也有利于顾客。

（3）提高质量。采用并行工程技术，尽可能将所有质量问题消灭在设计阶段，可使所设计的产品便于制造且易于维护。这就为质量的"零缺陷"提供了基础，使得制造出来的产品甚至用不着检验就可上市。事实上，根据现代质量控制理论，质量首先是设计出来的，其次才是制造出来的，并不是检验出来的。检验只能去除废品，而不能提高质量。

（4）保证功能的实用性。由于在设计过程中，同时有销售人员参加，有时甚至还包括顾客，这样的设计方法反映了用户的需求，可保证去除冗余功能，降低设备的复杂性，提高产品的可靠性和实用性。

（5）增强市场竞争能力。并行工程可以较快地推出适销对路的产品并投放市场，降低生产制造成本，保证产品质量，提高企业的生产柔性，因而，企业的市场竞争能力将会得到加强。

2.2.2　并行工程的实施策略

并行工程的实施是针对某一新产品开发，以缩短产品开发周期、提高质量、降低成本为目标，体现了管理、技术、人三者之间的高度集成。实施并行工程必须得到组织变革的保证，企业领导者必须有决心调整产品开发流程，并大胆地采用新的计算机辅助工具，以保证改进后的产品开发流程顺利执行。并行工程实施策略，分为五个阶段。

1. 问题分析

对企业现有产品开发模式的分析是开展并行工程实施的先决条件。这一步重点分析企业现有产品开发流程中影响产品开发时间、质量、成本的各种因素。

（1）设计过程中的信息集成。

（2）产品开发主要人员是否隶属于独立的功能部门，使信息交换存在障碍。

（3）产品开发过程中是否存在不增值的活动，延误产品开发周期。

（4）设计过程早期的评价是否缺少一些必要的计算机辅助工具的支持，致使下游对上游的开发反馈频繁。

（5）组织管理是否得力，是否缺少严密的开发计划。

2. 组成集成产品开发团队

是否采用集成产品开发团队（integrated product team，IPT）组织模式是并行工程与传统产品开发模式的本质区别之一。

IPT 是企业为了完成特定的产品开发任务而组成的多功能型团队。其包括来自市场、设计、工艺、生产技术准备、制造、采购、销售、维修、服务等各部门人员，有时还包括顾客、供应商或协作厂的代表。团队的成员技能互补，致力于共同的绩效目标，并且共同承担责任。

组成 IPT 可以通过以下三个步骤完成：①IPT 组织结构定义，任命 IPT 的组长，在更高一级的行政关系上组成支持 IPT 工作的领导小组；②IPT 工作计划和任务分配；③IPT 的管理与运行模式。

3. 产品生命周期数字化定义

并行工程产品开发过程中的信息模型基于广义的范围，可以从以下几个方面描述：①全局信息模型；②PDM 模型；③工具链定义。

4. 产品开发过程定义

通过对现有产品开发流程的分析，提出新的产品开发过程模型。广义的产品开发过程涉及产品开发活动、组织、信息、资源等各个方面。具体包括：①改进流程分析与定义；②过程仿真与优化；③协调管理模型。

5. PDM 与过程集成

并行工程实施的基础是跨平台的 PDM 系统。上述建立的产品开发过程模型、产品生命周期信息模型、集成产品开发团队组织模型在 PDM 之上必须得到集成，最终做到人、任务、信息和资源的一一对应。

2.2.3　并行工程的研究及应用

1. 在国外的研究及应用

DARPA 于1987年12月提出了发展并行工程的 DICE 计划（DARPA's Initiative in CE，1988～1992年）。为了配合 DARPA 发出的倡议，美国西弗吉尼亚（West Virginia）大学于1988年投资4亿～5亿美元建立了并行工程研究中心（Concurrent Engineering Research Center，CERC）。美国很多大学、计算机及软件公司也开始进行并行工程有关技术的开发。进入20世纪90年代后，美国许多大公司开始了并行工程实践的尝试，取得了实效。并行工程开始成为全球制造业关注的热点问题。

并行工程在国外的研究与应用大致可以划分为以下几个阶段。

（1）研究与初步实践阶段（1985～1992年）。例如，美国国防部支持的 DARPA/DICE 计划、欧洲的 ESPRIT II & III 计划、日本的 IMS 计划等。

（2）企业应用阶段（1991～1996年）。例如，航空领域的波音777和737-X、麦道 Northrop B-2轰炸机等，航天领域的 Lockhead/Thaad 导弹开发，汽车领域的 Ford（福特）2000 C3/P、Chrysler（克莱斯勒）Viper、Renault（雷诺）等，电子领域的 Siemens（西门子）、DEC、HP、IBM、GE 等。

（3）新的发展阶段（1996年以后）。其间，新技术不断出现，如可重用的产品开发方法、网络上的异地协同设计技术、设计中的虚拟现实技术（virtual reality technology，VRT）、面向产品全生命周期的设计方法学、基于知识的产品数据重用、基于企业级 PDM 的数据管理与共享技术等。

国外并行工程已从理论向实用化方向发展，越来越多的涉及航空、航天、汽车、电子、机械等领域的国际著名企业，通过实施并行工程取得了明显效益。例如，在波音777的开发过程中，波音公司采用数字化技术和并行工程方法，实现了5年内从设计到试飞的一次成功。

美国洛克希德导弹与空间公司（LMSC）于1992年10月接受了美国国防部用于"战区高空领域防御"（Thaad）的新型号导弹开发，该公司的导弹开发一般需要5年时间，而采用并行工程的方法，可将产品开发周期缩短60%。具体的实行如下：一是改进产品开发流程。在项目工作的前期，LMSC 花费了大量的精力对 Thaad 开发中的各个过程进行分析，并优化这些过程和开发过程支持系统，采用集成化的并行设计方法。二是实现信息集成与共享。在设计和实验阶段，一些设计、工程变更、试验和实验等，所有相关的数据都要进数据库，各应用系统之间必须达到有效的信息集成与共享。三是利用产品数据治理系统辅助并行设计。LMSC 采用了一个成熟的工程数据治理系统辅助并行化产品开发。通过支持设计和工程信息及其使用的7个基本过程（数据获取、存储、查询、分配、检查和标记、工作流治理及产品配置治理）来有效地治理它的工程数据。

并行工程带来的效益：导弹开发周期由过往的5年缩短到24个月，产品开发周期缩短60%。大大缩短了设计评审与检查的时间（一般情况下仅需3小时），并且提高了检查和设计的质量。

ABB（瑞士）火车运输系统建立了支持并行工程的计算机系统、可互操纵的网络系统和一致的产品数据模型，组织了设计和制造过程的团队，并应用仿真技术。应用并行工程后大大缩短了产品开发的周期。过往从合同签订到交货需3~4年，现在仅用3~18个月，对于东南亚的顾客，可在12个月内交货。整个产品开发周期缩短25%~33%，其中从用户需求到测试平台需6个月，缩短了50%。

通过大量的研究，国际上已在并行工程的思想、方法和实现技术上取得了一些成果，如阵列型机构、稻草人指导原则等企业组织机构形式和多功能综合产品开发（群）组（team work）的组织与管理方式；动态经营模型、高级 petri 网等产品开发过程的建模和仿真技术；DFX（面向装配、制造、拆卸、检测、维护等的设计）并行设计技术。这些应用均取得了十分显著的经济效益，平均缩短产品开发周期30%~70%，同时大幅度降低了产品开发成本，提高了产品质量。今后一个时期内，各种新技术和方法将不断为并行工程实现带来强大的支持，促进并行工程的应用，如可持续发展的产品开发方法、网络上的异地协同设计技术、拟实制造技术、Internet/Intranet 技术等。

2. 在国内的研究及应用

1992年，当并行工程的完整概念被引入我国时，就立即引起了国家科学技术委员会、863/CIMS 主题、各研究机构，以及航空、航天、电子、机械等领域的应用企业的高度重视。1995年"并行工程"正式作为关键技术列入863/CIMS 研究计划，其目标是以航天产品为对象，边开发、边应用，解决并行工程的关键技术问题，为在我国企业全面实施并行工程奠定技术基础，提供一种参考模式。

在国家科学技术委员会和863/CIMS 关键技术主题专家的大力支持下，组建了由清华大学、华中理工大学、北京航空航天大学、上海交通大学、中国航天工业总公司二院等五个单位的人员参加的"863/CIMS 关键技术攻关项目——并行工程"技术攻关与应用队伍，以中国航天工业总公司二院某型号复杂结构件为应用背景，将并行工程的研究成果应用于产品设计、制造中。该项目从1995年7月开始实施，经过两年多的努力圆满完成，在并行工程研究和应用方面取得了重大的突破。通过在产品开发中采用并行工程技术和方法，改变了传统的设计思想，优化了产品开发的过程；以产品开发团队的组织形式来开发产品，有效地缩短了产品开发周期，提高了产品质量，减少了设计错误。有关工业部门也开始设立小型项目资助并行工程技术的预研工作。国内部分企业也已自觉地运用并行工程思想和方法来缩短产品开发周期、增强竞争能力。

并行工程在中国的研究与应用分为以下几个阶段。

（1）1995年以前，并行工程相关技术研究阶段。在此期间开展了一些并行工程相关技术的研究，如并行设计方法、产品开发过程建模与仿真、DFA、DFM 等。1993年，863/CIMS 主题组织了"并行工程"项目可行性论证小组，提出在 CIMS 实验工程的基础上开展并行工程的攻关研究。

（2）1995年5月至1997年12月，863/CIMS 主题重大关键技术攻关项目"并行工程"对并行工程的方法和技术进行了系统化的研究。经过两年多的努力，在并行工程总体技术和关键使能技术工具、并行工程环境下的 PDM、并行工程协同工作环境等方面突破了一批关键技术，并在应用中发挥了重要的作用。

（3）1998年至今，在不同类型的企业中实施并行工程。科学技术部和863/CIMS 主题选择了铁路机车、摩托车、鼓风机、石油钻头、Y7-200A 内装饰、汽车等行业中七个不同类型的企业，在不同的新产品开发中实施并行工程，推动了并行工程在我国的应用，提高了企业的新产品开发能力。同时，在航天某领域对并行工程已有攻关成果进行了更深入的研究，并将研究对象扩展至由机械、电子组成的复杂系统，其中动力学及复杂控制系统等新技术的运用为今后虚拟产品（virtual product，VP）技术的研究奠定了基础。

国内对并行工程的研究目前已发展到了一定的高度，以下是几个成功应用并行工程的典型案例。

（1）西安飞机产业(团体)有限公司在已有软件系统的基础上，开发支持飞机内装饰并行工程的系统工具，包括适用于飞机内装饰的 CAID 系统、DEA 系统和模具的 CAD/CAE/CAM 系统，如 Y7-200A 内装饰设计制造并行工程利用了过程建模与 PDM 实施、产业设计、DFA、并行工程环境下的模具 CAD/CAM、飞机客舱内装饰数字化定义等技术手段。Y7-700A 飞机内装饰工程中，研制周期从1.5年缩短到1年，减少设计更改60%以上，降低产品研制成本20%以上。

以波音737-700垂直尾翼转包生产为例,研制周期缩短3个月;节约工装引进用度370万美元;减少样板1165块,合计人民币50万元;减少标工、二类工装23项,合计人民币125万元;减少过渡模136项,合计人民币68万元;提升数控编程速度4～6倍,减少数控零件试切时间40%;工艺设计效率进步1.5倍;等等。

（2）齐齐哈尔铁路车辆应用并行工程改进棚车开发流程。其改进的措施包括:在产品开发的早期阶段,就能够充分考虑冲压件、铸钢件等零件的可制造性问题和铁路货车的结构强度、刚度及动力学品质等产品性能问题,从而尽量减少设计错误,提升设计质量;同时增加面向产品生命周期的设计,使得在产品设计阶段即可考虑产品加工、装配和工艺等问题;提升一次设计成功的可能性;实现工艺和工装的并行开发,精简设计过程;制造系统与产品开发过程不构成大循环,从而缩短产品开发周期,提升产品质量与水平。

■ 2.3　精益生产

2.3.1　精益生产的概念

1985年,美国麻省理工学院的 Daniel Roos 教授等筹资500万美元,用了近5年的时间对90多家汽车厂进行考察,于1995年,出版了《改造世界的机器》(*The Machine that Changed the World*)一书,提出了精益生产(lean production)的概念,并对其管理思想的特点与内涵进行了详细的描述。该书对精益生产定义如下,"精益生产的原则是:团队作业,交流,有效利用资源并消除一切浪费,不断改进及改善。精益生产与大量生产相比只需要:1/2劳动力,1/2占地面积,1/2投资,1/2工程时间,1/2新产品开发时间"。

精益生产,其中的 lean,被译成"精益"是有其深刻含义的。"精"表示精良、精确、精美,"益"包含利益、效益等,它突出了这种生产方式的特点。精益生产就是及时制造,消灭故障,消除一切浪费,向零缺陷、零库存进军。

精益生产的目标是:在适当的时间(或第一时间,the first time)使适当的东西到达适当的地点,同时使浪费最小化和适应变化。

精益生产是在流水生产方式的基础上发展起来的,通过系统结构、人员组织、运行方式和市场供求等方面的变革,使生产系统能很快适应用户需求的不断变化,实施以用户为导向、以人为中心、以精简为手段、采用小组工作方式和并行设计、实行准时制生产、提倡否定传统的逆向思维方式、充分利用信息技术等为内容的生产方式,最终达到包括产品开发、生产、日常管理、协作配套、供销等各方面最好的结果。

如果把精益生产体系看成一幢大厦,它的基础就是在计算机网络支持下的、以小组方式工作的并行工作方式。在此基础上的三根支柱是:①全面质量管理,它是保证产品质量,达到零缺陷目标的主要措施;②准时生产和零库存,它是缩短生产周期和降低生产成本的主要方法;③成组技术,这是实现多品种、按顾客订单组织生产、扩大批量、降低成本的技术基础。

这幢大厦的屋顶就是精益生产体系，如图2-12所示。

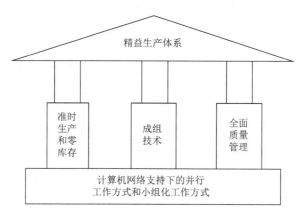

图 2-12   精益生产体系

2.3.2   精益生产的特征

精益生产的主要特征可以概括为如下几个方面。

（1）以用户为"上帝"。产品面向用户，与用户保持密切联系，将用户纳入产品开发过程，以多变的产品、尽可能短的交货期来满足用户的需求，真正体现用户是"上帝"的精神。不仅要向用户提供周到的服务，而且要洞悉用户的思想和要求，才能生产出适销对路的产品。产品的适销性、适宜的价格、优良的质量、快速的交货速度、优质的服务是面向用户的基本内容。

（2）以"人"为中心。人是企业一切活动的主体，应以人为中心，大力推行独立自主的小组化工作方式。充分发挥一线职工的积极性和创造性，使他们积极为改进产品的质量献计献策，使一线工人真正成为"零缺陷"生产的主力军。为此，企业应对职工进行爱厂如家的教育，并从制度上保证职工的利益与企业的利益挂钩。应下放部分权力，使人人有权、有责任、有义务随时解决碰到的问题。还要满足人们学习新知识和实现自我价值的愿望，形成独特的、具有竞争意识的企业文化。

（3）以"精简"为手段。在组织机构方面实行精简化，去掉一切多余的环节和人员。实现纵向减少层次，横向打破部门壁垒，将层次细分工，管理模式转化为分布式平行网络的管理结构。在生产过程中，采用先进的柔性加工设备，减少非直接生产工人的数量，使每个工人都真正对产品实现增值。另外，采用准时制生产和看板方式管理物流，大幅度减少甚至实现零库存，也减少库存管理人员、设备和场所。此外，精益不仅是指减少生产过程的复杂性，还包括在减少产品复杂性的同时，提供多样化的产品。

（4）小组工作和并行设计。精益生产强调以小组工作方式进行产品的并行设计。综合工作组是指由企业各部门专业人员组成的多功能设计组，对产品的开发和生产具有很强的指导和集成能力。综合工作组全面负责一个产品型号的开发和生产，包括产品设计、工艺设计、编制预算、材料购置、生产准备及投产等工作，并根据实际情况调整原有的设计和计划。综合工作组是企业集成各方面人才的一种组织形式。

（5）准时制供货方式。准时制供货方式可以保证最小的库存和最少在制品数。为了实现这种供货方式，应与供货商建立起良好的合作关系，相互信任、相互支持、利益共享。

（6）"零缺陷"工作目标。精益生产所追求的目标不是"尽可能好一些"，而是"零缺陷"，即最低的成本、最好的质量、无废品、零库存与产品的多样性。当然，这样的境界只是一种理想境界，但应无止境地去追求这一目标，只有这样才会使企业永远保持进步，永远走在他人的前头。

2.3.3　准时制生产

1. 准时制生产的基本思想

准时制生产，是日本丰田汽车公司在20世纪60年代实行的一种生产方式。1973年以后，这种方式对丰田公司渡过第一次能源危机起到了突出的作用，后引起其他国家生产企业的重视，并逐渐在欧洲和美国的日资企业及当地企业中推行开来。近年来，准时制生产不仅作为一种生产方式，也作为一种通用管理模式在物流、电子商务等领域得到推行。

准时制生产方式的基本思想可概括为"在需要的时候，按需要的量生产所需的产品"，也就是通过对生产的计划和控制及对库存的管理，来实现一种无库存或使库存最小的生产系统。

2. 准时制生产的目标

准时制生产方式将"获取最大利润"作为企业经营的最终目标，将"降低成本"作为基本目标。所谓浪费，就是不会带来任何附加价值的诸因素，任何活动对于产出没有直接的效益便被视为浪费。这其中，最主要的是生产过剩（即库存）所引起的浪费。搬运的动作、机器准备、存货、不良品的重新加工等都被看成浪费。同时，在准时制的生产方式下，浪费的产生通常被认为是由不良的管理造成的。例如，大量原物料的存在可能便是由供应商管理不良造成的。

准时制生产的目标是彻底消除无效劳动和浪费，具体要达成以下目标。

（1）废品量最低，准时制生产要求消除各种引起不合理的原因，在加工过程中每一工序都要求达到最好水平。

（2）库存量最低，准时制生产认为库存是生产系统设计不合理、生产过程不协调、生产操作不良的证明。

（3）减少零件搬运，降低搬运量，零件送进搬运是非增值操作，如果能使零件和装配件运送量减少，搬运次数减少，可以节约装配时间，减少装配中可能出现的问题。

（4）机器损坏率低。

（5）批量尽量小。

（6）准备时间最短，准备时间长短与批量选择相联系，如果准备时间趋于零，准备成本也趋于零，就有可能采用极小批量。

（7）生产提前期最短，短的生产提前期与小批量相结合的系统，应变能力强，柔性好。

3. 准时制生产的基本手段

为了达到降低成本这一基本目标，准时制生产方式的基本手段也可以概括为下述三个方面。

（1）适时适量生产。对于企业来说，各种产品的产量必须能够灵活地适应市场需要量的变化。否则的话，由于生产过剩会引起人员、设备、库存费用等一系列的浪费。而避免这些浪费的手段，就是实施适时适量生产，只在市场需要的时候生产市场需要的产品。

（2）弹性配置作业人数。所谓少人化，是指根据产量的变动，弹性地增减各生产线的作业人数，以及尽量用较少的人力完成较多的生产。实现少人化的具体方法是实施独特的设备布置，以便能够在需求减少时，将作业所减少的工时集中起来，以整顿削减人员。但这从作业人员的角度来看，意味着标准作业中的作业内容、范围、作业组合及作业顺序等的一系列变更。因此为了适应这种变更，作业人员必须是具有多种技能的"多面手"。

（3）质量保证。在准时制生产方式中，通过将质量管理贯穿于每一工序之中来实现提高质量与降低成本的一致性，具体方法是"自动化"。这里所讲的自动化是指融入生产组织中的以下两种机制。

第一，设备或生产线能够自动检测不良产品，一旦发现异常或不良产品可以自动停止设备运行的机制。为此可在设备上开发、安装各种自动停止装置和加工状态检测装置。

第二，生产第一线的设备操作工人发现产品或设备的问题时，有权自行停止生产的管理机制。依靠这样的机制，不良产品一出现马上就会被发现，防止了不良产品的重复出现或累积出现，从而避免了由此可能造成的大量浪费。而且，由于一旦发生异常，生产线或设备就立即停止运行，比较容易找到发生异常的原因，从而能够有针对性地采取措施，防止类似异常情况的再发生，杜绝类似不良产品的再生产。

4. 看板管理

看板是用来控制生产现场的生产排程工具。具体而言，看板是一张卡片，卡片的形式随不同的企业而有差别。看板上的信息通常包括零件号码、产品名称、制造编号、容器形式、容器容量、看板编号、移送地点和零件外观等。在实际准时制生产系统中，根据需要和用途的不同，使用的看板可以分类为：①在制品看板，包括工序内看板和信号看板；②领取看板，包括工序间看板和对外订货看板；③临时看板，包括补废用的废品看板，以及进行设备维修、需要加班生产时使用的看板等。

看板的功能包括如下几个方面。

（1）生产及运送的工作指令。看板中记载着生产量、时间、方法、顺序及运送量、运送时间、运送目的地、放置场所、搬运工具等信息，从装配工序逐次向前工序追溯，在装配线上将所使用的零部件上所带的看板取下，以此再去前工序领取。

（2）防止过量生产和过量运送。看板必须按照既定的运用规则来使用。其中一条规则是："没有看板不能生产，也不能运送。"根据这一规则，看板数量减少，则生产量也相应减少。由于看板所表示的只是必要的量，所以通过看板的运用能够做到自动防止过量生产及适量运送。

（3）进行"目视管理"的工具。看板的另一条运用规则是，"看板必须在实物上存放"，"前工序按照看板取下的顺序进行生产"。根据这一规则，作业现场的管理人员对生产的优先顺序一目了然，易于管理。通过看板就可知道后工序的作业进展情况、库存情况等。

（4）改善的工具。在准时制生产方式中，通过不断减少看板数量可以减少在制品的中间储存。根据看板的运用规则之一"不能把不良品送往后工序"，后工序所需得不到满足，就会造成全线停工，由此可使问题立即暴露，从而必须立即采取改善措施来解决问题。这样通过改善活动不仅使问题得到了解决，也使生产线的"体质"不断增强，带来了生产率的提高。

2.3.4 传统企业的精益之路

消灭浪费是精益企业始终不渝的追求。浪费在传统企业内无处不在：生产过剩、零件不必要的移动、操作工多余的动作、待工、质量不合格／返工、库存、其他各种不能增加价值的活动等。向精益化转变，基本思想是通过持续改进生产流程，消灭一切浪费现象，其重点是消除生产流程中一切不能增加价值的活动。

1. 改进生产流程

精益生产利用传统的工业工程技术来消除浪费，着眼于整个生产流程，而不只是个别或几个工序。

（1）消除质量检测环节和返工现象。如果产品质量从产品的设计方案开始，一直到整个产品从流水线上制造出来，其中每一个环节的质量都能做到百分百的保证，那么质量检测和返工的现象自然而然就成了多余之举。因此，必须从产品的设计开始，就把质量问题考虑进去，保证每一种产品只能严格地按照正确的方式加工和安装，从而避免生产流程中可能发生的错误。

（2）消除零件不必要的移动。生产布局不合理是造成零件往返搬动的根源。在按工艺专业化形式组织的车间里，零件往往需要在几个车间中搬来搬去，使得生产线路长，生产周期长，并且占用很多在制品库存，导致生产成本很高。通过改变这种不合理的布局，把生产产品所要求的设备按照加工顺序安排，并且做到尽可能紧凑，这样有利于缩短运输路线，消除零件不必要的搬动，节约生产时间。

（3）消灭库存。库存会掩盖许多生产中的问题，还会滋长工人的惰性，更糟糕的是要占用大量的资金。在精益企业里，库存被认为是最大的浪费，必须消灭。减少库存的有力措施是变"批量生产""排队供应"为单件生产流程。在单件生产流程中，基本上只有一个生产件在各道工序之间流动，整个生产过程随单件生产流程的进行而永远保持流动。理想的情况是，在相邻工序之间没有在制品库存。实现单件生产流程和保持生产过程的流动性还必须做到以下两点：首先，在不间断的连续生产流程里，必须平衡生产单元内每一道工序，要求完成每一项操作花费大致相同的时间；其次，合理安排工作计划和工作人员，避免一道工序的工作载荷一会儿过高，一会儿又过低。

2. 改进生产活动

仅仅对生产流程予以持续的改善，还不足以实现精益化生产，还要进一步改善生产流程中的个别活动，以更好地配合改进过的生产流程。在没有或很少库存的情况下，生产过程的可靠性至关重要。要保证生产的连续性，必须通过减少生产准备时间，机器检修、待料的停机时间及废品的产生。

（1）减少生产准备时间。减少生产准备时间的一般做法是，认真细致地做好开机前的一切准备活动，消除生产过程可能发生的各种隐患。具体工作包括：列举生产准备程序的每一项要素或步骤；辨别哪些因素是内在的，需要停机才能处理，哪些是外在的因素，在生产过程中就能处理；尽可能变内在因素为外在因素；利用工业工程方法来改进技术，精简所有影响生产准备的内在的、外在的因素，使效率提高。

（2）消除停机时间。由于在连续生产流程中，两道工序之间少有库存，若机器一旦发生故障，整个生产线就会瘫痪，所以消除停机时间对维持连续生产意义重大。全面生产维修的目标是零缺陷、无停机时间。要达到此目标，必须致力于消除产生故障的根源，而不是仅仅处理好日常表现出来的症状。

（3）减少废品产生。严密注视产生废品的各种现象，如设备、工作人员、物料和操作方法等，找出根源，然后彻底解决。此外，那些消除返工的措施也同样有利于减少废品的产生。

3. 提高劳动利用率

提高劳动利用率，有两个方面：一是提高直接劳动利用率；二是提高间接劳动利用率。

提高直接劳动利用率的关键在于一人负责多台机器，这就要求对操作工进行交叉培训，使生产线上的操作工可以适应生产线上的任何工种。交叉培训赋予了工人极大的灵活性，便于协调处理生产过程中的异常问题。实现一人多机的前提是建立工作标准化制度。工作标准化是通过对大量工作方法和动作进行研究，以决定最有效和可重复的方法。工作时员工必须严格按照标准化进行，其不仅可以提高直接劳动利用率，还可以提高产品的质量，因为出错保护和防止废品产生等一系列技术措施的采用，确保了每一项操作只能按照唯一正确的方法进行。

在生产设备上安装自动检测的装置同样可以提高直接劳动利用率。生产过程自始至终处在自动检测装置严密监视下，一旦检测到生产过程中有任何异常情况发生，便发出警报或自动停机。这些自动检测的装置一定程度上取代了质量检测工人的活动，排除了产生质量问题的原因，返工现象也大大减少，劳动利用率自然提高。

间接劳动利用率随生产流程的改进和库存、检验、返工等现象的消除而提高，那些有利于提高直接劳动利用率的措施同样也能提高间接劳动利用率。库存、检验、返工等环节所消耗的人力和物力并不能增加产品的价值，因而这些劳动通常被认为是间接劳动，若消除了产品价值链中不能增值的间接活动，那么由这些间接活动引发的间接成本便会显著降低，劳动利用率也相应得以提高。

2.4　敏捷制造

2.4.1　敏捷制造概述

1. 敏捷制造的概念

敏捷制造是美国国防部为了支持21世纪制造业发展而制订的一项研究计划。该计划始于1991年，有100多家公司参加，由通用汽车公司、波音公司、IBM、德州仪器公司、AT&T、摩托罗拉等15家著名大公司和国防部代表组成了核心研究队伍。此项研究历时三年，于1994年年底提出了《21世纪制造企业战略》。在这份报告中，提出了既能体现国防部与工业界各自的特殊利益，又能获取共同利益的一种新的生产方式，即敏捷制造。

从1994年开始，由美国敏捷制造企业协会牵头开展了"最佳敏捷实践参考基础"的研究，近百家公司和大学研究机构分别就敏捷制造的六个领域，即集成产品与过程开发/并行工程、人的问题、虚拟企业、信息与控制、过程与设备、法律障碍进行了研究与实践相结合的深层次工作。随着研究的深入，美国一些大公司应用敏捷制造哲理取得了显著成效。日本和欧共体也开展了与敏捷制造有关的研究计划。目前，敏捷制造已在电脑制造、汽车与航空业等领域有了一定的实践基础，其理论体系也已初具雏形。

敏捷制造是指制造企业采用现代通信手段，通过快速配置各种资源，包括技术、管理和人，以有效和协调的方式响应用户需求，实现制造的敏捷性。敏捷制造的核心是保持企业具备高度的敏捷性。敏捷性意指企业在不断变化、不可预测的经营环境中善于应变的能力，它是企业在市场中生存和领先能力的综合表现。

敏捷制造是一种全新的制造概念，它包含了如下几个方面的含义。

（1）敏捷制造是一种组织模式和战略计划，是一种制造系统工程方法和现代制造模式。

（2）敏捷制造思想的出发点是基于对未来产品和市场发展的分析，认为未来产品市场总的发展趋势是多元化和个人化，因此对制造技术的要求应尽可能做到产品成本及产品类型与产品数量无关。

（3）强调高素质的员工，即要造就一支高度灵活、训练有素、能力强且具有高度责任感的员工队伍，并充分发挥其作用。

（4）敏捷制造的实现需要多个相关企业的协同工作，最终目标是使企业能在无法预测、持续变化的市场环境中保持并不断提高其竞争能力。

（5）敏捷制造通过动态联盟或虚拟企业来实现。

（6）实现敏捷制造的一种手段和工具是虚拟制造，虚拟制造指在计算机上完成该产品从概念设计到最终实现的整个过程。

2. 敏捷制造的三要素

敏捷制造是在具有创新精神的组织和管理结构、先进制造技术（以信息技术和柔性智能技术为主导）、有技术有知识的管理人员三大类资源支柱支撑下得以实施的，也就是将柔性生产技术、有技术有知识的劳动力与能够促进企业内部和企业之间合作的灵活管理集中在一起，通过所建立的共同基础结构，对迅速改变的市场需求和市场进度做出快速响应。

敏捷制造主要包括三个要素：生产技术、管理技术和人力资源。

1) 敏捷制造的生产技术

首先，具有高度柔性的生产设备是创建敏捷制造企业的必要条件（但不是充分条件）。所必需的生产技术在设备上的具体体现是：由可改变结构、可量测的模块化制造单元构成的可编程的柔性机床组；"智能"制造过程控制装置；用传感器、采样器、分析仪与智能诊断软件相配合，对制造过程进行闭环监视；等等。

其次，在产品开发和制造过程中，运用并行工程模式开发新产品，编制生产工艺规程，运用虚拟技术模拟产品的特性和状态、产品制造过程，从开始就考虑产品设计、制造到最终报废的整个产品生命周期，缩短新产品的开发周期。

最后，把企业中分散的各个部门集中在一起，靠的是严密的通用数据交换标准、坚固的"组件"（许多人能够同时使用同一文件的软件）、宽带通信信道（传递需要交换的大量信息）。把所有这些技术综合到现有的企业集成软件和硬件中去，这标志着敏捷制造时代的开始。敏捷制造企业将普遍使用可靠的集成技术，进行可靠的、不中断系统运行的大规模软件的更换，这些都将成为正常现象。

2) 敏捷制造的管理技术

首先，敏捷制造在管理上所提出的最创新思想之一是"虚拟公司"。敏捷制造认为，新产品投放市场的速度是当今最重要的竞争优势。推出新产品最快的办法是利用不同公司的资源，使分布在不同公司内的人力资源和物资资源能随意互换，然后把它们综合成单一的靠电子手段联系的经营实体——虚拟公司，以完成特定的任务。也就是说，虚拟公司就像专门完成特定计划的一家公司一样，只要市场机会存在，虚拟公司就存在；该计划完成了，市场机会消失了，虚拟公司就解体。能够经常形成虚拟公司的能力将成为企业一种强有力的竞争武器。

其次，敏捷制造企业应具有组织上的柔性。因为，先进工业产品及服务的激烈竞争环境已经开始形成，越来越多的产品要投入瞬息万变的世界市场上去参与竞争。产品的设计、制造、分配、服务将用分布在世界各地的资源（公司、人才、设备、物料等）来完成。制造公司日益需要满足各个地区的客观条件。这些客观条件不仅反映社会、政治和经济价值，而且反映人们对环境安全、能源供应能力等问题的关心。在这种环境中，必须采用具有高度柔性的动态组织结构。根据工作任务的不同，有时可以采取内部多功能团队形式，请供应者和用户参加团队；有时可以采用与其他公司合作的形式；有时可以采取虚拟公司形式。有效地运用这些手段，就能充分利用公司的资源。

3) 敏捷制造的人力资源

在敏捷制造时代，产品和服务的不断创新和发展，制造过程的不断改进，是保持竞争优势的关键。敏捷制造企业能够最大限度地发挥人的主动性。有知识的人员是敏捷制造企业中唯一最宝贵的财富。因此，不断对人员进行教育，不断提高人员素质，是企业管理层应该积极支持的一项长期投资。每一个雇员消化吸收信息、对信息中提出的可能性做出创造性响应的能力越强，企业可能取得的成功就越大。对于管理人员和生产线上具有技术专长的工人都是如此。科学家和工程师参加战略规划和业务活动，对敏捷制造企业来说是带决定性的因素。

2.4.2　敏捷制造的关键技术——虚拟制造

1. 虚拟制造的定义

虚拟制造是以制造技术和计算机技术支持的系统建模技术与仿真技术为基础，集成现代制造工艺、计算机图形学、并行工程、人工智能、人工现实技术和多媒体技术等多种高新技术为一体，由多学科知识形成的一种综合系统技术。它将现实制造环境及其制造过程通过建立系统模型映射到计算机与相关技术所支撑的虚拟环境中，在虚拟环境下模拟现实制造环境及其制造过程的一切活动和产品的制造全过程，并对产品制造与制造系统的行为进行预测和评价。

虚拟制造是对真实产品制造的动态模拟，是一种在计算机上进行而不消耗物理资源的模拟制造软件技术。它具有建模和仿真环境，使产品在生产过程、工艺计划、调度计划、后勤供应及财会和采购和管理等形成一种集成的、综合的制造环境，在真实产品的制造活动之前，就能预测产品的功能及制造系统状态，从而可以做出前瞻性的决策和优化实施方案。

2. 虚拟制造的分类

虚拟制造既涉及与产品开发、制造有关的工程活动的虚拟，又包含与企业组织经营有关的管理活动的虚拟。因此，虚拟设计、生产和控制机制是虚拟制造的有机组成部分，按照这种思想可将虚拟制造分成三类，即以设计为中心（design-centered）的虚拟制造、以生产为中心（production-centered）的虚拟制造和以控制为中心（control-centered）的虚拟制造。

1）以设计为中心的虚拟制造

以设计为中心的虚拟制造是将制造信息加入到产品设计与工艺设计过程中，并且在计算机中进行数字化的"制造"，仿真多种制造方案，检验其可制造性或可装配性，预测产品性能和报价成本。其主要目的是通过不同的"制造仿真"来优化产品设计及其工艺过程，尽早发现设计中潜在的问题，以便做出正确决策。

例如，在飞机制造业中，为评测某飞机设计方案的优劣，要建立一系列与真实产品同尺寸的物理模型，并在模型上进行反复修改，这要花去大量时间和费用，而在过去这是不可避免的。如今美国波音公司在飞机设计中运用 VRT 完全改变了这种设计方法。波音公司为设计波音777飞机，研制了一个名为"先进计算机图形交互应用系统"的虚拟环境，用 VRT 在此环境中建立飞机的三维模型。这样设计师戴上头盔显示器就可以在这驾虚拟飞机中遨游，检查"飞机"的各项性能，同时，还可以检查设备的安装位置是否符合安装要求等。最终的实际飞机与设计方案相比，偏差小于千分之一寸，机翼和机身的接合一次成功，缩短了数千小时的设计工作量。

同样，其他大型、复杂的产品如船舶、潜艇设计等都可以运用 VRT 达到节约设计费用和时间提高设计成功率的目标。

2）以生产为中心的虚拟制造

以生产为中心的虚拟制造是通过增加仿真能力到生产过程模型，达到方便和快捷地评价多种加工过程的目的。它为工艺计划和生产计划生成、工艺流程检验、资源需求状况和生产效率评价提供了一个环境，从而优化制造环境和生产供应计划。其主要目标是评价可生产性。

3）以控制为中心的虚拟制造

以控制为中心的虚拟制造是通过增加仿真能力到控制模型和实际的生产过程，提供对实际生产过程的仿真环境，模拟实际的车间生产，评估车间生产活动，其目标是优化实际生产过程，改进制造系统。

表2-3比较了上述三种虚拟制造。

表 2-3　三种虚拟制造的比较

类别	特点	主要目标	主要支持技术	应用领域
以设计为中心的虚拟制造	在设计阶段为设计人员提供制造信息；使用基于制造的仿真以优化产品和工艺的设计；通过"在计算机上制造"产生多个"软"样机	评价可制造性	特征造型、面向数学模型设计、加工过程仿真技术	造型设计、热力学分析、运动学分析、动力学分析、容差分析、加工过程仿真
以生产为中心的虚拟制造	将仿真能力用于制造过程模型，以便低费用、快速地评价不同的工艺方案；用于资源需求规划、生产计划的产生及评价的环境	评价可生产性	VRT、嵌入式仿真	（1）工厂或产品的物理布局 传统制造：主要考虑空间 虚拟制造：总体协调、优化动态过程，人、环境、效率 （2）生产计划的编排 传统制造：静态、确定型 虚拟制造：动态、随机型
以控制为中心的虚拟制造	将仿真加到控制模型和实际处理中；可"无缝"地仿真使得实际生产周期期间不间断地优化		对离散制造：基于仿真的实时动态调度 对连续制造：基于仿真的最优控制	

3. 虚拟制造的关键技术

虚拟制造是一种新的制造技术，它以建模技术、仿真技术和VRT为支持。虚拟制造技术涉及面很广，诸如环境构成技术、过程特征抽取、元模型、集成基础结构的体系结构、制造特征数据集成、多学科交驻功能、决策支持工具、接口技术、VRT、建模技术与仿真技术等。其中后三项是虚拟制造的核心技术。

1）建模技术

虚拟制造系统（virtual manufacturing system，VMS）是现实制造系统（real manufacturing system，RMS）在虚拟环境下的映射，是RMS的模型化、形式化和计算机化的抽象描述与表示。VMS的建模应包括生产模型、产品模型和工艺模型的信息体系结构。

（1）生产模型。生产模型可归纳为静态描述和动态描述两个方面。静态描述是指系统生产能力和生产特性的描述。动态描述是指在已知系统状态和需求特性的基础上预测产品生产的全过程。

（2）产品模型。产品模型是制造过程中，各类实体对象模型的集合。目前产品模型描述的信息有产品结构明细表、产品形状特征等静态信息。而对 VMS 来说，要使产品实施过程中的全部活动集成，就必须具有完备的产品模型，所以虚拟制造下的产品模型不再是单一的静态特征模型，它能通过映射、抽象等方法提取产品实施中各活动所需的模型。

（3）工艺模型。工艺模型将工艺参数与影响制造功能的产品设计属性联系起来，以反映生产模型与产品模型之间的交互作用。工艺模型必须具备以下功能：计算机工艺仿真、制造数据表、制造规划、统计模型及物理和数学模型。

2）仿真技术

仿真就是应用计算机对复杂的现实系统进行抽象和简化形成系统模型，然后在分析的基础上运行此模型，从而得到系统一系列的统计性能。由于仿真是以系统模型为对象的研究方法，而不干扰实际生产系统，同时仿真可以利用计算机的快速运算能力，用很短时间模拟实际生产中需要很长时间的生产周期，所以可以缩短决策时间，避免资金、人力和时间的浪费。计算机还可以重复仿真，优化实施方案。

仿真的基本步骤为：研究系统→收集数据→建立系统模型→确定仿真算法→建立仿真模型→运行仿真模型→输出结果并分析。

产品制造过程仿真，可归纳为制造系统仿真和加工过程仿真。VMS 中的产品开发涉及产品建模仿真、设计过程规划仿真、设计思维过程和设计交互行为仿真等，以便对设计结果进行评价，实现设计过程早期反馈，减少或避免产品设计错误。加工过程仿真，包括切削过程仿真、装配过程仿真、检验过程仿真，以及焊接、压力加工、铸造仿真等。目前上述两类仿真过程是独立发展起来的，尚不能集成，而虚拟制造中应建立面向制造全过程的统一仿真。从模拟实际环境这一特点看，仿真技术与 VRT 有着一定的相似性。但是在多感知方面，仿真技术原则上以视觉和听觉为主要感知，很少用到其他感知（如触觉和力觉等）；在存在感方面，仿真基本上将用户视为"旁观者"，可视场景不随用户的视点变化，用户也没有身临其境之感；在交互性方面，仿真一般不强调交互的实时性。

3）VRT

VRT 是在为改善人与计算机的交互方式，提高计算机可操作性中产生的，它是综合利用计算机图形系统、各种显示和控制等接口设备，在计算机上生成可交互的三维环境（称为虚拟环境）中提供沉浸感觉的技术。

虚拟现实的系统环境除采用计算机作为中央部件外，还包括头盔式显示装置、数据手套、数据衣、传感装置及各种现场反馈设备。

由图形系统及各种接口设备组成，用来产生虚拟环境并提供沉浸感觉，以及交互性操作的计算机系统称为虚拟现实系统（virtual reality system，VRS）。VRS 包括操作者、机器和人机接口三个基本要素。它不仅提高了人与计算机之间的和谐程度，也是一种有力的仿真工具。利用 VRT 可以对真实世界进行动态模拟，通过用户的交互输入，并及时按输出修改虚拟环境，使人产生身临其境的沉浸感觉。VRT 是虚拟制造的关键技术之一。

2.4.3 敏捷制造的组织形式——虚拟企业

1. 虚拟企业的概念与特点

组建虚拟企业是实施敏捷制造战略的关键。虚拟企业也称动态联盟，是指为了赢得某一机遇性的市场竞争,围绕某种新产品开发,通过选用不同组织/公司的优势资源,综合成单一的靠网络通路联系的阶段性经营实体。虚拟企业具有集成性和时效性两大特点。它实质上是不同组织/企业间的动态集成,随市场机遇的存亡而聚散,在具体表现上,参与虚拟企业各方可以是同一个大公司的不同组织部门,也可以是不同国家的不同公司,它们以互利和信任为基础。虚拟企业的思想基础是谋求所有联盟企业的"共赢"。虚拟企业中的各个组织/企业组建互补的结盟,以整体优势来应付多变的市场,从而共同获利。

企业为了能够采取虚拟企业的组织形式,必须在自身的敏捷性改造方面花大力气。根据未来企业所面临的环境,一个敏捷型制造企业应主要具备下列几个特点。

(1)具有能抓住瞬息即逝的机遇,快速开发高性能、高可靠性及顾客可接受价格的新产品的能力。在这里,抓住机遇和快速开发是具有决定性意义的,因为失去了第一个投放市场的机会,往往就意味着整个开发工作的失败。因此,要求一切工作尽可能并行进行。

(2)具有发展通过编程可重组的、模块化的加工单元的能力,以实现快速生产新产品及各种各样的变形产品,从而使生产小批量、高性能产品能达到大批量生产同样产品的效益,以期达到同一类产品的价格和生产批量无关。要做到这一点,就必须研究如何把目前的大规模生产线,改造成具有高度柔性、可重组的生产装备及相应的软件。

(3)具有按订单生产,以合适的价格满足顾客定制产品或顾客个性产品要求的能力。

(4)应具有企业间动态合作的能力。这是因为产品越来越复杂,任何一个企业都不可能快速地和经济地设计、开发和制造一个产品的全部。只有依靠企业间的合作才能快速投放市场。

(5)具有持续创新的能力,创新是企业的灵魂,是一个企业具有竞争能力的体现。但创新是不可预见的,因此创造一种企业文化,最大限度地调动员工的积极性来控制创新的不可预见性,这将是敏捷型制造企业的一个重要标志。为此,要改变过去建立在奖惩基础上的人事管理制度,建立一种能充分调动员工积极性的人事管理制度也将是虚拟企业的标志。

(6)在敏捷型制造企业中,由于组织和设备都是可重组的,借助企业间的动态联盟,生产设备及生产能力几乎可以不受限制,而受限制的主要是人。所以,在未来的敏捷型制造企业中,将把具有创新能力和经验的员工看成是企业的主要财富,而把对员工的培养和再教育作为企业的长期投资行为。

(7)敏捷型制造企业要求和用户建立一种完全崭新的"战略"依存关系。产品的生命周期越来越短,而用户希望产品的使用时间越长越好,这是一对矛盾。要解决好这一矛盾,企业不仅要保存售后产品的档案,提供周到的售后服务,保证在整个生命周期内用户对产品的信任,而且要为用户提供适当费用的升级、升档服务,以及以旧换新等。

2. 虚拟企业的分类

虚拟企业是各实体为实现共同目标形成的动态联盟，这些实体可以是独立的敏捷型企业，也可以是企业内部的某些部门。按合作形成可分为以下几种类型。

（1）供应链式。现今企业间最常用的一种合作形式，主要用于原材料、零配件的供应与产品的发送。它是建立在产品、价格、质量、交货及时性的基础上相对稳定的一种合作。

（2）策略联盟式。几家公司拥有不同的关键技术和资源，彼此的市场有一定程度的区别和间隔，为了彼此的利益交换相互资源，以创造竞争优势。

（3）合资经营式。多个企业共同对一种产品进行投资开发、生产、销售，利用各自优势，组成联合经营实体。

（4）转包加工式。企业将拟生产产品的部分工作转包给别的企业，本身只进行生产设计或只进行生产加工。

（5）插入兼容式。企业拥有一支相对稳定的核心雇员队伍，大量工作人员是根据经营需要临时雇佣的流动人员，他们来自多个企业。

（6）虚拟合作式。它是虚拟企业的最高合作形式，企业间通过组建动态联盟进行合作。在这种合作中，虚拟企业根据特定市场机遇，集成伙伴企业的核心资源，所有的人员和设备分散在不同的地方，通过计算机网络连接。

虚拟企业从不同角度有不同的分类方法：根据伙伴企业间的合作形式可将虚拟企业分为纵向联盟与横向联盟；从联盟关系持续的时间长短可分为短期动态联盟和长期战略联盟；从联盟企业合作的紧密程度可分为紧密联合型和松散联合型；从联合方式上可分为常规企业联合和动态虚拟合作；从联合原因上划分，可以是企业的各自核心优势的组合，也可以是调节生产任务、市场占有划分、加快上市时间、跨越贸易壁垒等因素的联合。虚拟企业的分类如图2-13所示。

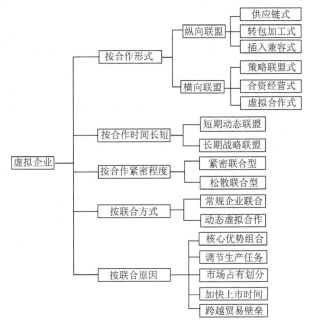

图 2-13　虚拟企业分类

3. 虚拟企业的生命周期过程

建立虚拟企业的关键要素是机遇（市场需求）、核心能力、业务过程差距分析、伙伴选择、虚拟企业建模、利益风险分配策略／格局、敏捷性度量。虚拟企业的生命周期分为五个过程（图2-14）。

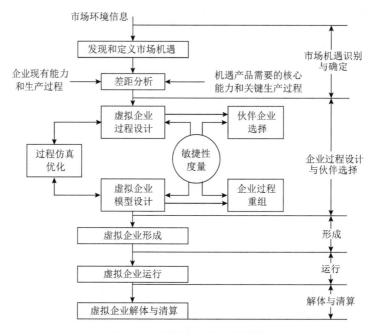

图 2-14　虚拟企业的生命周期

1）市场机遇识别与确定

这一阶段以主动创造或积极响应合适的市场机遇为目标。以发现市场机遇为起始标志，以确定所需的核心能力和业务过程为结束标志。其中包括定义市场机遇、机遇的评估与分析、差距分析并由此确定出所需要的核心能力和业务过程。

首先，根据新创意（new idea），通过市场调查、公共信息网络等多种手段收集和分析市场信息，寻求和发现新的市场机遇，或者根据客户订单响应机遇。

其次，对机遇产品进行描述，如预期价格及特定价格下的成本、产品质量、市场机遇的持续时间或交货时间、产品分销途径、售后服务支持等。然后，通过各种收益/风险分析模型与方法，对市场机遇的获利性和风险性进行评估，以决定企业是否响应该机遇。

最后，将市场机遇产品所要求的、能给顾客创造特殊价值的能力和业务过程，与本企业拥有的能力进行对比，如果本企业完全具有响应市场机遇的核心能力和关键资源，就不一定要组建虚拟企业了。否则，就要确定哪些过程由本企业完成、哪些过程需借助其他企业完成、哪些过程需要几个企业共同完成等。需要由外部企业完成的过程，可能是产品设计、工艺设计、采购、制造、销售等企业过程中的一个或多个过程或子过程。

2）企业过程设计与伙伴选择

这一阶段以过程设计开始，以伙伴企业选择及虚拟企业的模型设计为止。主要包括虚拟企业过程设计、虚拟企业模型设计、伙伴企业选择、企业过程重组等。建立企业过程模型和企业模型的目的是支持虚拟企业管理中的各项分析和决策活动。企业过程与企业模型的设计是虚拟企业过程重组与过程优化的基础，也为伙伴企业的类型选择提供了依据。

由于虚拟企业的组建和运行都是按产品生产过程进行的，所以，过程设计是首要步骤。过程模型从过程的层次性、功能性和逻辑性几个方面对虚拟企业过程的信息、资源和组织进行描述，优化后的虚拟企业过程可作为选择合作伙伴的依据。

为了全面描述虚拟企业，还需要在过程模型的基础上建立虚拟企业模型。企业模型是对虚拟企业组织、经营生产活动的结构化、形式化的描述，也是支持虚拟企业建立与优化的参考体系。虚拟企业模型不仅包含产品生产的过程，也包含过程之间的关系，而且涉及伙伴企业组织、核心资源等要素。

选择合作伙伴是虚拟企业成败的关键环节之一。在设计虚拟企业的过程模型、企业模型后，就可进行伙伴企业的选择。

3）虚拟企业的形成

这一阶段的工作主要有两个：一是盟主的有关人员与伙伴企业的协调代表成立一个协调总部（其人员可以是异地分散，依靠网络进行联系），负责对虚拟企业的各项活动进行组织和协商处理；二是签订合作伙伴之间的合作协议，对各方的责任、义务、权利都应明确地加以确定，包括各成员企业的职责范围，对部件产品质量和交货期的承诺、生产过程的协调、贡献和绩效的测量方法及评价准则，收益/风险的分配策略、解体时残余责任的归属等。

4）虚拟企业的运行

虚拟企业对外部的客户来说，应该像一个组织一样，共同对客户负责。因此，企业之间的界限应降到最低，需要各伙伴企业之间紧密无缝地像一个整体企业那样合作。为了各伙伴之间工作的协调和一致，虚拟企业应广泛使用各种信息技术进行交流与沟通，如网络技术、计算机协同工作、数据库、决策支持技术等。在运行过程中，像实体企业一样，需要进行生产计划与控制的管理、供应链管理、质量管理、成本控制、交货及售后服务等工作。

5）虚拟企业的解体与清算

虚拟企业是建立在市场机遇基础上的动态联盟，当市场机遇消失时，虚拟企业就要解体。解体之前，需要按照事先的合作协议对库存等未了的财务进行清算和有关产权的分享、残余责任的划归，以便重构新的虚拟企业。

2.4.4　企业实施敏捷制造的过程

敏捷制造是一个系统工程，企业实施敏捷制造的过程有以下四个步骤。

1. 评估竞争环境，确定经营策略

对于外部竞争环境，企业主需要对用户需求和竞争对手两个方面进行评估。考察和诊断企业所具有的条件，分析不足。面对产品设计和制造过程，充分收集信息并分析决策在哪一阶段采用什么样的经营策略，要充分考虑如何为环境变化和新的机遇留下发展的开放性。

2. 确定敏捷制造实施策略

选择敏捷制造目标、制订敏捷制造战略计划、确定敏捷制造实施方案。在系统内部建立面向任务的多功能团队，在企业之间进行跨企业的动态联盟，从而实现组织协调、过程协调、资源协调和能力协调。

具体实施策略包括：进行企业重构、通过动态联盟形成虚拟企业、提高集成的产品和工艺设计能力、改进物料运储、建设全球后勤网络、改进企业管理。

3. 设计和实施 AMS

针对具体目标，准备敏捷化所需的相关技术，转变企业经营策略，利用构建好的敏捷制造功能设计系统、敏捷制造信息系统和敏捷制造资源配置系统等构建 AMS。

实施 AMS 的基本原则包括一致性原则、变化控制原则、多功能原则、系统边界的确定原则、信息分配原则、以人为本原则、延续性原则、能力和授权原则、组织转变原则。

4. 评测企业敏捷性

建立敏捷评价体系，对 AMS 的运行进行评价，必要时进行动态调整。敏捷意味着善于把握各种变化的挑战。敏捷赋予企业适时抓住各种机遇及不断通过技术创新来领导潮流的能力。因此可以讲，一个企业的敏捷性取决于它对机遇和创新的管理能力。企业在不同时刻对这两种能力的把握决定了它对市场和竞争环境变化的反应能力。

评价指标主要有：成本——完成变化所需的成本、时间——完成变化需要的时间、稳定性——企业的变化不能破坏企业的支持基础、变化后的功能品质不能降低、变化后的废品率等不能上升、变化范围——能完成多少预期要求的能力、失去了多少市场机会，以及在市场中创新本领为何等。

■2.5 智能制造

2.5.1 智能制造概念

智能制造（intelligent manufacturing，IM）是一种由智能机器和人类专家共同组成的人机一体化智能系统，它在制造过程中能进行智能活动，诸如分析、推理、判断、构思和决策等。通过人与智能机器的合作共事，去扩大、延伸和部分地取代人类专家在制造过程中的脑力劳动。智能制造是一种崭新的制造模式，由于它突出了知识在制造活动中的价值地位，而知识经济又是继工业经济后的主体经济形式，所以智能制造就必然成为影响未来经济发展过程的制造业的重要生产模式。

智能制造的研究对象是整个机械制造企业，它的研究目标包括两个方面：一是整个制造过程的全面智能化，首次提出了以机器智能取代人的部分脑力劳动作为主要目标，强调整个企业生产经营过程大范围的自我组织和自我控制的能力；二是信息和制造智能的集成与共享，强调智能的集成的自动化。

智能制造应当包含智能制造技术和智能制造系统两方面的内容。

（1）智能制造技术是当今最新的制造技术，但至今对智能制造技术尚无统一的定义。比较公认的说法是：智能制造技术是指在制造系统生产与管理的各个环节中，以计算机为工具，并借助人工智能技术来模拟专家智能的各种制造和管理技术的总称。简言之，智能制造技术即是人工智能与制造技术的有机结合。

智能制造技术利用计算机模拟制造业人类专家的分析、判断、推理、构思和决策等智能活动，并将这些智能活动与智能机器有机地融合起来，将其贯穿应用于整个制造企业的各个子系统，如经营决策、采购、产品设计、生产计划、制造装配、质量保证和市场销售等，以实现整个制造企业经营运作的高度柔性化和高度集成化，从而取代或延伸制造环境中人类专家的部分脑力劳动，并对制造业人类专家的智能信息进行搜集、存储、完善、共享、继承与发展。

智能制造技术是制造技术、自动化技术、系统工程与人工智能等学科的互相渗透、互相交织而形成的一门综合技术。

（2）智能制造系统是智能制造技术集成应用的环境，是智能制造模式展现的载体。它是一种智能化的制造系统，是由智能机器和人类专家结合而成的人机一体化的系统，它将智能技术融合进制造系统的各个环节，以一种高度柔性与集成的方式，借助计算机模拟的人类专家的智能活动，进行分析、判断、推理、构思和决策，取代或延伸制造环境中人的部分脑力劳动，同时，收集、存储、完善、共享、继承和发展人类专家的制造智能。

简单地说，智能制造系统是基于智能制造技术实现的制造系统，智能制造系统的体系结构由四层结构组成：智能管理层、智能执行层、网络传输层和智能控制层，如图2-15所示。

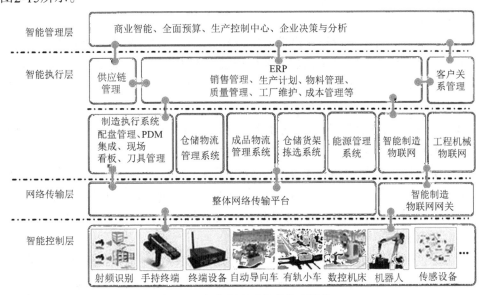

图 2-15　智能制造系统的体系结构

从制造系统的功能角度，可将智能制造系统细分为设计、计划、生产和系统活动四个子系统。在设计子系统中，智能制定突出了产品的概念设计过程中消费需求的影响；功能设计关注了产品可制造性、可装配性和可维护及保障性。另外，模拟测试也广泛应用智能技术。在计划子系统中，数据库构造从简单信息型发展到知识密集型。在排序和制造资源计划管理中，模糊推理等多类的专家系统将集成应用；智能制造的生产系统将是自治或半自治系统。在监测生产过程、生产状态获取和故障诊断、检验装配中，将广泛应用智能技术。从系统活动角度，神经网络技术在系统控制中已开始应用，同时应用分布技术和多元代理技术、全能技术，并采用开放式系统结构，使系统活动并行，解决系统集成。

智能制造系统在制造过程中，能自动监视其运行状态，在受到外界或内部激励时，能够自动调整参数，自组织达到最优状态。智能制造系统具有较强的自学能力，并能融合过去总是被孤立对待的生产系统的各种特征，在市场适应性、经济性、功能性、适应自然和社会环境的能力、开放性和兼容能力等方面自动为生产系统寻找到最优的解决方案。

智能制造系统突出了知识在制造活动中的价值地位，而知识经济又是继工业经济后的主体经济形式，所以智能制造就成为影响未来经济发展过程的制造业的重要生产模式。

2.5.2 智能制造的特征

和传统的制造技术相比，智能制造技术具有如下鲜明特征。

（1）广泛性。智能制造技术涵盖了从产品设计、生产准备、加工与装配、销售与使用、维修服务直至回收再生的整个过程。

（2）集成性。智能制造技术是集机械、电子、信息、自动化、智能控制为一体的新型综合技术，各学科的不断渗透交叉和融合，使得各学科间界限逐渐淡化甚至消失，各类技术趋于集成化。

（3）系统性。智能制造技术追求的目标是实现整个制造系统的智能化。制造系统的智能化不是子系统的堆积，而是能驾驭生产过程中的物质流、能量流和信息流的系统工程。同时，人是制造智能的重要来源，只有人与机器有机高度结合才能实现系统的真正智能化。

（4）动态性。智能制造技术的内涵不是绝对的和一成不变的，反映在不同的时期、不同的国家和地区，其发展的目标和内容会有所不同。

（5）实用性。智能制造技术是一项应用于制造业，且对制造业及国民经济的发展起重大作用的实用技术，其不是以追求技术的高新为目的，而是注重产生最好的实践效果，以提高效益为中心，以提升企业的竞争力和促进国家经济增长及综合实力的提高为目标。

（6）绿色性。日趋恶化的环境与资源的约束，使绿色制造显得越来越重要，它将是21世纪制造业的重要特征。智能制造技术是21世纪的制造技术，因此绿色制造也是智能制造技术的一个重要方面。

智能制造系统是智能制造技术的综合运用，这就使得智能制造系统具备了一些传统制造系统所不具备的崭新的能力。

（1）自组织。自组织能力是智能制造系统的一个重要标志。智能制造系统中的各种智能机器能够按照工作任务的要求，自行集结成一种最合适的结构，并按照最优的方式运行。

（2）自律。自律能力即搜集与理解环境信息和自身信息，并进行分析判断和规划自身行为的能力。智能制造系统能根据周围环境和自身作业状况的信息进行监测与处理，并根据处理结果自行调整控制策略，以采用最佳行动方案。这种自律能力在一定程度上表现出独立性、自主性和个性，甚至相互间还能协调运作与竞争。强有力的知识库和基于知识的模型是自律能力的基础。自律能力使整个制造系统具备抗干扰、自适应和容错等能力。

（3）自学习和自维护。智能制造系统能以原有的专家知识为基础，在实践中不断进行学习，完善系统知识库，并删除知识库中有误的知识，使知识库趋向最优。同时，还能对系统故障进行自我诊断、排除和修复。这种能力使智能制造系统能够自我优化并适应各种复杂的环境。

（4）整个制造系统的智能集成。智能制造系统在强调各子系统智能化的同时，更注重整个制造系统的智能集成。智能制造系统包括经营决策、采购、产品设计、生产计划、制造装配、质量保证和市场销售等各个子系统，并把它们集成为一个整体，实现整体的智能化。

（5）人机一体化。智能制造系统不单纯是"人工智能"系统，而是人机一体化智能系统，是一种混合智能。基于人工智能的智能机器只能进行机械式的推理、预测、判断，它只具有逻辑思维，最多做到形象思维，完全做不到灵感思维，只有人类专家才真正同时具备以上三种思维能力。因此，想以人工智能全面取代制造过程中人类专家的智能，独立承担起分析、判断、决策等任务是不现实的。人机一体化一方面突出人在制造系统中的核心地位，另一方面强调在智能机器的配合下更好地发挥人的潜能，使人机之间表现出一种平等共事、相互"理解"、相互协作的关系，使二者在不同的层次上各显其能，相辅相成。因此，在智能制造系统中，高素质、高智能的人将更好地发挥作用，机器智能和人的智能将真正地集成在一起，互相配合，相得益彰。

2.5.3 智能制造的关键技术

（1）新型传感技术——高传感灵敏度、精度、可靠性和环境适应性的传感技术，采用新原理、新材料、新工艺的传感技术（如量子测量、纳米聚合物传感、光纤传感等），以及微弱传感信号提取与处理技术。

（2）模块化、嵌入式控制系统设计技术——不同结构的模块化硬件设计技术，微内核操作系统和开放式系统软件技术、组态语言和人机界面技术，以及实现统一数据格式、统一编程环境的工程软件平台技术。

（3）先进控制与优化技术——工业过程多层次性能评估技术、基于海量数据的建模技术、大规模高性能多目标优化技术、大型复杂装备系统仿真技术、高阶导数连续运动规划、电子传动等精密运动控制技术。

（4）系统协同技术——大型制造工程项目复杂自动化系统整体方案设计技术及安装调试技术、统一操作界面和工程工具的设计技术、统一事件序列和报警处理技术、一体化资产管理技术。

（5）故障诊断与健康维护技术——在线或远程状态监测与故障诊断、自愈合调控与损伤智能识别及健康维护技术、重大装备的寿命测试和剩余寿命预测技术、可靠性与寿命评估技术。

（6）高可靠实时通信网络技术——嵌入式互联网技术、高可靠无线通信网络构建技术、工业通信网络信息安全技术和异构通信网络间信息无缝交换技术。

（7）功能安全技术——智能装备硬件、软件的功能安全分析、设计、验证技术及方法，建立功能安全验证的测试平台，研究自动化控制系统整体功能安全评估技术。

（8）特种工艺与精密制造技术——多维精密加工工艺，精密成型工艺，焊接、黏接、烧结等特殊连接工艺，微机电系统技术，精确可控热处理技术，精密锻造技术等。

（9）识别技术——低成本、低功耗无线射频识别芯片设计制造技术、超高频和微波天线设计技术、低温热压封装技术、超高频射频识别核心模块设计制造技术、基于深度三位图像识别技术、物体缺陷识别技术。

2.5.4 智能制造的发展轨迹

智能制造源于人工智能的研究。人工智能就是用人工方法在计算机上实现的智能。产品性能的完善化及其结构的复杂化、精细化，以及功能的多样化，促使产品所包含的设计信息和工艺信息量猛增，随之生产线和生产设备内部的信息流量增加，制造过程和管理工作的信息量也必然剧增，因而促使制造技术发展的热点与前沿，转向了提高制造系统对于爆炸性增长的制造信息处理的能力、效率及规模上。

专家认为，制造系统正在由原先的能量驱动型转变为信息驱动型，这就要求制造系统不但要具备柔性，而且要表现出智能，否则难以处理如此大量而复杂的信息工作。并且，瞬息万变的市场需求和激烈竞争的复杂环境，也要求制造系统表现出更高的灵活、敏捷和智能。因此，智能制造越来越受到高度重视。

1992年美国执行新技术政策，大力支持关键重大技术（critical technology），包括信息技术和新的制造工艺，智能制造技术自在其中，美国政府希望借助此举改造传统工业并启动新产业。

加拿大制订的1994～1998年发展战略计划，认为未来知识密集型产业是驱动全球经济和加拿大经济发展的基础，认为发展和应用智能系统至关重要，并将具体研究项目选择为智能计算机、人机界面、机械传感器、机器人控制、新装置、动态环境下的系统集成。

日本1989年提出智能制造系统，且于1994年启动了先进制造国际合作研究项目，包括公司集成和全球制造、制造知识体系、分布智能系统控制、快速产品实现的分布智能系统技术等。

欧盟的信息技术相关研究有 ESPRIT 项目，该项目大力资助有市场潜力的信息技术。1994年又启动了新的 R&D 项目，选择了39项核心技术，其中三项（信息技术、分子生物学和先进制造技术）中均突出了智能制造的位置。

中国20世纪80年代末也将"智能模拟"列入国家科技发展规划的主要课题，已在专家系统、模式识别、机器人、汉语机器理解方面取得了一批成果。国家科学技术部正式提出了"工业智能工程"作为技术创新计划中创新能力建设的重要组成部分，智能制造将是该项工程中的重要内容。

目前，智能制造已经发展成为集成信息通信技术、电工电子及微系统技术、生产技术及机械工程自动化、管理及物流技术多技术交叉融合形成的技术体系。以物联网、移动互联网、大数据、云计算为代表的新一代信息技术，以3D打印、机器人、人机协作为代表的新型制造技术，与新能源、新材料与生物科技呈现多点突破、交叉融合，智能制造技术创新不断取得新突破。

近年来，主要发达国家和地区纷纷聚焦智能制造，制定制造业中长期发展战略，力图抢占先进制造业发展制高点。美国"三位一体"推进智能制造发展，政府、行业组织、企业联盟分别针对关键共性技术、智能制造系统平台和工业互联网加以布局；欧盟"数字化议程"将智能制造作为重点研发与推进方向；德国发布实施"工业4.0"战略。

2015年，我国发布《中国制造2025》，将智能制造确立为主攻方向，智能制造技术创新应用将加快向系统集成应用迈进，以物联网为代表的"互联网+"与制造业的深度融合将加快催生智能制造系统平台。围绕智能制造系统平台建设，美国借助实施"先进制造业伙伴计划"加强信息物理系统（cyber physical system，CPS）软件开发和工业互联网平台建设，德国推行"工业4.0"战略，搭建以 CPS 为核心的智能制造系统架构。

■ 思考与练习题

1. 成组技术的原理和实质是什么？取得实际效益的原因是什么？
2. 成组技术在产品设计中主要起什么作用？有何意义？
3. 将成组技术用于车间设备布置与传统的设备布置方法有何不同？适应于何种生产情况？
4. 什么是并行工程？它的特点是什么？
5. 什么是精益生产？它的特征是什么？
6. 试述实现准时制生产方式的基本手段。

7. 试述敏捷制造理念的内涵。

8. 试述虚拟制造的概念及其分类。

9. 虚拟制造有哪些关键技术?

10. 简述虚拟企业的生命周期过程。

11. 什么是智能制造? 它的特征是什么?

12. 智能制造的关键技术有哪些?

➢拓展学习材料

2-1 精益生产

第3章

先进制造工艺技术

■ 3.1 先进制造工艺技术概述

3.1.1 机械制造工艺的基本概念

制造工艺是科技第一生产力的基本要素，是装备制造业的基础技术。机械制造工艺是将各种原材料通过改变其形状、尺寸、性能或相对位置，使之成为成品或半成品的方法和过程。机械制造，工艺为本，机械制造工艺是机械制造业的一项重要基础技术。

机械制造工艺流程（图3-1）是由原材料和能源的提供、毛坯和零件成形、机械加工、材料改性与处理、装配与包装、质量检测与控制等多个工艺环节组成。按其功能的不同，

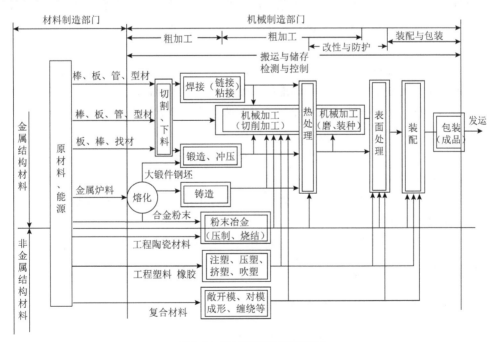

图 3-1　机械制造工艺流程图

可将机械制造工艺分为如下三个阶段：①零件毛坯的成形准备阶段，包括原材料切割、焊接、铸造、锻压加工成形等；②机械切削加工阶段，包括车削、钻削、铣削、刨削、镗削、磨削加工等；③表面改性处理阶段，包括热处理、电镀、化学镀、热喷涂、涂装等。在现代机械制造工艺中，上述阶段的划分逐渐变得模糊、交叉，甚至合而为一，如粉末冶金和注射成形工艺，则将毛坯准备与加工成形过程合而为一，直接由原材料转变为成品的制造工艺。

实质上，机械制造工艺过程是一种机械零件加工的成形过程。依据材料成形学观点，可把机械零件成形过程分为如下三种类型。

（1）材料受迫成形。其是利用材料的可成形性，在特定边界和外力约束条件下的成形过程，如铸造、锻压、粉末冶金和高分子材料注射成形等均属于这一类成形工艺。

（2）材料去除成形。其是将一部分材料有序地从基体材料中分离出去的成形工艺方法，如传统的车、铣、刨、磨切削加工，以及电火花加工、激光切割加工等特种加工工艺方法。

（3）材料堆积成形。又称增材制造，是应用连接及合并等工艺手段，将材料有序地合并堆积起来的一种成形工艺方法，如 RPM、焊接、黏合等。

此外，机械制造工艺还应包括检测和控制工艺环节。然而，检测和控制并不独立地构成工艺过程，它们是附属于各个工艺过程而存在，其目的是提高各个工艺过程的技术水平和质量。

3.1.2　先进制造工艺的特点

先进制造工艺是从传统的制造工艺发展起来，不断吸收高新技术成果，或与高新技术实现了局部或系统集成而产生的。先进制造工艺具有优质、高效、低耗、洁净和灵活五个方面的显著特点。

（1）优质。以先进制造工艺加工制出的产品质量高、性能好、尺寸精确、表面光洁、组织致密、无缺陷杂质、使用性能好、使用寿命和可靠性高。

（2）高效。与传统制造工艺相比，先进制造工艺可极大地提高劳动生产率，大大降低了操作者的劳动强度和生产成本。

（3）低耗。先进制造工艺可大大节省原材料消耗，降低能源的消耗，提高了对日益枯竭的自然资源的利用率。

（4）洁净。应用先进制造工艺可做到零排放或少排放，生产过程不污染环境，符合日益增长的环境保护要求。

（5）灵活。先进制造工艺能快速地对市场和生产过程的变化及产品设计内容的更改做出反应，可进行多品种的柔性生产，适应多变的产品消费市场需求。

3.1.3　先进制造工艺的发展趋势

面对越来越激烈的市场竞争，制造业的经营战略不断发生变化，生产规模、生产成本、产品质量、市场响应速度相继成为企业的经营目标。为此，制造工艺必须适应这种变化，加速优质、高效、低耗、洁净、灵活制造工艺的形成。同时，机械产品更新换代的速度不断加快，而且朝着大型、成套、复杂、精密、高效、高运行参数等方向发展，从而制造工艺提出了更高、更新的要求。

近年来，现代工业与科学技术的发展为制造工业技术提供了发展的技术支持，如新材料的使用、计算机技术、微电子技术、控制理论与技术、信息处理技术、测试技术、人工智能理论与技术的发展及应用都促进了制造工艺技术的发展。

1. 成形精度向近无余量方向发展

毛坯和零件的成形是机械制造的第一道工序。金属毛坯和零件的成形一般有铸造、锻造、冲压、焊接和轧材下料五类方法。随着毛坯精密成形工艺的发展，零件成形的形状尺寸精度正从近净成形（near net shape forming）向净成形（net shape forming），即近无余量成形方向发展。"毛坯"与"零件"的界限越来越小。有的毛坯成形后，已接近或达到零件的最终形状和尺寸，磨削后即可装配。主要方法有多种形式的精铸、精锻、精冲、冷温挤压、精密焊接及切割。例如，在汽车生产中，"接近零余量的敏捷及精密冲压系统"及"智能电阻焊系统"正在研究开发中。

2. 成形质量向近无"缺陷"方向发展

毛坯和零件成形质量高低的另一指标是缺陷的多少、大小和危害程度。由于热加工过程十分复杂，因素多变，所以很难避免缺陷的产生。近年来热加工界提出了"向近无'缺陷'方向发展"的目标，这个"缺陷"是指不致引起早期失效的临界缺陷概念。采取的主要措施有：采用先进工艺，净化熔融金属薄板，增大合金组织的致密度，为得到健全的铸件、锻件奠定基础；采用模拟技术，优化工艺设计，实现一次成形及试模成功；加强工艺过程监控及无损检测，及时发现超标零件；通过零件安全可靠性能研究及评估，确定临界缺陷量值等。

3. 采用模拟技术，优化工艺设计

成形、改性与加工是机械制造工艺的主要工序，是将原材料（主要是金属材料）制造加工成毛坯或零部件的过程。这些工艺过程特别是热加工过程是极其复杂的高温、动态、瞬时过程，其间发生一系列复杂的物理、化学、冶金变化，这些变化不仅不能直接观察，间接测试也十分困难，因而多年来，热加工工艺设计只能凭"经验"。近年来，应用计算机技术及现代测试技术形成的热加工工艺模拟及优化设计技术风靡全球，成为热加工各个学科最为热门的研究热点和跨世纪的技术前沿。

应用模拟技术，可以虚拟显示材料热加工（铸造、锻压、焊接、热处理、注塑等）的工艺过程，预测工艺结果（组织性能质量），并通过不同参数比较以优化工艺设计，确保大件一次制造成功，确保成批件一次试模成功。模拟技术同样已开始应用于机械加工、特种加工及装配过程，并已向拟实制造成形的方向发展，成为分散网络化制造、数字化制造及制造全球化的技术基础。

4. 机械加工向超精密、超高速方向发展

精密加工技术目前已进入纳米加工时代，加工精度达0.025μm，表面粗糙度达0.0045μm。精切削加工技术由目前的红处波段向加工可见光波段或不可见紫外线和X射线波段趋近；超精加工机床向多功能模块化方向发展；超精加工材料由金属扩大到非金属。目前高速切削铝合金的切削已超过1600m/min，铸铁为1500m/min，超高速切削已成为解决一些难加工材料加工问题的一条途径。

5. 采用新型能源及复合加工

解决新型材料的加工和表面改性难题，激光、电子束、离子束、分子束、等离子体、微波、超声波、电液、电磁、高压水射流等新型能源或能源载体的引入，形成了多种崭新的特种加工及高密度能切割、焊接、熔炼、锻压、热处理、表面保护等加工工艺或复合工艺。其中以多种形式的激光加工发展最为迅速。这些新工艺不仅提高了加工效率和质量，同时解决了超硬材料、高分子材料、复合材料、工程陶瓷等新型材料的加工难题。

6. 采用自动化技术，实现工艺过程的优化控制

微电子、计算机、自动化技术与工艺设备相结合，形成了从单机到系统、从刚性到柔性、从简单到复杂等不同档次的多种自动化成形加工技术，使工艺过程控制方式发生质的变化，其发展历程及趋势如下。

（1）应用集成电路、可编程序控制器、微机等新型控制元件、装置实现工艺设备的单机、生产线或系统的自动化控制。

（2）应用新型传感、无损检测、理化检验及计算机、微电子技术，实时测量并监控工艺过程的温度、压力、形状、尺寸、位移、应力、应变、振动、声、像、电、磁及合金与气体的成分、组织结构等参数，实现在线测量、测试技术的电子化、数字化、计算机及工艺参数的闭环控制，进而实现自适应控制。

（3）将 CAD/CAM/CAPP、机器人、自动化搬运仓储、管理信息系统等自动化单元技术综合用于工艺设计、加工及物流过程，形成不同档次的柔性自动化系统；数控加工、加工中心、FMC、FMS 和 FML，最终形成 CIMS 和智能制造系统。

7. 采用清洁能源及原材料，实现清洁生产

机械加工过程产生大量废水、废渣、废气、噪声、振动、热辐射等，劳动条件繁重危险，已不适应当代清洁生产的要求。近年来清洁生产成为加工过程的一个新的目标，除搞好三废治理外，重在从源头抓起，杜绝污染的产生。

其途径有以下几种。

（1）采用清洁能源，如用电加热代替燃煤加热锻坯，用电熔化代替焦炭冲天炉熔化铁液。

（2）采用清洁的工艺材料开发新的工艺方法，如在锻造生产中采用非石墨型润滑材料，在砂型铸造中采用非煤粉型砂。

（3）采用新结构，减少设备的噪声和振动，如在铸造生产中，噪声极大的震击式造型机已被射压、静压造型机所取代。在模锻生产中，噪声大且耗能多的模锻锤，已逐渐被电液传动的曲柄热模锻压力机、高能螺旋压力机所取代。在清洁生产基础上，满足产品从设计、生产到使用乃至回收和废弃处理的整个周期都符合特定的环境要求的"绿色制造"将成为21世纪制造业的重要特征。

8. 加工与设计之间的界限逐渐淡化，并趋向集成及一体化

CAD/CAM、FMS、CIMS、并行工程、快速原型等先进制造技术及哲理的出现，使加工与设计之间的界限逐渐淡化，并走向一体化。同时冷热加工之间，加工过程、检测过程、物流过程、装配过程之间的界限亦趋向淡化、消失，而集成于统一的制造系统之中。

9. 工艺技术与信息技术、管理技术紧密结合

先进制造技术系统是一个由技术、人和组织构成的集成体系，三者有效集成才能取得满意的效果。因而先进制造工艺只有和信息、管理技术紧密结合，不断探索适应需求的新型生产模式，才能提高先进制造工艺的使用效果。先进制造生产模式主要有柔性制造、精益生产、敏捷制造、并行工程、智能制造等。这些先进制造模式是制造工艺与信息、管理技术紧密结合的结果，反过来它也影响并促进制造工艺的不断革新与发展。

■3.2　超高速加工技术

3.2.1　超高速加工技术的概念

1. 超高速加工技术的研究背景

20世纪80年代，计算机控制的自动化生产技术的高速发展成为国际生产工程的突出特点，工业发达国家机床的数控化率已高达70%～80%。随着数控机床、加工中心和FMS在机械制造中的应用，机床空行程动作（如自动换刀、上下料等）的速度和零件生产过程的连续性大大加快，机械加工的辅助工时大为缩短。在这种情况下，再一味地减少辅助工时，不但技术上有难度，经济上不合算，而且对提高生产率的作用也不大。这时辅助工时在总的零件单件工时中所占的比例已经较小，切削工时占去了总工时的主要部分，成为主要矛盾。只有大幅度地减少切削工时，即提高切削速度和进给速度等，才有可能在提高生产率方面出现一次新的飞跃和突破。这就是超高速加工技术（ultra-high speed machining）得以迅速发展的历史背景。

超高速加工的理论研究可追溯到20世纪30年代。1931年4月德国切削物理学家萨洛蒙（Salomon）曾根据一些实验曲线，即人们常提及的著名的"萨洛蒙曲线"（图3-2），提出了超高速切削的理论。超高速切削的概念可用图3-3示意。萨洛蒙指出：在常规的切削速度范围内（图3-3中 A 区），切削温度随切削速度的增大而升高。但是，当切削速度增大到某一数值 v_ε 之后，切削速度再增加，切削温度反而降低；v_ε 值与工件材料的种类有关，对每种工件材料，存在一个速度范围，在这个速度范围内（图3-3中 B 区），由于切削温度太高，任何刀具都无法承受，切削加工不可能进行，这个速度范围在美国被称为"死谷"（dead valley）。由于受当时试验条件的限制，这一理论未能严格区分切削温度和工件温度的界限，但是他的思想给后来的研究者一个非常重要的启示：如能越过这个"死谷"而在超高速区（图3-3中 C 区）进行加工，则有可能用现有刀具进行超高速切削，大幅度减少切削工时，并成功地提高机床的生产率。萨洛蒙超高速切削理论的最大贡献在于创造性地预言了超越 Taylor 切削方程式的非切削工作区域的存在，被后人誉为"高速加工之父"。

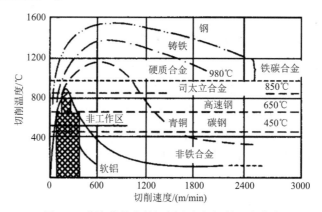

图 3-2　萨洛蒙提出的切削速度与切削温度曲线

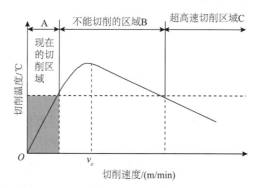

图 3-3　超高速切削概念示意图

2. 超高速加工技术的定义与特征

1）超高速加工技术的定义

超高速加工技术是指采用超硬材料的刀具，通过极大地提高切削速度和进给速度来提高材料切除率、加工精度和加工质量的现代加工技术。超高速加工包括超高速切削和超高速磨削。

超高速加工技术主要包括：①超高速切削与磨削机理研究；②超高速主轴单元制造技术；③超高速进给单元制造技术；④超高速加工用刀具与磨具制造技术；⑤超高速加

工在线自动检测与控制技术等。

由于不同的工件材料、不同的加工方式有着不同的切削速度范围，所以很难就超高速加工的切削速度范围给定一个确切的数值。目前，对于各种不同加工工艺和不同加工材料，超高速加工的切削速度范围分别如表3-1和表3-2所示。

表 3-1　不同加工工艺的切削速度范围

加工工艺	切削速度范围/（m/rain）
车削	700～7 000
铣削	300～6 000
钻削	200～1 100
拉削	30～75
铰削	20～500
锯削	50～500
磨削	5 000～10 000

表 3-2　各种材料的切削速度范围

加工材料	切削速度范围/（m/min）
铝合金	2000～7500
铜合金	900～5000
钢	600～3000
铸铁	800～3000
耐热合金	>500
钛合金	150～1000
纤维增强塑料	2000～9000

2）超高速加工技术的特征

高速加工的速度比常规加工速度几乎高出一个数量级，在切削原理上是对传统切削认识的突破。切削机理的改变，使高速加工产生出许多自身的优势，表现出如下特征。

（1）切削力低。由于加工速度高，剪切变形区变窄，剪切角增大，变形系数减小，切屑流出速度加快，从而可使切削变形减小，切削力比常规切削降低30%～90%，刀具耐用度可提高70%，特别适合于加工薄壁类刚性较差的工件。

（2）热变形小。切削时工件温度的上升不会超过3℃，90%以上的切削热来不及传给工件就被高速流出的切屑带走，特别适合于加工细长易热变形的零件和薄壁零件。

（3）材料切除率高。在高速切削时其进给速度可随切削速度的提高相应提高5～10倍。这样，在单位时间内的材料切除率可提高3～5倍，适用于材料切除率要求大的场合，如汽车、模具和航天航空等制造领域。

（4）高精度。高切速和高进给率，使机床的激振频率远高于机床-工件-刀具系统的固有频率，使加工过程平稳、振动小，可实现高精度、低粗糙度加工，非常适合于光学领域的加工。

（5）减少工序。许多零件在常规加工时需要分粗加工、半精加工、精加工工序，有时机加工后还需进行费时、费力的手工研磨，而使用高速切削可使工件加工集中在一道工序中完成。这种粗精加工同时完成的综合加工技术，叫"一次过"技术（one pass machine）。

3. 超高速加工技术的发展

工业发达国家对超高速加工的研究起步早、水平高。在此项技术中，处于领先地位的国家主要有德国、日本、美国、意大利等。

在超高速加工技术中，超硬材料工具是实现超高速加工的前提和先决条件，超高速切削磨削技术是现代超高速加工的工艺方法，而高速数控机床和加工中心则是实现超高速加工的关键设备。目前，刀具材料已从碳素钢和合金工具钢，经高速钢、硬质合金钢、陶瓷材料，发展到人造金刚石及聚晶金刚石（PCD）、立方氮化硼及聚晶立方氮化硼（CBN）。切削速度亦随着刀具材料创新而从以前的12m/min提高到1200m/min以上。砂轮材料过去主要是采用刚玉系、碳化硅系等，美国G. E公司20世纪50年代首先在金刚石人工合成方面取得成功，60年代又首先研制成功CBN。20世纪90年代陶瓷或树脂结合剂CBN砂轮、金刚石砂轮线速度可达125m/s，有的可达150m/s，而单层电镀CBN砂轮可达250m/s。因此有人认为，随着新刀具（磨具）材料的不断发展，每隔十年切削速度要提高一倍，亚音速乃至超声速加工的出现不会太遥远了。

在超高速切削技术方面，1976年美国的 Vought 公司研制了一台超高速铣床，最高转速达到了20 000rpm。特别引人注目的是，德国 Darmstadt 工业大学生产工程与机床研究所从1978年开始系统地进行超高速切削机理研究，对各种金属和非金属材料进行高速切削试验，联邦德国组织了几十家企业并提供了2000多万马克支持该项研究工作，自20世纪80年代中后期以来，商品化的超高速切削机床不断出现，超高速机床从单一的超高速铣床发展成为超高速车铣床、钻铣床乃至各种高速加工中心等。瑞士、英国、日本也相继推出自己的超高速机床。日本日立精机的 HG400III 型加工中心主轴最高转速达36 000～40 000r/min，工作台快速移动速度为36～40m/min。采用直线电机的美国 Ingersoll 公司的HVM800型高速加工中心进给移动速度为60m/min。

在高速和超高速磨削技术方面，人们开发了高速、超高速磨削、深切缓进给磨削、深切快进给磨削（即 HEDG）、多片砂轮和多砂轮架磨削等许多高速高效率磨削，这些高速高效率磨削技术在近二十年来得到长足的发展及应用。德国 Guehring Automation 公司1983年制造出了当时世界第一台最具威力的60kW强力CBN砂轮磨床，速度达到140～160m/s。德国阿享工业大学、不来梅大学在高效深磨的研究方面取得了世界公认的高水平成果，并积极在铝合金、钛合金、因康镍合金等难加工材料方面进行高效深磨的研究。目前日本工业实用磨削速度已达200m/s，美国康尼狄克大学磨削研究中心1996年其无心外圆高速磨床上，最高砂轮磨削速度达250m/s。

近年来，我国在高速、超高速加工的各关键领域，如大功率高速主轴单元、高加减速直线进给电机、陶瓷滚动轴承等方面也进行了较多的研究，但总体水平同国外尚有较大差距，必须急起直追。

3.2.2　超高速切削加工技术

1. 超高速切削加工的定义

通常把切削速度比常规高5～10倍以上的切削叫超高速切削。高速切削加工技术与常规切削加工相比，在提高生产率、减低生产成本、减少热变形和切削力及实现高精度、高质量零件加工等方面具有明显优势。

2. 超高速切削的关键技术

1）超高速切削机床

超高速切削机床是实现高速、超高速切削的必不可少的设备。超高速机床有以下五项基本要求：①适宜超高速的主轴部件；②快速响应的数控系统；③快速的进给部件；④动、静、热刚度好的机床支承部件；⑤高压大流量喷射的冷却系统和安全装置。

（1）超高速切削的主轴部件。在超高速数控机床中，几乎无一例外地采用了主轴电机与机床主轴合二为一的结构形式。即采用无外壳电机，将其空心转子直接套装在机床主轴上，带有冷却套的定子则安装在主轴单元的壳体内，形成内装式电机主轴（build in motorspindle），简称电主轴（electro spindle）。超高速电主轴的结构如图3-4所示。

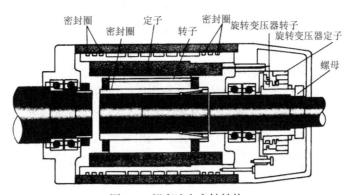

图 3-4　超高速电主轴结构

高速主轴单元的设计，是实现高速加工最关键的技术领域之一，具有重量轻、振动小、噪声低、结构紧凑、响应性能好的特点。

（2）超高速机床的数控系统。用于超高速加工的数控系统必须具有高的运算速度和控制精度，以满足复杂曲面型面的高速加工要求。目前，高速切削机床的 CNC 控制系统多采用64位微处理器系统，程序段处理时间短至1.6μs。配置功能强大的计算处理软件，具有加速预插补、前馈控制、钟形加减速、精确矢量补偿和最佳拐角减速控制等功能，有极高的运动轨迹控制精度，以及优异的动力学特征，保证了高速、高进给速度的切削加工要求。

近几年网络技术已成为 CNC 机床加工中的主要通信手段和控制工具，相信不久的将来，将形成一套先进的网络制造系统，通信将更快和更方便。大量的加工信息可通过网络进行实时传输和交换，包括设计数据、图形文件、工艺资料和加工状态等，极大提高了生产率。但目前用得最多的还是利用网络改善服务，给用户提供技术支持等。美国Cincinati Machine公司研制开发出了网络制造系统，用户只要购买所需的软件、调制解调器、网络摄像机和耳机等，即可上网，无需安装网络服务器，通过网上交换多种信息，生产率得到了提高。日立精机机床公司开发的万能用户接口的开放式CNC系统，能将机床CNC操作系统软件和因特网连接，进行信息交换。

（3）超高速机床的进给系统。高速切削是高切削速度、高进给率和小切削量的组合，进给速度为传统的5～10倍。这就要求机床进给系统有很高的进给速度和良好的加减速特性。一般要求快速进给率不小于60m/min，程序可编辑进给率小于40m/min，轴向正逆向加速大于$10\,m/s^2$。机床制造商大多采用全闭环位置伺服控制的小导程、大尺寸、高质量的滚珠丝杠或大导程多头丝杠。随着电机技术的发展，先进的直线电动机已经问世，并成功应用于CNC机床。先进的直线电动机驱动使CNC机床不再有质量惯性、超前、滞后和振动等问题，加快了伺服响应速度，提高了伺服控制精度和机床加工精度。不仅能使机床在f=60m/min以上进给速度下进行高速加工，而且快速移动速度达f=160m/min，加速度达2.5g，定位精度达到0.5～0.05μm，提高了零件的加工精度。

（4）超高速机床的支承部件。超高速加工机床的支承制造技术是指超高速加工机床的支承构件如床身、立柱、箱体、工作台、底座、托板、刀架等的制造技术。

由于超高速加工机床同时需要高主轴转速、高进给速度、高加速度，又要求用于高精度的零部件加工，所以集"三高"（高速度、高精度、高刚度）于一身就成为超高速加工机床的最主要特征。

高速切削机床的床身等支承部件应具有很好的动、静刚度，热刚度和最佳的阻尼特性。大部分机床都采用高质量、高刚性和高抗张性的灰铸铁作为支承部件材料，有的机床公司还在底座中添加高阻尼特性的聚合物混凝土，以增加其抗振性和热稳定性，不但保证机床精度稳定，也防止切削时刀具振颤；采用封闭式床身设计，整体铸造床身，对称床身结构并配有密布的加强筋，如德国Deckel Maho公司的桥式结构或龙门结构的DMC系列高速立式加工中心，美国Bridgeport公司的VMC系列立式加工中心，日本日立精机VS系列高速加工中心，使机床获得了在静态和动态方面更大限度的稳定性。一些机床公司的研发部门在设计过程中，还采用模态分析和有限元结构计算，优化了结构，使机床支承部件更加稳定可靠。

（5）超高速机床的冷却系统。高速切削中机床的主轴、滚珠丝杠、导轨等产生大量的热，如不进行有效的冷却，将会严重影响机床的精度。大多采用强力高压、高效的冷却系统，使用温控循环水或其他介质来冷却主轴电动机、主轴轴承、滚珠丝杠、直线电动机、液压油箱等。Yamazen公司将压力为6.8兆帕（MPa）的冷却液通过主轴中心孔，对机床主轴、刀具和工件进行冷却。日本日立精机公司研制开发出通过在中空的滚珠丝杠中传输冷却液，达到冷却丝杠稳定加工目的的滚珠丝杠冷却器。为了避免导轨受温升的影响，日立公司和轴承商联合研制出eeo-eeo的导轨润滑脂，该润滑脂润滑和冷却效果好，无有害物质，能进行自动润滑及不需专用设备等特点。日立精机机床公司VS系列CNC高速铣就采用此润滑脂，具有良好的使用及经济效果。

2）超高速切削的刀具系统

切削刀具材料的迅速发展是超高速切削得以实施的工艺基础。超高速切削加工要求刀具材料与被加工材料的化学亲和力要小，并且具有优异的机械性能、热稳定性、抗冲击性和耐磨性。目前适合于超高速切削的刀具材料主要有涂层刀具、金属陶瓷刀具、陶瓷刀具、立方氮化硼、PCD 刀具等。特别是 PCD 刀具和聚晶立方氮化硼刀具（PCBN）的发展推动超高速切削走向更广泛的应用领域。

（1）涂层刀具材料。涂层刀具通过在刀具基体上涂覆金属化合物薄膜，以获得远高于基体的表面硬度和优良的切削性能。常用的刀具基体材料主要有高速钢、硬质合金、金属陶瓷、陶瓷等；涂层既可以是单涂层、双涂层或多涂层，也可以是由几种涂层材料复合而成的复合涂层。此外，最新开发的纳米涂层刀具材料在超高速切削中也具有广阔的应用前景，如日本住友公司已开发出纳米 TiN/AlN 复合涂层铣刀片，涂层共达2000层，每层涂层厚度为2.5nm。

（2）金属陶瓷刀具材料。金属陶瓷具有较高的室温硬度、高温硬度及良好的耐磨性。金属陶瓷刀具可在300～500m/min 的切削速度范围内加工高速精车钢和铸铁。

（3）陶瓷刀具材料。陶瓷刀具材料主要有氧化铝基和氮化硅基两大类，是通过在氧化铝和氮化硅基体中分别加入碳化物、氮化物、硼化物、氧化物等得到的，此外还有多相陶瓷材料。陶瓷刀具可在200～1000m/min 的切削速度范围内高速切削软钢（如 A3 钢）、淬硬钢、铸铁等。

（4）PCD 刀具材料。PCD 是在高温高压条件下通过金属结合剂（如 Co 等）将金刚石微粉聚合而成的多晶材料。PCD 刀具主要用于加工耐磨有色金属和非金属，与硬质合金刀具相比能在切削过程中保持锋利刃口和切削效率，使用寿命一般高于硬质合金刀具10～500倍。

（5）CBN 刀具材料。立方氮化硼的硬度仅次于金刚石，它的突出优点是热稳定性好（1400℃），化学惰性大，在1200～1300℃下也不发生化学反应。CBN 刀具具有极高的硬度及红硬性，可承受高切削速度，适用于超高速加工钢铁类工件，是超高速精加工或半精加工淬火钢、冷硬铸铁、高温合金等的理想刀具材料。

当主轴转速超过15 000r/rain 时，离心力的作用将使主轴锥孔扩张，刀柄与主轴的连接刚度会明显降低，径向跳动精度会急剧下降，甚至出现颤振。为了满足高速旋转下不降低刀柄的接触精度，一种新型的双定位刀柄已在高速切削机床上得到应用，这种刀柄的锥部和端面同时与主轴保持面接触，定位精度明显提高，轴向定位重复精度可达0.001mm。这种刀柄结构在高速转动的离心力作用下会更牢固地锁紧，在整个转速范围内保持较高的静态和动态刚性，如图3-5所示的德国 HSK 型刀柄就是采用的这种结构。

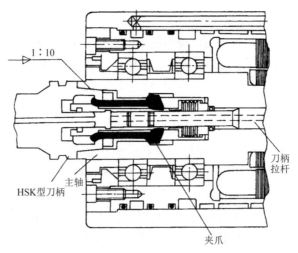

图 3-5   HSK 型刀柄及其联结结构

3.2.3   超高速磨削加工技术

1. 超高速磨削的机理

磨削加工按砂轮线速度 Vs 的高低可分为普通磨削（$Vs = 30\sim40\text{m/s}$）和高速磨削（$Vs \geqslant 45\text{m/s}$）两类。为了与20世纪80年代以前速度不超过$80\sim120\text{m/s}$ 的一般高速磨削相区别，通常将速度为普通磨削速度5倍以上（即 $Vs \geqslant 150\text{m/s}$）的高速磨削称为超高速磨削（super-high speed grinding，ultra-high speed grinding）。

2. 超高速磨削的特点

超高速磨削可以对硬脆材料实现延性域磨削加工，对高塑性等难磨材料也有良好的磨削表现。与普通磨削相比，超高速磨削显示出极大的优越性。

（1）大幅度提高磨削效率，减少设备使用台数。例如，采用电镀 CBN 砂轮以123m/s的高速磨削割草机曲轴，原来需要6个车削和3个磨削工序，现在只需要3个磨削工序，生产时间减少65%，每小时可以加工180件。再如，人们以125m/s的速度应用普通砂轮高效磨削淬硬低碳钢42CrMo4，切除率达167mm³/mms，比缓进给磨削大11倍。超高速磨削参数和效率与其他磨削方法的对比见表3-3。

（2）磨削力小，零件加工精度高。速度360m/s 以下的试验表明，在一个较窄的速度范围（$180\sim200\text{m/s}$）内，摩擦状态由固态向液态急剧变化，并伴随着磨削力的急剧下降。在单颗磨粒高速磨削45钢和20Cr 钢试验中发现，摩擦系数在临界速度以下，随速度的增大而大幅度减少；超过临界速度后，摩擦系数却随速度的增大而略有增加。

（3）降低加工工件表面粗糙度。在其他条件相同时，33m/s、100m/s 和200m/s 的速度磨削时，表面粗糙度值分别为 Ra2.0μm、Ra1.4μm 和 Ra1.1μm。

（4）延长砂轮寿命。在金属切除率相同的条件下，砂轮速度由80m/s 提高到200m/s，砂轮寿命提高8.5倍。在200m/s 的速度磨削时，以2.5倍于80m/s 时的磨除率，寿命仍然提高1倍。

表 3-3　不同磨削方法的比较

磨削方法 磨削参数	普通磨削	缓进给磨削	超高速磨削	
			精密超高速磨削	高效深磨
磨削深度 a_p/mm	小 0.001～0.05	大 0.1～30	小 0.003～0.05	大 0.1～30
工件进给速度 v_w(m/min)	高 1～30	低 0.05～0.5	高 1～30	高 0.5～10
砂轮周速 v_s/ (m/s)	低 20～60	低 20～60	高 80～250	高 80～250
金属切除率 Q' / (mm^3/ mms)	低 0.1～10	低 2～20	中 < 60	高 50～2000

（5）改善加工表面的完整性。超高速磨削越过容易产生磨削烧伤的区域，在大磨削用量下磨削反而不产生磨削烧伤。

3. 超高速磨削的关键技术

1）超高速主轴

高速磨削对砂轮主轴的基本要求与高速铣削相似。其不同之处在于砂轮直径一般大于铣刀的直径，由于制造、调整和装夹等误差，在更换砂轮或者修整砂轮后甚至在停车重新启动时，砂轮主轴必须进行动平衡，以保证获得低的工件表面粗糙度。所以高速磨削主轴上要有连续自动动平衡系统，以便能把动不平衡引起的振动降低到最低程度。

动平衡系统有不同的类型，如图3-6所示的是一种机电动平衡系统，整个系统装在磨头主轴内，包含有两个内装电子驱动元件，并有两个可在轴上作相对转动的平衡重块。进行动平衡时，主轴的动不平衡振幅值由振动传感器测出，动不平衡相位则通过装在转子内的电子元件测量。相应的电子控制信号驱动两平衡块作相对转动，从而达到平衡的目的。这种平衡装置的精度很高，平衡后的主轴残余振动幅值可控制在0.1～1μm。该系统的平衡块在断电时仍保持在原位置上不动，所以停机后重新启动时主轴的平衡状态不会发生变化。

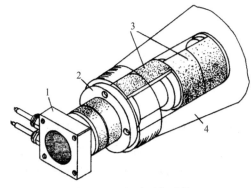

图 3-6　机电动平衡系统

1. 信号无线输送单元；2. 紧固法兰；3. 内装电子驱动元件的平衡块；4. 磨床主轴

高速磨削主轴的另一个特点是主轴功率损失随转速的提高呈超线性增长。当磨削速度由80m/s 提高到180m/s 时，主轴的无功功率消耗从不到20%增至90%以上，包括空载功耗、冷却润滑液摩擦功耗、冲洗砂轮喷流功耗，其中冷却润滑液引起的损耗所占比例最大，其重要原因是提高磨削速度后砂轮与冷却液之间的摩擦急剧加大，冷却润滑液加速到更高的速度也需要消耗大量的能量。

2）超高速磨削砂轮

超高速磨削砂轮应具有强度高、抗冲击强度高、耐热性好、微破碎性好、杂质含量低等优点。超高速磨削砂轮可以使用Al_2O_3、SiC、CBN和金刚石磨料。

高速磨削砂轮的基体设计必须考虑高转速时离心力的作用，并根据应用场合进行优化。图3-7为一个经优化后的砂轮基体外形，其腹板为一个变截面等力矩体，优化的基体没有单独大的法兰孔，而是用多个小的螺孔代替，以充分降低基体在法兰孔附近的应力。基体的外缘的尺寸，则主要根据应用场合而定。

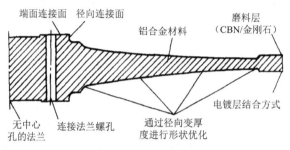

图 3-7   高速砂轮的结构和形状优化

高速磨削砂轮的磨粒主要为立方氮化硼和金刚石，所用的结合剂有多孔陶瓷和电镀镍。电镀结合砂轮是高速磨削时最为广泛采用的一种砂轮，砂轮表面只有一层磨粒，其厚度接近磨粒的平均粒度。制造时通过电镀的方式将磨粒黏在基体上，磨粒的突出高度很大，能够容纳大量切屑，而且不易形成钝刃切削，所以这种砂轮十分有利于高速磨削。此外，单层磨粒的电镀砂轮的生产成本较低。除电镀结合砂轮外，高速磨削也有用多孔陶瓷结合剂砂轮。

3.3   超精密加工技术

3.3.1   超精密加工技术的概念

1. 超精密加工的内涵

超精密加工是一个十分广泛的领域，它包括所有能使零件的形状、位置和尺寸精度达到微米和亚微米范围的机械加工方法。精密和超精密加工只是一个相对的概念，其界限随时间的推移而不断变化，图3-8所示为加工精度随时代发展的情况。

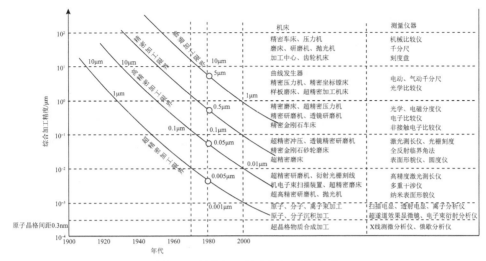

图 3-8　综合加工精度与年代的关系

在当今技术条件下,普通加工、精密加工、超精密加工的加工精度可以作如下的划分。

（1）普通加工。加工精度在1μm、表面粗糙度 Ra 0.1μm 以上的加工方法。在目前的工业发达国家中,一般工厂能稳定掌握这样的加工精度。

（2）精密加工。加工精度在0.1～1μm、表面粗糙度 Ra 为0.01～0.1μm 的加工方法,包括金刚车、精镗、精磨、研磨、珩磨等加工等。

（3）超精密加工。加工精度高于0.1μm,表面粗糙度小于 Ra 0.1μm 的加工方法,主要包括超精密切削（车、铣）、超精密磨削、超精密研磨（机械研磨、机械化学研磨、研抛、非接触式浮动研磨、弹性发射加工等）及超精密特种加工（激光束加工、电子束加工、离子束加工等）。

2. 超精密加工的分类

（1）超精密切削加工。主要有超精密车削、镜面磨削和研磨等。在超精密车床上用经过精细研磨的单晶金刚石车刀进行微量车削,切削厚度仅1μm 左右,常用于加工有色金属材料的球面、非球面和平面的反射镜等高精度、表面高度光洁的零件。例如,加工核聚变装置用的直径为800mm 的非球面反射镜,最高精度可达0.1μm,表面粗糙度为Rz0.05μm。

（2）超精密特种加工。加工精度以 nm,甚至最终以原子单位（原子晶格距离为0.1～0.2nm）为目标时,切削加工方法已不能适应,需要借助特种加工的方法,即应用化学能、电化学能、热能或电能等,使这些能量超越原子间的结合能,从而去除工件表面的部分原子间的附着、结合或晶格变形,以达到超精密加工的目的。

属于这类加工的有机械化学抛光、离子溅射和离子注入、电子束曝射、激光束加工、金属蒸镀和分子束外延等。这些方法的特点是可以对表面层物质去除或添加的量作极细微的控制。但是要获得超精密的加工精度,仍有赖于精密的加工设备和精确的控制系统,并采用超精密掩膜作中介物。例如,超大规模集成电路的制版就是采用电子束对掩膜上的光致抗蚀剂（见光刻）进行曝射,使光致抗蚀剂的原子在电子撞击下直接聚合（或分解），再用显影剂把聚合过的或未聚合过的部分溶解掉，制成掩膜。电子束曝射制版需要采用工作台定位精度高达±0.01μm 的超精密加工设备。

3. 超精密加工所涉及的技术范围

超精密加工所涉及的技术领域包含以下几个方面。

（1）超精密加工机理。超精密加工是从被加工表面去除一层微量的表面层，包括超精密切削、超精密磨削和超精密特种加工等。当然，超精密加工也应服从一般加工方法的普遍规律，但也有不少其自身的特殊性，如刀具的磨损、积屑瘤的生成规律、磨削机理、加工参数对表面质量的影响等。

（2）超精密加工的刀具、磨具及其制备技术。金刚石刀具的制备和刃磨、超硬砂轮的修整及相应的高精度、高刚度夹具的制备等是超精密加工的重要的关键技术。

（3）超精密加工机床设备。超精密加工对机床设备有高精度、高刚度、高的抗震性、高稳定性和高自动化的要求，具有微量进给机构。

（4）精密测量及补偿技术。超精密加工必须有相应级别的测量技术和装置，形成加工和检测一体化。检测有三种方法：离线检测、在位检测、在线检测。目前，高精度的尺寸、形状、位置精度可采用电子测微仪、电感测微仪、电容测微仪、自准直仪、激光干涉仪来测量。表面粗糙度可用电感式、压电晶体式表面形貌仪进行接触测量。表面应力、表面微裂纹、表面变质层深度缺陷可用 X 光衍射法、激光干涉法、超声波法来测量。

（5）严格的工作环境。超精密加工必须具备各种物理效应恒定的工作环境，工作环境的条件主要有温度、湿度、净化、防振等方面的要求，如恒温室、净化间、防振和隔振地基等；有时还有噪声、光、静电、电磁、放射线等方面的特殊要求。

3.3.2　超精密切削加工

超精密切削主要是指超精密金刚石刀具切削，如加工各种镜面等。超精密切削是一项内容广泛的新技术，它的加工精度和表面质量是由所使用的机床设备、金刚石刀具、加工工艺、测量和误差补偿技术、操作者的水平及环境条件来决定的。金刚石刀具是其中非常重要的一项，它是精密超精密切削的关键。

金刚石刀具超精密加工技术，主要应用于两个方面：单件的大型超精密零件的切削加工和大量生产的中小型零件的超精密加工技术。单件大型零件超精密金刚石刀具切削，以美国最为发达，主要出于国防的需要。大量生产的中小型超精密零件大多是感光鼓、磁盘、多面镜、球面非球面的激光反射镜等。目前，采用金刚石刀具加工铜、铝及其合金等有色金属材料以及光学玻璃、大理石和碳素纤维等非金属材料已经日益普遍。

1. 超精密切削对刀具的要求

为实现超精密切削，刀具应具有如下的性能。

（1）极高的硬度、耐用度和弹性模量，以保证刀具有很长的寿命和很高的尺寸耐用度。

（2）刃口能磨得极其锋锐，刃口半径 ρ 值极小，能实现超薄的切削厚度。

（3）刀刃无缺陷，因切削时刃形将复印在加工表面上，而不能得到超光滑的镜面。

（4）与工件材料的抗黏结性好、化学亲和性小、摩擦因数低，能得到极好的加工表面完整性。

2. 金刚石刀具的性能特征

杂质、无缺陷、浅色透明的优质天然单晶金刚石，具有如下的性能特征。

（1）具有极高的硬度，其硬度达到6000～10 000HV；而 TiC 仅为3200HV；WC 为2400HV。

（2）能磨出极其锋锐的刃口，且切削刃没有缺口、崩刃等现象。普通切削刀具的刃口圆弧半径只能磨到5～30μm，而天然单晶金刚石刃口圆弧半径可小到数纳米，没有其他任何材料可以磨到如此锋利的程度。

（3）热化学性能优越，具有导热性能好，与有色金属间的摩擦因数低、亲和力小的特征。

（4）耐磨性好，刀刃强度高。金刚石摩擦因数小，和铝之间的摩擦因数仅为0.06～0.13，切削条件正常，刀具磨损极慢，刀具耐用度极高。因此，天然单晶金刚石虽然价值昂贵，但被公认为是理想的、不能代替的超精密切削的刀具材料。

3. 刀刃形状对加工质量的影响

超精密切削时用的单晶金刚石刀具，有做成直线修光刃的，如图3-9（c）、（d）、（f）所示，也有的做成圆弧刃，如图3-9（b）、（e）所示，其中图3-9（a）一般不用。

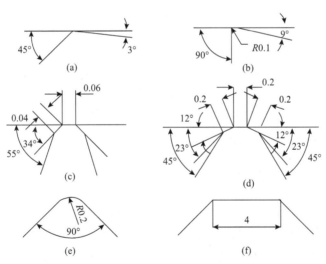

图 3-9　金刚石刀具的不同刀头形式

刀具有直线修光刃时，可减少残留面积，减小加工表面的粗糙度值，可以得到令人满意的加工表面（Ra<0.02μm）。另外，直线修光刃制造研磨容易。但直线修光刃刀具要求对刀良好，直线修光刃应严格和进给方向一致，修光刃不能太长，太长会增加径向切削力，修光刃和工件表面过多摩擦会使表面粗糙度值增大，并加速刀具磨损。修光刃的长度一般取0.05～0.20mm。国内在加工圆柱面、圆锥面和端平面时，多采用直线修光刃。

刀具采用圆弧修光刃时，对刀容易，使用方便，圆弧刃留下的残留面积极小，对表面粗糙度影响不大，但刀具制造研磨费事，价格较高。超精密切削时进给量甚小，一般 $f<0.02mm/R$。国外金刚石刀具，较多的采用圆弧修光刃。推荐的修光刃圆弧半径 $R=0.5\sim$ 3mm。

4. 刀刃刃口半径 ρ 和最小切削厚度的关系

超精密切削时能达到的极限最小切削厚度和金刚石刀具刀刃锋锐度有关，和被切材料的物理力学性能有关。

图3-10为极限最小切削厚度 $h_{D\min}$ 和刃口半径 ρ 的关系。可看到有极限临界点 A，A 点以上被加工材料将堆积起来形成切屑，而 A 点以下加工材料经弹塑变形，形成加工表面，如图3-10（a）所示。A 点的位置可由切削变形剪切角 θ 确定，剪切角 θ 又与刀具材料的摩擦因数 μ 有关。

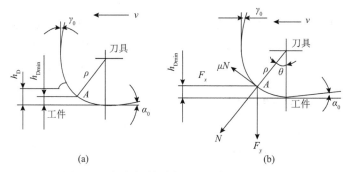

图 3-10 极限切削厚度和刃口半径 ρ 的关系

当 $\mu=0.12$ 时，可得 $h_{D\min}=0.322\rho$ ；当 $\mu=0.26$ 时，可得 $h_{D\min}=0.249\rho$ 。

由最小切削厚度 $h_{D\min}$ 与刃口半径 ρ 关系式可知，若能正常切削 $h_{D\min}=1nm$ ，要求所用金刚石刀具的刃口半径 ρ 应为3～4nm。国外报道研磨质量最好的金刚石刀具，刃口半径可以小到数纳米的水平；而国内生产中使用的金刚石刀具，刃口半径 $\rho=0.2\sim0.5\mu m$ ，特殊精心研磨可以达到 $\rho=0.1\mu m$ 。

3.3.3 超精密磨削加工

对于铜、铝及其合金等软金属，用金刚石刀具进行超精密车削是十分有效的；而对于黑色金属、硬脆材料等，用精密和超精密磨削加工在当前是最主要的精密加工手段。磨削加工可分为砂轮磨削、砂带磨削，以及研磨、珩磨和抛光等加工方法，这里仅介绍超精密砂轮磨削加工。

超精密磨削，是指加工精度达到或高于 $0.1\mu m$ 、表面粗糙度低于 Ra$0.025\mu m$ 的一种亚微米级加工方法，并正向纳米级发展。超精密磨削的关键在于砂轮的选择、砂轮的修整、磨削用量和高精度的磨削机床。

1. 超精密磨削砂轮

在超精密磨削中所使用的砂轮，其材料多为金刚石、立方氮化硼磨料，因其硬度极高，故一般称为超硬磨料砂轮。金刚石砂轮有较强的磨削能力和较高的磨削效率，在加工非金属硬脆材料、硬质合金、有色金属及其合金时有较大的优势。由于金刚石易于与铁族元素产生化学反应和亲和作用，所以对于硬而韧的、高温硬度高、热导率低的钢铁材料，则用立方氮化硼砂轮磨削较好。立方氮化硼比金刚石有较好的热稳定性和较强的化学惰性，其热稳定性可达1250~1350℃，而金刚石磨料只有700~800℃，虽然当前立方氮化硼磨料的应用不如金刚石磨料广，且价格也比较贵，但它是一种很有发展前途的磨具磨料。

超硬磨料砂轮通常采用如下几种结合剂形式。

（1）树脂结合剂。树脂结合剂砂轮能够保持良好的锋利性，可加工出较好的工件表面，但耐磨性差，磨粒的保持力小。

（2）金属结合剂。金属结合剂砂轮有很好的耐磨性，磨粒保持力大，形状保持性好、磨削性能好，但自锐性差，砂轮修整困难。常用的结合剂材料有青铜、电镀金属和铸铁纤维等。

（3）陶瓷结合剂。它是以硅酸钠作为主要成分的玻璃质结合剂，具有化学稳定性高、耐热、耐酸碱功能，脆性较大。

用金刚石砂轮磨削石材、玻璃、陶瓷等材料时，选择金属结合剂，砂轮的锋利性和寿命都好；对于硬质合金和金属陶瓷等难磨材料，选用树脂结合剂，具有较好的自锐性。CBN 砂轮一般用树脂结合剂和陶瓷结合剂。

2. 精密磨削砂轮的修整

目前，超硬磨料的砂轮修整方法主要有：在线电解修整（electrolytic in-process dressing，ELID）、电火花砂轮修整、杯型砂轮修整、激光砂轮修锐、喷射压力修锐、磁粉研蚀修锐和超声振动修锐等技术，也有把两种技术及其以上修整复合在一起的，如电火花—化学修整、电火花—超声修整。本节主要介绍近年来新出现的 ELID、激光修锐（laser assisted dressing）、电火花修整（electric spark dressing）。

砂轮的修整是超硬磨料砂轮使用中的一个技术难题，它直接影响被磨工件的加工质量、生产效率和生产成本。砂轮修整通常包括修形和修锐两个过程。所谓修形，是砂轮达到一定精度要求的几何形状；修锐是去除磨粒间的结合剂，使磨粒突出结合剂一定高度，形成足够的切削刃和容屑空间。普通砂轮的修形与修锐一般是同步进行的，而超硬磨料砂轮的修形和修锐一般是分为先后两步进行。修形要求砂轮有精确的几何形状，修锐要求砂轮有好的磨削性能。超硬磨料砂轮，如金刚石和立方氮化硼，都比较坚硬，很难用别的磨料磨削以形成新的切削刃，故通过去除磨粒间的结合剂方法，使磨粒突出结合剂一定高度，形成新的磨粒。

超硬磨料砂轮修整的方法很多，主要有以下几类。

（1）ELID。ELID 是由日本大森整等在1987年推出的超硬磨料砂轮修整新方法。该法用于铸铁纤维为结合剂的金刚石砂轮，应用电解加工原理完成砂轮的修整过程。如图3-11所示，将超硬磨料砂轮接电源正极，石墨电极接电源负极，在砂轮与电极之间通以电解液，通过电解腐蚀作用去除超硬磨料砂轮的结合剂，从而达到修整效果。在这种电解修整过程中，被腐蚀的砂轮铸铁结合剂表面逐渐形成钝化膜，这种不导电的钝化膜将阻止电解的进一步进行，只有当突出的磨粒磨损后，钝化膜被破坏，电解修整作用才会继续进行，这样可使金刚石砂轮能够保持长时间的切削能力。

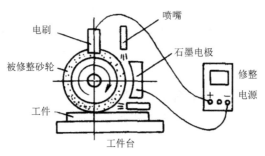

图 3-11 电解修锐法原理图

使用 ELID 磨削具有以下几个特点：①磨削过程具有良好地稳定性；②金刚石砂轮不会过快磨耗，提高了贵重磨料的利用率；③磨削过程具有良好的可控性；④有效地实现了镜面磨削，大大减少了先进陶瓷零配件的表面残留微裂纹。

（2）电火花修整法。图3-12所示，将电源的正、负极分别接于被修整超硬磨料砂轮和修整器（石墨电极），其原理是电火花放电加工。电火花整形过程中，铁基结合剂砂轮与工具电极间产生的电火花放电脉冲在砂轮表面形成放电凹坑。在重复放电过程中，放电凹坑相互重叠，逐渐将砂轮修整到所需形状。这种方法适用于各种金属结合剂砂轮，既可修形又可修锐，由于砂轮与工具电极不接触，砂轮不受修整力作用，从而避免了接触式修整法整形时出现的振颤现象发生，因此可达到较高的整形精度，并保证磨粒的完整性。若在结合剂中加入石墨粉，也可用于树脂、陶瓷结合剂砂轮的修整。

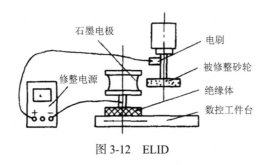

图 3-12 ELID

电火花砂轮修整具有以下特点：①可进行在位、在线修整，易保证磨削精度。②操作方便。③适用于任何以导电材料作为结合剂的砂轮。④修整力小，适合小直径和极薄砂轮的修整。⑤可方便地实现对成型砂轮的快速、高精度修整。此外，相对于其他砂轮修整方法，电火花修整还具有成本低、易实现、工艺参数少、便于调节等优点。

（3）激光修锐技术。利用光学系统把激光束聚焦成极小的光斑作用于砂轮表面，可在极短的时间内使砂轮局部表面的材料熔化或气化。用激光修整超硬磨料砂轮时，如果激光功率密度足够高，可同时去除砂轮表面的磨粒和结合剂，通过控制砂轮的运动参数，使砂轮获得精确的几何形状，达到整形的目的。另外，超硬磨料与结合剂材料的物理性能相差较大。理论计算表明，在相同的激光作用时间内，超硬磨料达到熔点所需的激光功率密度比结合剂材料高 1~3 个数量级。通过控制激光加工参数，可选择性地去除结合剂材料而不损伤超硬磨粒，使磨粒突出，在砂轮表面形成容屑空间，达到修锐的目的。

激光修整砂轮具有以下优点：①激光照射区域小，可以节省砂轮材料。②激光修整砂轮过程中没有使用大的机械力，尤其适合于磨削过程中在线修整。③激光修整砂轮装置易在磨床上安装。④冷却液的存在并不严重影响修整效果。⑤修整速度快、工效高、易实现自动化。⑥通过焦距的改变，可以有选择地除去砂轮上阻塞的工件材料。⑦不存在修具钝化报废的情况，具有可重复利用性。⑧增大砂轮表面激光作用结合剂深度可以延长砂轮的寿命。

3. 磨削速度和磨削液

金刚石砂轮磨削速度一般不能很高，根据磨削方式、砂轮结合剂和冷却情况的不同，其磨削速度为 12~30m/s。磨削速度太低，单颗磨粒的切屑厚度过大，不但使工件表面粗糙度值增加，而且也使金刚石砂轮磨损增加；磨削速度提高，可使工件表面粗糙度值降低，但磨削温度将随之升高，而金刚石的热稳定性只有 700~800℃，因此金刚石砂轮的磨损也会增加。所以，应根据具体情况选择合适磨削速度，一般陶瓷结合剂、树脂结合剂的金刚石砂轮其磨削速度可选高些，金属结合剂的金刚石砂轮磨削速度可选低些。立方氮化硼砂轮的磨削速度可比金刚石砂轮高得多，可达 80~100m/s，主要是因为立方氮化硼磨料的热稳定性好。

超硬磨料砂轮磨削时，磨削液的使用与否对砂轮的寿命影响很大，如树脂结合剂超硬磨料砂轮湿磨可比干磨提高砂轮寿命 40% 左右。磨削液除了具有润滑、冷却、清洗功能之外，还有渗透性、防锈、提高切削性功能。磨削液被分为油性液和水溶性液两大类，油性液主要成分是矿物油，其润滑性能好，主要有全损耗系统油（机油）、煤油、轻质柴油等；水溶性液主要成分是水，其冷却性能好，主要有乳化液、无机盐水溶液、化学合成液等。

3.3.4 超精密研磨、抛光加工

研磨时，研具在一定的压力下与加工面作复杂的相对运动。研具和工件之间的磨粒和研磨剂在相对运动中，分别起机械切削作用和物理、化学作用，使磨粒能从工作表面上切去极微薄的一层材料，从而得到极高尺寸精度和精确的表面。抛光也和研磨一样，是将研磨剂擦抹在抛光器上对工件进行抛光加工。

超精密研磨通常选用粒度大小只有几纳米的研磨微粉，对加工表面进行长时间的研磨以达到极高表面质量。超精密研磨的方法有：液中研磨法、机械-化学研磨等，对于非球面镜的磨削、研抛加工，近年来采用计算机控制光学表面成形（computer control led optical surfacing，CCOS）技术，即用计算机控制的方法，使得在单位时间内，加工面上某一点的材料去除量正比于磨盘压强及磨盘与加工点之间的相对速度。这种加工方法的实现难度很大。另外一些特种加工方法，如弹性发射加工方法、等离子体化学气体加工方法（chemical vaporization machining，CVM），也是有前途的超精密光整方法。

3.3.5 超精密特种加工

1. 激光束加工

1）激光加工的基本原理

激光是通过入射光子影响处于亚稳态高能级的原子、离子或分子跃迁到低能级而完成受激辐射时发出的光，简单而言，激光就是受激辐射得到的加强光。激光加工是一种利用材料在激光聚焦照射下瞬时急剧熔化和气化，并产生很强的冲击波，使被熔化的物质爆炸式地喷溅来实现材料去除的加工技术。

2）激光加工的特点

激光加工主要是指激光切割、打孔、焊接、动平衡去重、电阻微调、表面处理和改性等。与其他加工方法相比，激光加工具有以下特点：适应性强、加工精度高、加工质量好、加工速度快、效率高、容易实现自动化加工、通用性强、节能和节省材料和经济性好等。

3）激光加工的基本设备

激光加工的基本设备包括激光器、激光器电源、光学系统和机械系统等四大部分。

（1）激光器。激光器是激光加工的核心设备，通过激光器可以把电能转化成光能，获得方向性好、能量密度高、稳定的激光束。按产生激光的材料种类不同，激光器可分为固体激光器、气体激光器、液体激光器、半导体激光器及自由电子激光器等。按激光器的工作方式可大致分为连续激光器和脉冲激光器。激光加工中要求输出功率和能量大，目前多采用固体和气体激光器。

固体激光器由工作物质、光泵、玻璃套管、滤光液、冷却水、聚光器和谐振腔等组成，其结构示意图如图3-13所示。

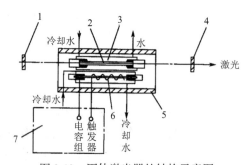

图 3-13　固体激光器的结构示意图

1. 全反射镜；2. 工作物质；3. 玻璃套管；4. 部分反射镜；5. 聚光镜；6. 氙灯；7. 电源

（2）激光器电源。激光电源根据加工工艺的要求，为激光器提供所需的能量及控制功能。它包括电压控制、时间控制及触发器等。

（3）光学系统。光学系统包括激光聚焦系统和观察瞄准系统。聚焦系统的作用在于把激光引向聚焦物镜，并聚焦在加工工件上；为了使激光束准确地聚焦在加工位置，要有焦点位置调节及观察瞄准系统。

（4）机械系统。机械系统主要包括床身、工作台和机电控制系统等。激光加工是一种微细精密加工，机床设计要求传动链短，尽可能减小传动间隙。由于激光加工不存在明显的机械力，强度问题不必过多考虑，但刚度问题不容忽视，而且要防止受环境温度等影响而引起变形。为保持工件表面及聚焦物镜的清洁，必须及时排除加工产物，机床上都设计有吹气和吸气装置。

2. 电子束加工

1）电子束加工的原理及特点

电子束加工是在真空条件下，利用电子枪中产生的电子经加速、聚焦后形成的能量密度极高（$10^6 \sim 10^9\,\text{W/cm}^2$）的电子束流，以极高的速度轰击到工件被加工部位极小面积上，在极短时间（几分之一微秒）内，其能量大部分转换为热能，导致该部位的材料达到几千摄氏度以上的高温，从而引起材料的局部熔化或气化，被真空系统抽走；或者利用能量密度较低的电子束轰击高分子材料，使它的分子链切断或重新聚合，从而使高分子材料的化学性质和分子量产生变化，进行加工。

电子束的电热效应很早就被人们认识和使用。最早是用电子束熔炼难熔金属，后来又广泛地用电子束进行精细焊接。近几十年来，电子束越来越多地应用于打孔、切割、光刻等加工。

电子束加工具有如下特点：是一种精密微细加工方法；加工材料范围很广；加工精度高，表面质量好；加工生产率很高，并且便于采用计算机控制，实现加工过程自动化。

2）电子束加工装置

电子束加工装置的基本结构如图3-14所示。它主要由电子枪系统、真空系统、控制系统、电源系统及一些测试仪表和辅助装置等组成。

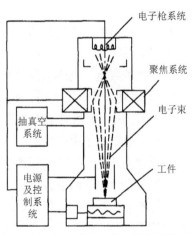

图 3-14　电子束加工装置结构示意图

（1）电子枪系统。用来发射高速电子流，完成电子束的预聚焦和强度控制。它包括电子发射阴极、控制栅极和加速阳极等。

（2）真空系统。用来保证真空室内所需的真空度。电子束加工时，必须维持 $1.33\times10^{-4} \sim 1.33\times10^{-2}\,\text{Pa}$ 的高真空度。因为只有在高真空时，才能避免电子与气体分子之间的碰撞，保证电子的高速运动。还可保护发射阴极不至于在高温下被氧化，也免使被加工表面氧化。

（3）控制系统。电子束加工的控制系统包括束流聚焦控制、束流位置控制、束流强度控制及工作台位移控制等。

（4）电源系统。电子束加工对电源电压的稳定性要求较高，要求波动范围不得超过百分之几。这是因为电子束聚焦及阴极的发射强度与电压波动有密切关系，因此需要稳压设备。各种控制电压和加速电压由升压整流器供给。

3. 离子束加工

1）离子束加工原理、分类及特点

离子束加工的原理和电子束加工基本类似，也是在真空条件下，将离子源产生的离子束经过加速聚焦，使之打击到工件表面，从而对工件进行加工。不同的是离子带正电荷，其质量比电子大数千、数万倍，如氩离子的质量是电子的7.2万倍。所以一旦离子加速到较高速度时，离子束比电子束具有更大的撞击动能。与电子束不同，它是靠微观的机械撞击能量，而不是靠动能转化为热能来加工工件的。

离子束加工按照其所利用的物理效应和达到的目的不同，可以分为四类，即利用离子撞击效应和溅射效应的离子刻蚀、离子溅射沉积、离子镀及利用注入效应的离子注入。前两种属于成形加工，后两种属于特殊表面层制备。

离子束加工的特点有：离子束加工是最有前途的超精密和微细加工方法，是纳米加工技术的基础；由于离子束加工是在高真空中进行，所以污染少，特别适用于对易氧化的金属、合金材料和半导体材料的加工；离子束是利用机械碰撞能量加工，故不论对金属、非金属都适用；加工表面质量好、易于实现自动化。

2）离子束加工装置

离子束加工装置与电子束加工装置类似，也包括离子源、真空系统、控制系统和电源等部分。主要的不同部分是离子源系统。

离子源用原子电离的方法产生离子束流。具体来说是把要电离的气态原子注入电离室，经高频放电、电弧放电、等离子体放电或电子轰击，使气态原子电离为等离子体（即正离子数和负电子数相等的混合体）。用一个相对于等离子体为负电位的电极（吸极），就可以从等离子体中引出离子束流。根据离子束产生的方式和用途的不同，离子源有很多形式。常用的有考夫曼型离子源和双等离子管型离子源。图3-15考夫曼型离子源示意图，它由热阴极灯丝发射电子，在阳的吸引下向下方的阴极移动，同时受线圈磁场的偏转作用，做螺旋运动前进。惰性气体（如氩、氖、氙等）由注入口进入电离室，并在高速电子的撞击下被电离成离子。阴极和阳极上各有几百个直径为$\phi 0.3$mm的小孔，上下位置严格对齐，位置误差小于0.01mm。这样便可形成几百条准直的离子束，均匀地分布在直径为$\phi 50\sim300$mm的面积上。考夫曼型离子源结构简单、尺寸紧凑、束流均匀且直径很大，已成功用于离子推进器和离子束微细加工领域。

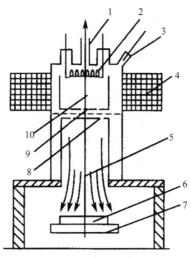

图 3-15　考夫曼型离子源

1. 真空抽气口；2. 灯丝；3. 惰性气体注入口；4. 电磁线圈；5. 离子束流；
6. 工件；7. 阴极；8. 引出电极；9. 阳极；10. 电离室

3.3.6　超精密加工机床设备

超精密加工机床的研制开发始于20世纪60年代。当时在美国因开发激光核聚变实验装置和红外线实验装置需要大型金属反射镜，因而急需开发制作反射镜的超精密加工技术。以单点金刚石车刀镜面切削铝合金和无氧铜的超精密加工机床应运而生。1980年，美国在世界上首次开发了三坐标控制的 M-18AG 非球面加工机床，它标志着亚微米级超精密加工机床技术的成熟。日本的超精密加工机床的研制开发滞后于美国20年。1981～1982年首先开发的是多棱体反射镜加工机床，随后是磁头微细加工机床、磁盘端面车床，近来则是以非球面加工机床和短波长 X 线反射镜面加工机床为主。德国、荷兰及中国台湾的超精密加工机床技术也都处于世界先进水平。

超精密加工机床应具有高精度、高刚度、高稳定性、高自动化的特征。

1. 精密主轴部件

精密主轴部件是超精密机床的圆度基准，也是保证机床加工精度的核心。主轴要求达到极高的回转精度，其关键在于所用的精密轴承。目前，超精密机床的主轴广泛采用液体静压轴承和空气静压轴承。

液体静压轴承回转精度很高（≤0.1μm），且刚度和阻尼大，因此转动平稳，无振动。图3-16为典型的液体静压轴承主轴结构原理图，压力油通过节流孔进入轴承偶合面间的油腔，使轴在轴套内悬浮，不产生固体摩擦。当轴受力偏歪时，偶合面间泄油的间隙改变，造成相对油

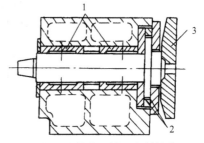

图 3-16　典型液体静压轴承主轴结构原理图

1. 径向轴承；2. 推力轴承；3. 真空吸盘

腔中油压不等，油的压力差将推动轴回向原来的中心位置。

液体静压轴承一般用于大型超精密机床。

2. 床身和精密导轨

床身是机床的基础部件，应具有抗振衰减能力强、热膨胀系数低、尺寸稳定性好的要求。目前，超精密机床床身多采用人造花岗岩材料制造。超精密机床导轨部件要求有极高的直线运动精度，不能有爬行，导轨偶合面不能有磨损，因而液体静压导轨、气浮导轨和空气静压导轨，均具有运动平稳、无爬行、摩擦因数接近于零的特点，在超精密机床中得到广泛的使用。

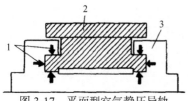

图3-17　平面型空气静压导轨
1. 静压空气；2. 移动工作台；3. 底座

图3-17为日本日立精工的超精密机床所用的空气静压导轨，其导轨的上下、左右均在静压空气的约束下，整个导轨浮在中间，基本没有摩擦力，有较好的刚度和运动精度。

3. 微量进给装置

高精度微量进给装置是超精密机床的一个关键装置，它对实现超薄切削、高精度尺寸加工和实现在线误差补偿有着十分重要的作用。目前，高精度微量进给装置分辨率已可达到0.001～0.01μm。

在超精密加工中，要求微量进给装置满足如下的要求：①精微进给与粗进给分开，以提高微位移的精度、分辨率和稳定性；②运动部分必须是低摩擦和高稳定性，以便实现很高的重复精度；③末级传动元件必须有很高的刚度，即夹固刀具处必须是高刚度的；④工艺性好，容易制造；⑤应能实现微进给的自动控制，动态性能好。

微量进给装置有机械或液压传动式、弹性变形式、热变形式、流体膜变形式、磁致伸缩式、压电陶瓷式等多种结构形式。

图3-18所示为一种压电陶瓷式微进给装置。压电陶瓷器件在预压应力状态下与刀夹和后垫块弹性变形载体黏结安装，在电压作用下陶瓷伸长，推动刀夹作微位移。此微位移装置最大位移为15～16μm，分辨率为0.01μm，静刚度60N/μm。压电陶瓷式微进给装置能够实现高刚度无间隙位移，能够实现极精细位移，变形系数大，具有很高的响应频率。

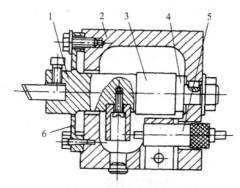

图3-18　压电陶瓷式微进给装置
1. 刀夹；2. 机座；3. 压电陶瓷；4. 后垫块；5. 电感测头；6. 弹性支承

3.3.7　超精密加工环境

为了适应精密和超精密加工的需要，达到微米甚至纳米级的加工精度，必须对它的支撑环境加以严格的控制，包括空气环境、热环境、振动环境、电磁环境等。

要求0.1μm 精度的超精密加工必须能控制0.1℃之内的温度变化。另外，对于装备光学器件的超精密加工设备，外部环境的微小变化都会引起光轴的偏移，因此，这种设备对微振动的影响、房屋地面水平精度、日照和温度变化引起房屋的伸缩、室内空气的波动和电磁波的影响等都有相应的要求。

超精密加工的环境，如图3-19所示。因加工零件的精度和用途不同而对超精密加工环境的要求有所不同，必须建立符合各自要求的特定环境。

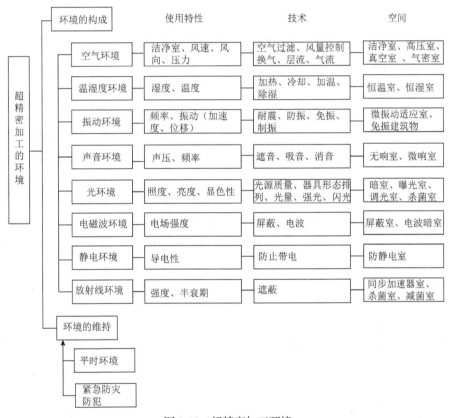

图 3-19　超精密加工环境

1. 净化的空气环境

为了保证精密和超精密加工产品的质量，必须对周围的空气环境进行净化处理，减少空气中的尘埃含量，提高空气的洁净度。所谓空气洁净度是指空气中含尘埃量多少程度，含尘浓度越低，则空气洁净度越高。随着超精密加工技术的快速发展，对空气洁净度提出了更加苛刻的要求，被控制的微粒直径从0.5μm 减小到0.3μm，有的甚至减小到0.1μm 或0. 01μm。表3-4给出了美国联邦标准209D 各洁净度级别对于不同直径微粒浓度限定值。

表 3-4　美国 209D 标准各洁净度级别的上限浓度　　单位：个/每立方米空气粒子

级别＼直径	0.1μm	0.2μm	0.3μm	0.5μm	5μm
1	35	7.5	3	1	—
10	350	75	30	10	—
100	—	750	300	100	—
1 000	—	—	—	1 000	7
10 000	—	—	—	10 000	70
100 000	—	—	—	100 000	700

2. 恒定的温度环境

精密加工和超精密加工所处的温度环境与加工精度有着密切的关系，当环境温度发生变化时会影响机床的几何精度和工件的加工精度。据文献报导，精密加工中机床热变形和工件升温引起的加工误差占总误差的40%～70%。例如，磨削 ϕ 100mm 的钢质零件，磨削液温升10℃将产生11μm 的误差；精密加工铝合金零件100mm 长时，每温度变化1℃，将产生2.25μm 的误差，若要求确保0.1μm 的加工精度，环境温度需要控制在±0.05℃范围内。因此，严格控制的恒温环境是精密和超精密加工的重要条件之一。

恒温环境有两个重要指标：一是恒温基数，即空气的平均温度，我国规定的恒温基数为20℃；二是恒温精度，指对于平均温度所允许的偏差值。恒温精度主要取决于不同的精密和超精密加工的精度和工艺要求，加工精度要求越高，对温度波动范围的要求越严格。例如，对一般精度的坐标镗床的调整和校验环境可以取±1℃，而对于高精密度的微型滚动轴承的装配和调整工序的环境就可取±0.5℃。

3. 较好的抗振动干扰环境

超精密加工对振动环境的要求越来越高，限制越来越严格。这是因为工艺系统内部和外部的振动干扰，会使加工和被加工物体之间产生多余的相对运动而无法达到需要的加工精度和表面质量。例如，在精密磨削时，只有将磨削时振幅控制在 1～2μm 时，才能获得 Ra0.01μm 以下的表面粗糙度。

为保证精密和超精密加工的正常进行，必须采取有效措施以消除振动干扰，其途径包括如下两个方面。

（1）防振。主要消除工艺系统内部自身产生的振动干扰，措施有：①精密动平衡各运动部件，消灭或减少工艺系统内部的振源；②采用合理优化的系统结构，提高系统的抗振性；③对易振动部分人为加入阻尼，减小振动；④采用振动衰减能力强的材料制造系统结构件。

（2）隔振。外界振动干扰常常是独立存在而不可控制的，只能采取各种隔离振动干扰的措施，阻止外部振动传播到工艺系统中来。最基本的隔振措施是采取远离振动源的办法，事先对场地外的铁路、公路等振动源进行调查，必须保持相当的距离。对系统附近的振源，如空压机、泵等应尽量移走；若实在无法移走时，应采用单独地基、加隔振材料等措施，使这些振源所产生的振动对精加工的影响尽量减小。

■3.4　微纳加工技术

3.4.1　微纳加工技术概述

1. 微纳加工概述

微纳加工技术是指尺度为 mm、μm 和 nm 量级的零件，以及由这些零件构成的部件或系统的设计、加工、组装、集成与应用技术。微纳加工技术是微传感器、微执行器、微结构和功能微纳系统制造的基本手段和重要基础。

微纳机械按其尺寸特征可以分为：1～10mm 的微小机械；1μm～1mm 的微机械；1nm～1μm 的纳米机械。而制造微纳机械常采用的微纳加工，又可以进一步分为微米级微纳加工、亚微米级微纳加工和纳米级微纳加工等。

2. 微纳加工分类

从基本加工类型看，微纳加工可大致分四类：分离加工，将材料的某一部分分离出去的加工方式，如分解、蒸发、溅射（可去除材料，也可增加材料）、破碎等；接合加工，同种或不同材料的附和加工或相互结合加工，如蒸镀、淀积、掺入、生长、黏结等；变形加工，使材料形状发生改变的加工方式，如塑性变形加工、流体变形加工等；材料处理或改性，如一些热处理或表面改性等。

3.4.2　微细加工技术

1987 年美国科学家提出了微机电系统（micro electro mechanical system）发展计划，这标志着人类对微机械的研究进入到一个新的时代。目前，应用于微机械的制造技术主要有半导体加工技术、微光刻电铸模造工艺、超精密机械加工技术及特种微加工技术等。其中，特种微加工技术是通过加工能量的直接作用，实现小至逐个分子或原子的去除加工。特种加工是利用电能、热能、光能、声能、化学能等能量形式进行加工的，常用的方法有电火花加工、超声波加工、电子束加工、离子束加工、电解加工等。近年来发展起来一种可实现微小加工的新方法——光成型法，包括立体光刻工艺、光掩膜层工艺等。其中利用激光进行微加工显示出巨大的应用潜力和诱人的发展前景。

1. 超微机械加工

微细切削加工适合所有金属、塑料及工程陶瓷材料，切削方式有车削、铣削、钻削等。由于切削加工尺寸小、主轴转速高，专用机床的设计加工的难度较大。如图3-20所示为日本 FANUC 公司开发的能进行车、铣、磨和电火花加工的多功能微型超精密加工机床。该机床有 X、Z、C、B 四轴，数控系统的最小设定单位为 1nm，配有编码器半闭

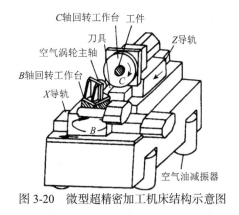

图 3-20　微型超精密加工机床结构示意图

环控制和激光全息式直线移动的全闭环控制,编码器每个脉冲分辨率为0.2nm,直线尺的分辨率为lnm,采用空气静压轴承支撑结构,伺服电动机的转子和定子用空气冷却,运行时温度可控制在0.1℃以下。微细切削刀具大多采用单晶金刚石车刀或铣刀,刀尖圆弧半径为100nm左右。目前微细切削加工存在的主要困难是各类微型刀具的制造、刀具安装的姿态、加工基准的转换定位等。

2. 光刻加工

光刻(photo lithography)也称照相平版印刷(术),它源于微电子的集成电路制造,是在微机械制造领域应用较早并仍被广泛采用且不断发展的一类微细加工方法。光刻加工是用照相复印的方法将光刻掩模上的图形印刷在涂有光致抗蚀剂的薄膜或基材表面,然后进行选择性腐蚀,刻蚀出规定的图形。所用的基材有各种金属、半导体和介质材料。光致抗蚀剂俗称光刻胶或感光剂,是一种经光照后能发生交联、分解或聚合等光学反应的高分子溶液。

图3-21为一个典型的光刻工艺示例,其工艺过程为:①氧化,使硅晶片表面形成一层 SiO_2 氧化层;②涂胶,在 SiO_2 氧化层表面涂布一层光致抗蚀剂,即光刻胶,厚度在1~5μm;③曝光,在光刻胶层面上加掩模,然后用紫外线等方法曝光;④显影,曝光部分

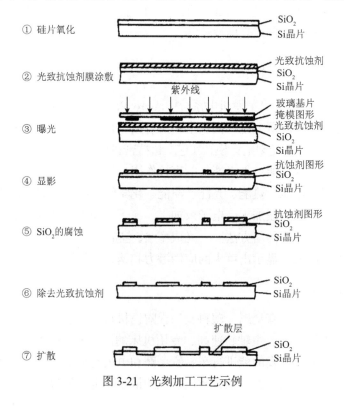

图 3-21　光刻加工工艺示例

通过显影而被溶解除去；⑤腐蚀，将加工对象浸入氢氟酸腐蚀液，使未被光刻胶覆盖的 SiO_2 部分被腐蚀掉；⑥去胶，腐蚀结束后，光致抗蚀剂就完成了它的作用，此时要设法将这层无用的胶膜去除；⑦扩散，即向需要杂质的部分扩散杂质，以完成整个光刻加工过程。

3. 刻蚀技术

刻蚀技术（etching technology）通常分为等向刻蚀和异向刻蚀。等向刻蚀是在任何方向上刻蚀速度均等的加工，可以制造任意横向几何形状的微型结构，高度一般仅为几微米，仅限于制造平面型结构。而制造微机械需要深度达几百个微米，纵横比或深孔比较大能够形成三维空间结构的刻蚀技术，故需采用异向刻蚀技术。它是一种在特定方向上刻蚀速度大，其他方向上几乎不发生刻蚀的加工方法。

1）化学异向刻蚀

化学异向刻蚀，又称湿法刻蚀。化学刻蚀是通过化学刻蚀液和被刻蚀物质之间的化学反应将被刻蚀物质剥离下来的刻蚀方法。大多数化学刻蚀是不易控制的各向同性刻蚀。最大缺点就是在刻蚀图形时容易产生塌边现象，即在纵向刻蚀的同时，也出现侧向钻蚀，以至刻蚀图形的最小线宽受到限制。通常，采用刻蚀系数来反映刻蚀向纵向深入和向侧向钻蚀的情况。

侧向钻蚀越小，刻蚀系数越大，刻蚀部分的侧面就越陡，刻蚀图形的分辨率也就越高。湿法刻蚀的示意图如图3-22所示。

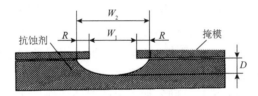

图 3-22　化学刻蚀示意图

化学刻蚀适用于几乎所有的金属、玻璃、塑料等材料的大批量加工，也适用于对硅、锗等半导体材料及玻璃板上形成的金属薄膜、氧化膜等的微细加工。它是应用范围很广的微结构制备技术。

2）离子束刻蚀

离子束刻蚀又分为聚焦离子束刻蚀和反应离子束刻蚀。

（1）聚焦离子束刻蚀是在一定离子密度条件下，能产生直径为亚微米的射束，可对工件表面直接刻蚀，而且可以精确控制束密度和能量。它是通过入射离子向工件材料表面原子传递动量而达到逐个蚀除工件表面原子的目的，可达到纳米级的制造精度。通常采用能量为30kV 的 Au^+ 和 Ga^+ 离子加多晶硅材料来制造微机械。

（2）反应离子束刻蚀是一种物理化学反应的刻蚀方法。它将一束反应气体的离子束直接引向工件表面，发生反应后形成一种既易挥发又易靠离子动能而加工的产物；同时通过反应气体离子束溅射作用达到刻蚀的目的。这是一种亚微米级的微细加工技术。

此外，在此基础上又发展了离子束辅助刻蚀技术。

3）激光刻蚀

激光刻蚀通常采用钇铝石榴石激光和准分子激光。准分子激光由于具有波长短（<200nm）、聚焦直径小、功率谱密度高且属于冷光源等优点而成为最有前途的激光源。准分子激光刻蚀技术是当前激光微细加工最先进的技术之一。目前常用的有氟化氪准分子激光和氯化氙准分子激光。

这些刻蚀工艺的一个共同特点是，将掩膜上的图形直接转换到硅片上，刻蚀出微细的图形。这和常用化学刻蚀工艺相比，工序减少到只有原来的七分之一，生产成本降低到十分之一，而且不易损伤图形，图形轮廓光洁；线宽达0.5μm，理论上可达到0.125μm，非常适合于类似超大规模集成电路之类的图形制作，如集成机构（integrated mechanism，IM）。

4. LIGA 技术

LIGA 是德文的平版印刷术（lithographie）、电铸成形（galvanoformung）和注塑或模塑（abformung）的缩写。该工艺在20世纪80年代初创立于德国的卡尔斯鲁厄原子核研究所，是为制造喷嘴而开发出来的。当时 LIGA 技术的开创者 Wolfgang Ehrfeld 领导的研究小组曾提出：可以用 LIGA 制作厚度超过其长宽尺寸的各种微型构件。例如，用它制出了直径5μm、厚300μm的镍质构件。威斯康星大学麦迪逊分校电气工程学教授 Henry Guckel 很早就展开了 LIGA 技术方面的研究，研制出直径50～200μm、厚度200～300μm的镍质齿轮组，并组装到一起形成了齿轮系。

如图3-23所示，LIGA 工艺过程为：①深层同步辐射 X 射线光刻，把从同步辐射源放射出的具有短波长和很高平行度的 X 射线作为曝光光源，可在最大厚度达500μm的光致抗蚀剂上生成曝光图形的三维实体；②电铸成形，用曝光刻蚀的图形实体作为电铸用胎膜，用电沉积方法在胎膜上沉积金属以形成金属微结构零件；③注射，将电铸制成的金属微结构作为注射成形的模具，即能加工出所需的微型零件。

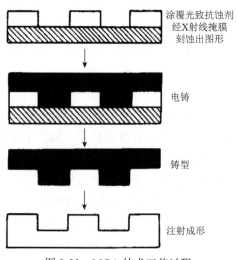

涂覆光致抗蚀剂经X射线掩膜刻蚀出图形

电铸

铸型

注射成形

图 3-23　LIGA 技术工艺过程

LIGA 技术在制作很厚的微机械结构方面有着独特的优点，是一般常规的微电子工艺无法替代的，它极大地扩大了微结构的加工能力，使得原来难以实现的微机械能够制造出来。但缺点是它所要求的同步辐射源比较昂贵、稀少，致使应用受到限制，难以普及。后来出现了所谓的准 LIGA 技术，它是用紫外光源代替同步辐射源，虽然不具备和 LIGA 技术相当的深度或宽深比。但是，它涉及的是常规的设备和加工技术，这些技术更容易实现。

3.4.3　纳米加工技术

1. 纳米技术的含义与内容

纳米（nanometer），是一个长度单位，简写为 nm。$1nm = 10^{-3}\mu m = 10^{-9}m$。纳米技术是指纳米级（$0.1 \sim 100nm$）的材料、设计、制造、测量、控制和产品的技术。它将加工和测量精度从微米级提高到纳米级。

纳米技术是一门多学科交叉的高新技术，从基础研究角度来看，纳米技术包括纳米生物学、纳米电子学、纳米化学、纳米材料和纳米机械学等新学科。

纳米技术是20世纪80年代末期诞生并蓬勃发展的一种高新科学技术。纳米不仅是一个空间尺度上的概念，而且是一种新的思维方式，即生产过程越来越细，以至于在纳米尺度上直接由原子、分子的排布制造的具有特定功能的产品。

2. 纳米加工概述

纳米加工技术是通过各种手段来制备具有纳米尺度的微纳器件或微纳结构。纳米级加工的含义包括纳米级尺寸精度、纳米级形位精度和纳米级表面质量三个方面。

纳米加工的主要方法是直接利用光子、电子、离子等基本能子的加工。例如，用电子束光刻加工超大规模集成电路、用离子刻蚀去除纳米级表层材料等。

纳米级加工方法包括：机械加工、化学腐蚀、能量束加工、复合加工、扫描隧道显微加工（scanning probe microscope，SPM）（包括扫描隧道显微镜、原子力显微镜、激光力显微镜、静电力显微镜等）。

纳米级机械加工方法包括：单晶金刚石刀具的超精密磨削；金刚石砂轮和立方氮化硼砂轮的超精密磨削及镜面磨削；衍磨和砂带抛光等固定磨料工具的加工；衍磨、抛光等自由磨料的加工等。

3. 扫描隧道显微镜

1982年，国际商业机器公司苏黎世研究所的 Gerd Binnig 和 Heinrich Rohrer 及其同事们成功地研制出世界上第一台新型的表面分析仪器，即扫描隧道显微镜（scanning tunneling microscope），它使人类第一次能够直接观察到物质表面上的单个原子及其排列状态，并能够研究其相关的物理和化学特性。因此，它对表面物理和化学、材料科学、生命科学及微电子技术等研究领域有着十分重大的意义和广阔的应用前景。扫描隧道显微镜的发明被国际科学界公认为20世纪80年代世界十大科技成就之一；由于这一杰出成就，Binnig 和 Rohrer 获得了1986年诺贝尔物理奖。

扫描隧道显微镜的基本原理是将原子线度的极细探针和被研究物质的表面作为两个电极，当样品与针尖的距离非常接近（通常小于1nm）时，在外加电场的作用下，电子会穿过两个电极之间的势垒流向另一电极。隧道探针一般采用直径小于1mm的细金属丝，如钨丝、铂-铱丝等，被观测样品应具有一定的导电性才可以产生隧道电流。

隧道电流强度对针尖和样品之间的距离有着指数依赖关系，当距离减小0.1nm，隧道电流即增加约一个数量级。因此，根据隧道电流的变化，我们可以得到样品表面微小的高低起伏变化的信息，如果同时对 $x-y$ 方向进行扫描，就可以直接得到三维的样品表面形貌图，这就是扫描隧道显微镜的工作原理。扫描隧道显微镜有两种工作模式（图3-24）：恒高度模式[图3-24（a）]、恒电流模式[图3-24（b）]。

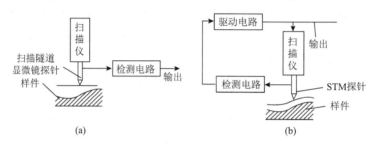

图 3-24 扫描隧道显微镜工作原理图

恒高度模式是始终控制针尖的高度不变，并取出扫描过程中针尖和样品之间电流变化的信息，来绘制样品表面的原子图像。恒高度模式通常用于观察表面形貌起伏不大的样品。

恒电流模式是在扫描隧道显微镜图像扫描时始终保持隧道电流恒定，当压电陶瓷控制针尖在样品表面上扫描时，从反馈回路中取出针尖在样品表面扫描的过程中它们之间距离变化的信息，就可以得到样品表面的原子图像。恒电流模式通常用于观察表面形貌起伏较大的样品。

■3.5 增材制造技术

3.5.1 增材制造技术的基本原理

增材制造（additive manufacturing）技术是采用材料逐渐累加的方法制造实体零件的技术，相对于传统的材料去除-切削加工技术，是一种"自下而上"的制造方法。

近二十年来，增材制造技术取得了快速的发展，早期被称为 RPM、三维打印（3D Printing）、实体自由制造（solid free-form fabrication）等。

增材制造技术是集 CAD 技术、数控技术、材料科学、机械工程、电子技术和激光技术等技术于一体的综合技术，是实现从零件设计到三维实体原型制造的一体化系统技术，它采用软件离散-层片堆积的原理实现零件的成形过程，其原理如图3-25所示。

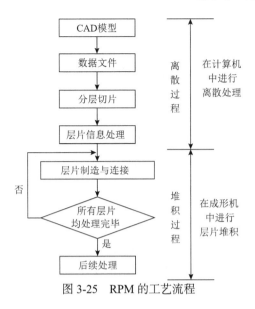

图 3-25　RPM 的工艺流程

（1）零件 CAD 数据模型的建立。设计人员可以应用各种三维 CAD 造型系统，包括 MDT、Solidworks、Solidedge、UGⅡ、Pro/E、Ideas 等进行三维实体造型，将设计人员所构思的零件概念模型转换为三维 CAD 数据模型。也可通过三坐标测量仪、激光扫描仪、核磁共振图像、实体影像等方法对三维实体进行反求，获取三维数据，以此建立实体的 CAD 模型。

（2）数据转换文件的生成。由三维造型系统将零件 CAD 数据模型转换成一种可被快速成形系统所能接受的数据文件，如 STL（stereo lithography）、IGES（initial graphics exchange specification）等格式文件。目前，绝大多数快速成形系统采用 STL 格式文件，因 STL 文件易于进行分层切片处理。所谓 STL 格式文件即为对三维实体内外表面进行离散化所形成的三角形文件，所有 CAD 造型系统均具有对三维实体输出 STL 文件的功能。

（3）分层切片。分层切片处理是根据成形工艺要求，按照一定的离散规则将实体模型离散为一系列有序的单元，按一定的厚度进行离散（分层），将三维实体沿给定的方向（通常在高度方向）将切成一个个二维薄片的过程，薄片的厚度可根据快速成形系统制造精度为0.05～0.5mm 选择。

（4）层片信息处理。根据每个层片的轮廓信息，进行工艺规划，选择合适成形参数，自动生成数控代码。

（5）快速堆积成形。快速成形系统根据切片的轮廓和厚度要求，用片材、丝材、液体或粉末材料制成所要求的薄片，通过一片片的堆积，最终完成三维形体原型的制备。

3.5.2　增材制造技术的工艺方法

1. 层合实体制造

层合实体制造（laminated object manufacturing，LOM）又称分层实体造型（slicing solid manufacturing，SSM）、分层物件制造等。LOM 是几种最成熟的快速成形制造技术之一。

LOM 是利用背面带有黏胶的箔材或纸材通过相互黏结成形的。如图3-26所示，单面涂有热熔胶的纸卷套在纸辊上，并跨过支撑辊缠绕在收纸辊上。伺服电动机带动收纸辊转动，使纸卷沿图中箭头所示的方向移动一定距离。工作台上升至与纸面接触，热压辊沿纸面自右向左滚压，加热纸背面的热熔胶，并使这一层纸与基板上的前一层纸黏合。CO_2激光器发射的激光束跟踪零件的二维截面轮廓数据进行切割，并将轮廓外的废纸余料切割出方形小格，以便于成形过程完成后的剥离。每切割完一个截面，工作台连同被切出的轮廓层自动下降至一定高度，重复下一次工作循环，直至形成由一层层横截面黏叠的立体纸质原型零件。然后剥离废纸小方块，即可得到性能似硬木或塑料的"纸质模样产品"。制造过程完成后，通常还要进行后处理。从工作台上取下被边框所包围的长方体，用工具轻轻敲打使大部分由小网络构成的小立方块废料与制品分离，再用小刀从制品上剔除残余的小立方块，得到三维成形制品，再经过打磨、抛光等处理就可获得完整的零件。

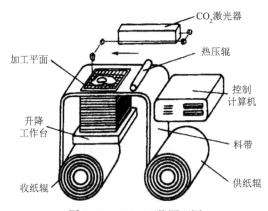

图 3-26 LOM 工艺原理图

LOM 工艺只需在片材上切割出零件截面的轮廓，而不用扫描整个截面。因此成形厚壁零件的速度较快，易于制造大型零件，适合于航空、汽车等行业中体积较大的制件。

LOM 工艺采用的材料有纸、金属箔、塑料膜、陶瓷膜等，除了制造模具、模型外，还可以直接制造结构件或功能件。但由于材料薄膜厚度有限，未经处理的侧表面不够光洁，需要进行再处理，如打磨、抛光、喷漆等。另外，当采用的金属片的厚度太薄时，所形成的零件的力学性能也会受到很大的影响。

2. 选择性激光烧结法

选择性激光烧结法（selective laser sintering，SLS）最早由美国得克萨斯大学开发，美国 DTM 公司首先开始推出商品化设备。SLS 工艺原理如图3-27所示，SLS 工艺是在一个充满氮气的惰性气体加工室中作业，先将一层很薄的可熔性粉末沉积到成形桶的底板上，该底板可在成形桶内作上下垂直运动。然后按 CAD 数据控制 CO_2激光束的运动轨迹，对可熔粉末进行扫描融化，并调整激光束强度正好能将层高为0.125～0.25mm的粉末烧结成形。这样，当激光束按照给定的路径扫描移动后就能将所经过区域的粉末进行烧结，从而生成零件原型的一个个截面。SLS 每层烧结都是在前一层顶部进行，这样所烧结的当前层能够与前一层牢固黏接。在零件原型烧结完成后，可用刷子或压缩空气将未烧结的粉末去除，再进行打磨、烘干等后处理便获得成形或零件。成形过程中粉末本身可作为形成实体的支撑，不需要再设计支撑结构。因而特别适合制造复杂结构的零件，几乎可以成形任意形状的零件。

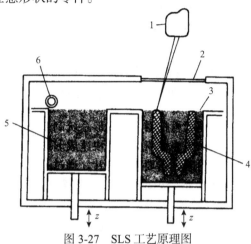

图 3-27　SLS 工艺原理图

1. 激光器；2. 激光窗；3. 加工平面；4. 生成零件；5. 原料粉末；6. 铺粉滚桶

SLS 的优点有：材料丰富，理论上可采用任何加热时黏度降低的粉末材料；工艺简单；制造精度高；制造成本低可制作复杂形状零件。缺点是成形速度较慢，由于粉末铺层密度低会导致精度较低和强度较低。

3. 立体光刻

立体光刻（stereolithography apparatus，SLA）成形原理如图3-28所示，激光成形机中的激光束按数控指令扫描，使盛于容器内的液态光敏树脂逐层固化并黏结在一起。固化过程从工作平台上的第一层液体开始。当第一层固化后，工作平台沿 z 轴方向下降一个高度。使新一层液态树脂覆盖在已固化层上面，进行第二层固化。重复此过程至最后一层固化完毕，便生成了三维成形实体。液体容器中盛装的液态光敏树脂在一定波长（如325nm）和强度的紫外激光照射下就会在一定区域内固化，即形成固化点。成形开始时，工作平台处在液

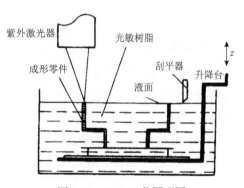

图 3-28　SLA 工艺原理图

面下某一确定的深度，如0.05～0.2mm。聚焦后的激光光斑在液面上按计算机的指令逐点扫描，即逐点固化。当一层扫描完成后，未被激光照射的树脂仍然是液态的。然后升降架带动平台再下降一层高度，刚刚成形的层面上面又布满一层树脂，再进行第二层扫描，形成一个新的加工层并与已固化部分牢牢连接在一起。

SLA 特点：可成形任意复杂形状的零件；成形精度高；材料利用率高，性能可靠。

SLA 工艺适用于产品外形评估、功能试验、快速制造电极和各种快速经济模具；不足之处是所需设备及材料价格昂贵，光敏树脂有一定毒性，不符合绿色制造趋势。

4. 熔融沉积造型

熔融沉积制造（fused deposition modeling，FDM）又称为熔化堆积法、熔融挤出成模（melted extrusion manufacturing，MEM）、熔融沉积陶瓷（fused deposition ceramics，FDC）等。

FDM 方法原理如图3-29所示，FDM 是由计算机根据 CAD 模型确定的几何信息（三维图形），控制 FDM 喷嘴，将使用的材料（如热塑性成形材料丝），通过加热器的挤压头熔化成液体，使熔化的热塑材料丝通过喷嘴挤出，挤压头沿零件的每一截面的轮廓准确运动，挤出半流动的热塑材料沉积固化成精的实际部件薄层，覆盖于已建造的零件之上，并迅速凝固，形成一层材料。之后，挤压头沿轴向向上运动一个微小距离进行下一层材料的建造。这样逐层由底到顶地堆积成一个实体模型或零件。该方法建造的模型精度为±0.125mm，每层厚度范围为0.025～1.25mm，模型的壁厚为0.25～6.25mm，由熔融沉积法制造的模型的最大收缩率为1.2%。

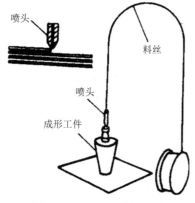

图 3-29　FDM 工艺原理图

FDM 的特点：FDM 工艺无需激光系统，因而设备简单，运行费用便宜，尺寸精度高，表面光洁度好，特别适合薄壁零件；但需要支撑，这是其不足之处。

FDM 技术已被广泛应用于汽车、机械、航空航天、家电、通信、电子、建筑、医学、玩具等产品的设计开发过程，如产品外观评估、方案选择、装配检查、功能测试、用户看样订货、塑料件开模前校验设计及少量产品制造等。

5. 三维打印

1989年，美国麻省理工学院的 Emanuel M. Sachs 和 John S. Haggerty 等在美国申请了三维印刷（three dimensional printing，3DP）技术的专利，这一专利成为日后该领域的核心专利之一。此后，Emanuel M. Sachs 和 John S. Haggerty 又多次对该技术进行修改和完善，形成了今天的三维印刷快速成型工艺。

3DP 工艺与选择性激光烧结工艺（selective laser sintering，SLS）有很多相似之处：都是将粉末材料选择性地黏结成为一个整体。其最大的不同之处在于3DP 不用将粉末材料熔融，而是通过喷嘴喷出的黏合剂黏合在一起的。其工艺过程通常是：上一层黏结完毕后，成型缸下降一个距离（等于层厚），供粉缸上升一段高度，推出若余粉末，并被铺粉辊推到成型缸，铺平并被压实。喷头在计算机控制下，按照下一个建造截面的成型资料有选择地喷射黏结剂建造层面。铺粉辊铺粉时多余的粉末被粉末收集装置收集。如此周而复始地送粉、铺粉和喷射黏结剂，最终完成一个三维粉体的黏结，从而生产制品

（图3-30）。

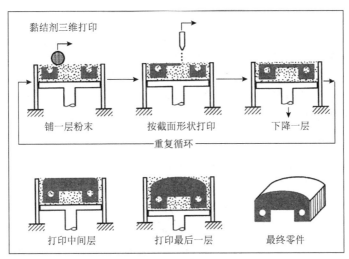

图 3-30　3DP 原理图

图中标注：
- 黏结剂三维打印
- 铺一层粉末　按截面形状打印　下降一层
- 重复循环
- 打印中间层　打印最后一层　最终零件

3.5.3　增材制造技术的应用与发展

1. 增材制造技术的应用

美国专门从事增材制造技术的技术咨询服务协会（Wohlers）在2013年度报告指出，近二十年来，增材制造在消费商品、电子、汽车、航空航天、军工、医学和牙科、艺术设计、再制造领域得到了广泛应用。例如，通用电气航空集团（GE Aviation）使用3D打印机制造了喷气发动机零件；耐克公司使用3D打印技术制备出了 Vapor Laser Talon 跑鞋；医疗器械公司 LIMA 使3D 打印制造出4万个多孔钛合金人造骨髋关节。

目前，增材制造技术的应用主要有以下几个方面。

1）航空航天产业应用

增材制造技术具有制造周期短，适应单件个性化需求，在大型薄壁件、蜂窝状复杂结构部件、钛合金等难加工、易热成形零件制造方面具有较大优势。

2016年1月，美国国家航空航天局（National Aeronautics and Space Administration，NASA）成功对一台采用多个3D打印复杂部件的火箭发动机进行了测试，该测试采用低温液氢和液氧燃料，产生了9000kg 的推力，这也意味着向实现全3D 打印的高性能火箭发动机又迈进了一步。上述这些零部件均采用选择性激光熔融工艺制造，其中，与采用传统的焊接和装配工艺制造的泵相比，3D 打印的涡轮泵零部件数量减少了45%，而喷油器则比传统方法制造的减少了200多个零部件，并且其性能采用其他方法无法实现。对于阀门等复杂零部件，它的生产周期通常需要一年以上，而采用3D 打印技术则可将其缩短至几个月的时间。

美国霍尼韦尔航空航天集团2015年年初首次运用3D 打印技术生产出了 HTF7000发动机的一个部件，公司2016年打印了多个3D 部件装入 TPE331发动机。这两个型号的发动机在全球支线客机和通航飞机上运用广泛。按照美国霍尼韦尔航空航天集团提供的资料，公司计划到2020年实现40%的部件采用增材制造的理念设计，也就是40%的部件都具备采用3D打印技术生产的能力。

2）产品设计和小批量制造

增材制造特点是单件或小批量的快速制造，这一技术特点决定了快速成形在产品创新中具有显著的作用。采用增材制造，在早期阶段就可能生产出与批量化生产零件结构类似的功能样件，意味着可以在设计阶段早期就识别出设计错误，以及对工艺过程进行优化。原预计开发某种零部件需要约6个月，实际只花费了1个月。

小型关键零件的制造，尤其是传感器的制造可利用电子束熔化处理合金后逐层烧结，以获得传感器基本结构，兼顾性能和制造成本。

3）模具产业应用

采用三维喷墨打印技术，只需要设计出待打印样品的三维 CAD 文件，使模具产品从设计到制作完成时间从原来的25周缩短到10周。

在增材制造的应用领域中，模具嵌件的修复受损被愈加广泛地采用，尤其是使用直接金属激光烧结（direct metal laster sintering，DMLS）。与模具更换相比，DMLS 可快速修复受损区域、简化维修、缩短停工期、延长使用寿命、降低维护和修理成本，具有众多优势。

4）用于军事装备的修复

这是当前增材制造技术的一个重点发展方向。增材制造技术可用于加工制造过程中误加工损伤零件的快速修复，以及装备服役过程中失效零部件的快速修复。零件的修复包括几何性能和力学性能恢复，使用增材制造技术补完后，再经少量的后续加工，即可使零件达到可使用的程度，实现零件的高效率低成本再制造。在航空领域，这种技术可以使作战飞机和装备在机场就地快速修复，在舰船领域，这种技术可以对舰艇巡航的装备提供更多保障。

2. 增材制造技术的发展

1）国外发展现状

欧美发达国家纷纷制定了发展和推动增材制造技术的国家战略和规划，增材制造技术已受到政府、研究机构、企业和媒体的广泛关注。2012年3月，美国白宫宣布了振兴美国制造的新举措，将投资10亿美元帮助美国制造体系的改革。其中，白宫提出实现该项计划的三大背景技术包括增材制造，强调了通过改善增材制造材料、装备及标准，实现创新设计的小批量、低成本数字化制造。2012年8月，美国增材制造创新研究所成立，联合了宾夕法尼亚州西部、俄亥俄州东部和弗吉尼亚州西部的14所大学、40余家企业、11家非营利机构和专业协会。

英国政府自2011年开始持续增大对增材制造技术的研发经费。以前仅有拉夫堡大学一个增材制造研究中心，诺丁汉大学、谢菲尔德大学、埃克塞特大学和曼彻斯特大学等相继建立了增材制造研究中心。英国工程与物理科学研究委员会中设有增材制造研究中心，参与机构包括拉夫堡大学、伯明翰大学、英国国家物理实验室、波音公司及德国 EOS 公司等15家知名大学、研究机构及企业。

除了英国和美国外，其他一些发达国家也积极采取措施，以推动增材制造技术的发展。德国建立了直接制造研究中心，主要研究和推动增材制造技术在航空航天领域中结构轻量化方面的应用；法国增材制造协会致力于增材制造技术标准的研究；在政府资助下，西班牙启动了一项发展增材制造的专项研究，包括增材制造共性技术、材料、技术交流及商业模式等四方面内容；澳大利亚政府于2012年2月宣布支持一项航空航天领域革命性的项目"微型发动机增材制造技术"，该项目使用增材制造技术制造航空航天领域微型发动机零部件；日本政府也很重视增材制造技术的发展，通过优惠政策和大量资金鼓励产学研用紧密结合，有力促进该技术在航空航天等领域的应用。

2）国内发展现状

大型整体钛合金关键结构件成形制造技术被国内外公认为是对飞机工业装备研制与生产具有重要影响的核心关键制造技术之一。西北工业大学凝固技术国家重点实验室已经建立了系列激光熔复成形与修复装备，可满足大型机械装备的大型零件及难拆卸零件的原位修复和再制造。应用该技术实现了 C919 飞机大型钛合金零件激光立体成形制造。民用飞机越来越多地采用了大型整体金属结构，飞机零件主要是整体毛坯件和整体薄壁结构件，传统成形方法非常困难。西北工业大学采用激光成形技术制造了最大尺寸达 2.83m 的机翼缘条零件，最大变形量 <1mm，实现了大型钛合金复杂薄壁结构件的精密成形技术，相比现有技术可大大加快制造效率和精度，显著降低生产成本。

北京航空航天大学在金属直接制造方面开展了长期的研究工作，突破了钛合金、超高强度钢等难加工大型整体关键构件激光成形工艺、成套装备和应用关键技术，解决了大型整体金属构件激光成形过程零件变形和开裂"瓶颈难题"及内部缺陷、内部质量控制、无损检验关键技术，飞机构件综合力学性能达到或超过钛合金模锻件，已研制生产出了我国飞机装备中迄今尺寸最大、结构最复杂的钛合金及超高强度钢等高性能关键整体构件，并在大型客机 C919 等多型重点型号飞机研制生产中得到应用。

3）未来发展趋势

增材制造技术发展趋势有三个方面。

（1）向日常消费品制造方向发展。三维打印技术是国外近年来的发展热点，其设备称为三维打印机，作为计算机一个外部输出设备而应用。它可直接将计算机中的三维图形输出为三维的塑料零件，在工业造型、产品创意、工艺美术等方面有着广泛的应用前景和巨大的商业价值。

（2）向功能零件制造发展。采用激光或电子束直接熔化金属粉，逐层堆积金属，形成金属直接成形技术。该技术可直接制造复杂结构金属功能零件，制件力学性能可达到锻件性能指标。进一步的发展方向是陶瓷零件的快速成形技术和复合材料的快速成形技术。

（3）向组织与结构一体化制造发展。实现从微观组织到宏观结构的可控制造。例如，在制造复合材料零件中，将复合材料组织设计制造与外形结构设计制造同步完成，从而实现结构体"设计—材料—制造"的一体化。美国正在开展梯度材料结构的人工关节、陶瓷涡轮叶片等零件增材制造的研究。

增材制造技术的应用，为许多新产业和新技术的发展提供了快速制造技术。在生物假体与组织工程上的应用，为人工定制化假体制造、三维组织支架制造提供了有效的技术手段，为汽车车型快速开发和飞机外形设计提供原型的快速制造技术，加快了产品设计速度。

增材制造技术尤其适合于航空航天产品中的零部件单件小批量的制造，具有成本低和效率高的优点，在航空发动机的空心涡轮叶片、风洞模型制造和复杂精密结构件制造方面具有巨大的应用潜力。因此，增材制造技术与企业产品创新结合，是增材制造技术发展的根本方向，也是实现创新性国家的锐利工具。增材制造的发展目标是实现微纳米级的制造精度，有效提高大构件的制造效率，发展多材料和多工艺复合的控形控性制造技术。

■ 思考与练习题

1. 叙述先进制造工艺的发展与特点。
2. 叙述超高速加工的概念及其主要特点。
3. 超高速切削有哪些关键技术？
4. 叙述超精密加工的概念及其涉及的主要技术领域。
5. 超精密切削对刀具的材料和形状有何要求？
6. 超精密磨削一般用什么类型砂轮？这些砂轮又如何修整？
7. 有几种超精密特种加工的方法？叙述各方法的加工原理。
8. 超精密加工对机床设备及加工环境有哪些要求？
9. 叙述微纳加工的概念及其采用的工艺方法。
10. 分析增材制造技术的工作原理，列举几种典型的增材制造的工艺方法。

➤拓展学习材料

3-1 3D 打印技术　　3-2 案例

第4章

制造自动化系统

自动化是指把机械、电子和计算机系统用于操作和控制生产的技术。自动化制造技术的体现是现代制造系统，它包括自动加工机床、自动化装配机、工业机器人、信息（数据）采集与支撑制造活动决策用的计算机系统。

■ 4.1 数控加工系统

4.1.1 数控技术基础

1. 数控技术的定义

数控技术是综合了计算机、自动控制、电机、电气传动、测量、监控、机械制造等学科领域最新成果而形成的一门边缘科学技术。在现代机械制造领域中，数控技术已成为核心技术之一，是实现柔性制造（flexible manufacturing）、CIM、工厂自动化（factory automation）的重要基础技术之一。

国家标准（GB8129—87）把数控技术定义为："用数字化信号对机床运动及其加工过程进行控制的一种方法。"

数控机床（numerical control machine tools）就是采用了数控技术的机床。国际信息处理联盟（International Federation of Information Processing）第五技术委员会对数控机床做了如下定义："数控机床是一个装有程序控制系统的机床，该系统能够逻辑地处理具有使用代码，或其他符号编码指令规定的程序。"换言之，数控机床是采用计算机，利用数字进行控制的高效、能自动化加工的机床，它能够按照国际或国家，甚至生产厂家所制造的数字和文字编码方式，把各种机械位移量、工艺参数（如主轴转速、切削速度）、辅助功能（如刀具变换、切削液自动供停等），用数字、文字符号表示出来，经过程序控制系统，即数控系统的逻辑处理与计算，发出各种控制指令，实现要求的机械动作，自动完成加工任务。在被加工零件或加工作业变换时，它只需改变控制的指令程序就可以实现新的控制。所以，数控机床是一种灵活性很强、技术密集度及自动程度很高的机电一体化加工设备，适用于中小批量生产，也是 FMS 里必不可少的加工单元。

2. 数控机床的组成

数控机床的组成如图4-1所示。

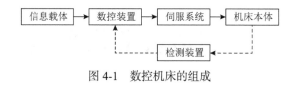

图 4-1 数控机床的组成

1）信息载体

信息载体又称为控制介质或输入介质，用于记载数控机床加工零件的全部信息，如零件加工的工艺过程、工艺参数、位移数据和切削速度等，一般采用操作面板上的按钮和键盘将加工程序直接输入到数控系统。在 CAD/CAM 集成系统中，其加工程序可以不需要任何载体直接输入到数控系统中。

2）数控装置

数控装置是数控机床的核心，现代数控机床都采用 CNC 装置。它包括微型计算机的电路、各种接口电路、阴极射线管（cathode ray tube，CRT）显示器、键盘等硬件及相应的软件。数控装置能完成信息的输入、存储、变换、插补运算及实现各种控制功能。

3）伺服系统

伺服系统是数控系统和机床本体之间的电传动联系环节，包括驱动主轴运动的控制单元及主轴电机、驱动进给运动的控制单元及进给电机。它是数控系统的执行部件。其基本作用是接收数控装置发来的指令脉冲信号，控制机床执行机构的进给速度、方向和位移量，以完成零件的自动加工。当几个进给轴实现了联动时，就可以完成点位、直线、平面曲线及空间曲线的加工。

4）机床本体

机床本体是指数控机床的机械结构实体，包括主运动部件（如主轴箱）、进给运动执行部件（如工作台、刀架、拖板）及其传动部件和床身立柱等支承部件。大多数数控机床采用了高性能的主轴及伺服系统。

5）检测装置

该装置由测量部件和响应的测量电路组成，其作用是检测速度和位移，并将信息反馈给数控装置，构成闭环控制系统。没有测量反馈装置的数控系统称为开环控制系统。

常用的测量部件有脉冲编码器、旋转变压器、感应同步器、光栅和磁尺等。

3. 数控机床的特点

数控机床是一种高效能的自动加工机床，与普通机床相比，数控机床具有如下优点。

（1）精度高，质量稳定。数控机床是按照预定的程序自动加工，没有人为干扰因素。在设计制造数控机床时，采取了许多措施，使数控机床的机械部分达到了较高的精度和刚度。此外，数控机床的传动系统与机床结构都具有很高的刚度和热稳定性。通过补偿技术，数控机床可获得比本身精度更高的加工精度。尤其是提高了同一批零件生产的一致性，产品合格率高，加工质量稳定。

（2）具有高生产率。零件加工所需的时间主要包括机动时间和辅助时间两部分。数控机床主轴的转速和进给量的变化范围比普通机床大，因此数控机床的每一道工序都可选用最有利的切削用量。由于数控机床的结构刚性好，所以，允许进行大切削量的强力切削，这就提高了切削效率，节省了机动时间。数控机床的移动部件空行程运动速度快，工件装夹时间短，刀具可自动更换，辅助时间比一般机床大为减少。数控机床更换被加工零件时几乎不需要重新调整机床，故节省了零件安装调整时间。数控机床加工质量稳定，一般只做首件检验和工序间关键尺寸的抽样检验，因此节省了停机检验时间。在加工中心机床上加工时，一台机床实现了多道工序的连续加工，生产效率的提高更为显著。

（3）具有广泛的适应性和较大的灵活性，可以适应不同的品种尺寸规格零件，一般借用通用工夹具，只需更换程序，即可适应不同工件加工，这就为复杂结构的单件、小批量生产及试制新产品提供了极大的便利。对那些普通手工操作的普通机床很难加工或无法加工的精密复杂零件，如复杂型面模具、整体涡轮、发动机叶片等复杂零件，数控机床也能实现自动加工。

（4）一机多用。数控机床，特别是可自动换刀的加工中心，在一次装夹后，几乎能完成零件的全部加工部位的加工。可替代5～7台普通机床，节省了劳动力及工序间运输、测量和装卡等辅助时间，同时节省了厂房面积。

（5）可以改善生产环境，大大减轻操作者的劳动强度。数控机床对零件的加工是按事先编好的程序自动完成的，操作者除了操作键盘、装卸工件、对关键工序的中间检测及观察机床运行之外，不需要进行复杂的手工操作，劳动强度可大为减轻，加上数控机床一般有较好的安全防护、自动排屑、自动冷却和自动润滑装置，操作者的劳动条件也大为改善。

（6）可以实现较精确的成本核算和生产进度安排，是实现柔性自动加工的主要设备，也是发展 FMS 和 CIMS 的基础。

4. 数控机床的分类

1）按运动控制分类

主要分成点位控制、直线（切削）控制和轮廓控制三类。

（1）点位控制。一些孔加工数控机床，如坐标钻床、坐标磨床、数控镗床、数控冲床等，控制上只要求获得准确的孔系坐标位置，而从一个孔到另一个孔是按什么轨迹移动则没有要求，此时可以采用点位控制数控系统（图4-2）。这种系统，为了保证定位的准确性，根据其运动速度和定位精度要求，可采用多级减速处理。点位数控系统结构较简单，价格也低廉。

（2）直线控制。对一些数控机床，如数控车床、数控镗铣床、加工中心等，不仅要求准的定位功能，而且要求从一点到另一点之间直线移动，并能控制位移速度，以适应不同刀具及材料的加工（图4-3）。这种系统一般具有刀具半径补偿、长度补偿功能和主轴转速控制功能。这类系统也可以沿着与坐标轴成45度斜线进行直线切削加工，但不能沿任意斜率的直线进行直线切削加工。一般可控轴数为2～3轴．但同时控制轴只有一个。

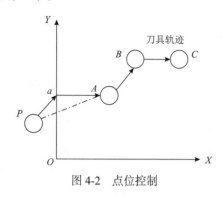

图 4-2　点位控制

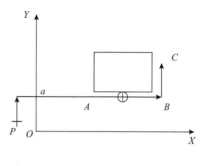

图 4-3　直线切削控制图

（3）轮廓控制。现代数控机床绝大多数都具有两坐标或两坐标以上的联动功能，即可以加工曲线或曲面的零件。这类机床有可加工曲面的数控车床、数控铣床、加工中心等。这类系统不仅具有半径补偿、刀具长度补偿，还有丝杠螺距误差补偿、传动反向间隙补偿、主轴转速控制及定位控制功能、自动换刀功能等。能对刀具相对零件的运动轨迹进行连续控制，以加工任意斜率的直线、圆弧、抛物线或其他函数关系的曲线（图4-4）。

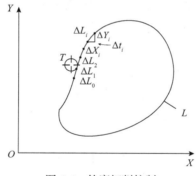

图 4-4　轮廓切削控制

2）按控制回路分类

可分为开环伺服系统、闭环伺服系统和半闭环伺服系统。

（1）开环伺服系统。这是早期数控机床通用的伺服驱动系统，其伺服驱动元件为步进电动机或电液脉冲马达。数控系统将零件程序处理后，输出指令脉冲信号，驱动步进电动机，控制机床工作台移动，进行加工。这种伺服驱动方式，不设置位置检测元件，指令脉冲进出后，没有反馈信息. 因此称为开环控制（图4-5）。这种控制系统容易掌握，调试方便，维修简便，但控制精度和速度受到限制。目前，国内经济型数控系统多采用这种方式，旧机床改造也广泛采用这种系统。

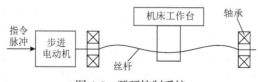

图 4-5　开环控制系统

（2）闭环伺服系统。与开环伺服系统不同，闭环伺服系统不仅接受数控系统的驱动指令，还同时接受由工作台上检测元件测出的实际位置反馈信息，进行比较，并根据其差值及时进行修正，因此可以消除因传动系统误差而引起的误差（图4-6）。闭环系统采用直流或交流伺服电动机作为驱动部件，可以达到高精度的输出，如高的位移精度，故其加工精度或工作精度高，但是由于包含了很多机械传动环节，如丝杠副、导轨副的摩擦特性，各部件的刚度及传动精度等都是可变值，直接影响伺服系统的调节参数。因此，闭环系统的设计和调整都有较大困难，处理得不好常常造成系统不稳定，闭环系统主要用于高精度和超高精度机床。

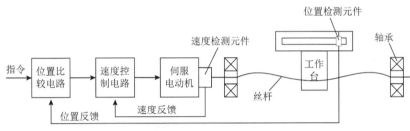

图 4-6　闭环控制系统

（3）半闭环伺服系统。这类系统的反馈测量用传感元器件安装的位置不是在机床工作台上，而是伺服电机或驱动丝杠端。因为丝杠螺母副、工作台导轨副等不在控制环里，测量元件安装在伺服电动机轴端，环路短，刚性好，容易获得稳定的控制特性。同时，半闭环伺服系统易采用高精度、高分辨率的测量传感器，故它可以达到较高的工作精度（图4-7）。目前，大多数数控系统和数控机床采用这一类伺服控制系统。

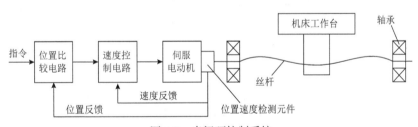

图 4-7　半闭环控制系统

3）按加工类型分类

可分为金属切削类、金属成型类、特种加工类、其他类。

（1）金属切削类数控机床，如数控车床、加工中心、数控钻床、数控铣床、数控镗床、数控磨床等。

（2）金属成型类数控机床，如数控折弯机、数控弯管机、数控压力机等。

（3）特种加工类数控机床，如数控线切割机床、数控电火花加工机床、数控激光加工机床等。

（4）其他类型机床，如火焰切割数控机床、震动切割数控机床、数控三坐标测量机等。

4.1.2 数控编程原理

1. 数控编程基础

1）数控编程的定义

采用数控机床加工零件，首先要编写表示加工零件的全部工艺过程、工艺参数和位移数据的加工程序，以控制机床的运动，实现零件切削加工。因此，必须根据零件图纸与工艺方案，用数控机床规定的程序格式和指定代码编制零件加工程序，给出工具运动的方向和坐标值，以及数控机床的进给速度、主轴起停、正反转、冷却泵开闭、刀具夹紧等加工信息，并输入数控装置，从而控制数控机床运动。在数控加工中，这种从零件图纸到获得数控加工程序的过程，称为数控编程。

数控编程的目的是获取加工出符合图样要求的零件，而又充分发挥 NC 机床的功能及其加工效能的零件加工程序。

2）数控编程的步骤与方法

数控编程是从分析零件图纸到获得数控加工程序的全部工作过程。在编制数控加工程序前，首先应了解数控程序编制的主要工作内容。

A. 数控编程的步骤

数控编程的步骤如图4-8所示。

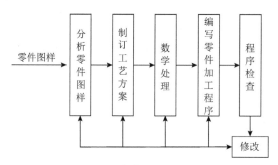

图 4-8   数控编程的步骤

（1）分析零件图样，制订工艺方案。这一步骤的内容包括：对零件图进行分析，明确加工的内容与要求，确定加工方案，选择适合可用的数控机床、夹具、刀具，确定合理的走刀路线与切削用量。

（2）数学处理。在完成了工艺处理的工作后，下一步需根据零件的几何尺寸、加工路线，计算刀具中心运动轨迹，以获得刀位数据。一般的数控系统均具有直线插补与圆弧插补的功能。对于加工由圆弧与直线组成的较简单的平面零件，只需计算出零件轮廓的相邻几何元素的交点或切点的坐标值，得出各几何元素的起点、终点，圆弧的圆心坐标值。如果数控系统无刀具补偿功能，还应计算刀具运动的中心轨迹。对于较复杂的零件或零件的几何形状与控制系统的插补功能不一致时，就需要进行较复杂的数值计算。例如，对非圆曲线（如渐开线、阿基米德螺旋线等），需要用直线段圆弧段来逼近，在满足加工精度的条件下，计算出曲线各节点的坐标值。对于自由曲线、自由曲面、组合曲面的程序编制，其数学处理更为复杂，一般需使用计算机辅助计算，否则难以完成。

（3）编写零件加工程序。编程人员根据计算出的运算轨迹坐标值和已制定的加工路线、刀具号码、刀具补偿、切削参数及辅助动作，按照所使用数控装置规定使用的功能指令代码及程序段格式，逐段编写加工程序。编程人员要熟悉数控机床的性能、程序指令代码及数控机床加工零件的过程，才能编写出正确的加工程序。

（4）程序检验。编写好的程序，必须经过校验和试切才能正式使用。对于平面零件可用笔代替刀具，以坐标纸代替工件进行空运转画图，以检查机床运动与运动轨迹的正确性。有图形显示功能的数控机床可通过显示走刀轨迹或模拟刀具对工件的切削过程，对程序进行检查。对于复杂的零件，需采用铝件、塑料或石蜡等易切材料进行试切。通过对试切件的检查确认程序是否正确，加工精度是否符合要求。如不符合要求，则需进行程序修改或尺寸补偿等措施。

B. 数控编程的方法

（1）手工编制程序。手工编程就是从分析零件图样、确定加工工艺过程、数值计算、编写零件加工程序到程序校验都是人工完成。它要求编程人员不仅要熟悉数控指令及编程规则，而且要具备数控加工工艺知识和数值计算能力。对于加工形状简单、计算量小、程序段数不多的零件，采用手工编程较容易，而且经济、及时。因此，在点位加工或直线与圆弧组成的轮廓加工中，手工编程仍广泛应用。对于形状复杂的零件，特别是具有非圆曲线、列表曲线及曲面组成的零件，用手工编程就有一定困难，出错的概率增大，有时甚至无法编出程序，必须用自动编程的方法编制程序。

（2）自动编制程序。自动编程是指在编程过程中，编程人员只需分析零件图和制订工艺方案，其余后续工作（数学处理、编写程序、程序校验）均由计算机辅助完成（图4-9）。

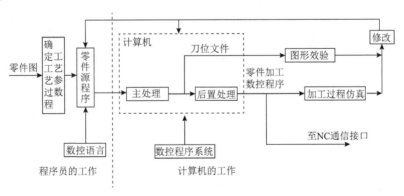

图 4-9 自动编程过程

按输入方式的不同，可将自动编程分为图形数控自动编程、语言数控自动编程和语音数控自动编程等。图形数控自动编程是指将零件的图形信息直接输入计算机，通过自动编程软件的处理，得到数控加工程序，它是目前使用最为广泛的自动编程方式。语言数控自动编程是指将加工零件的几何尺寸、工艺要求、切削参数及辅助信息等用数控自动编程语言（APT 语言）编写成源程序后，输入到计算机中，再由计算机进一步处理得到零件加工程序。语音数控自动编程是采用语音识别器，将编程人员发出的加工指令声音转变为加工程序。

2. 编程的基础知识

1）数控机床的坐标系

统一规定数控机床坐标轴及其运动的正负方向，可使编制程序简便，并使所编制的程序对同类机床具有互换性。目前，国际上已采用了 ISO841 标准规定了数控机床的坐标轴与运动方向，我国已制定了 JB3051 – 82《数字控制机床坐标和运动方向的命名》数控标准，它与 ISO841 等效。

A. 坐标系及运动方向

加工运动主要是刀具与工件之间的相对运动。对于具体机床的具体方向，有的是刀具移向工件，有的是工件移向刀具。坐标系永远假定刀具相对于静止的工件而运动。

标准坐标系即为右手直角笛卡儿坐标系统，如图4-10所示。规定直角坐标 X，Y，Z 三者的关系及其正方向用右手法则判定。围绕 X，Y，Z 各轴的回转运动及其正方向 A，B，C 分别用右手螺旋法则判定。机床的某一部件的正方向，是增大工件和刀具之间距离的方向。

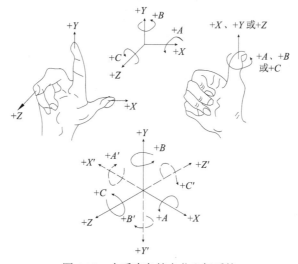

图 4-10   右手直角笛卡儿坐标系统

B. 机床坐标轴

（1）Z 轴的确定。在确定数控机床坐标轴时，一般先确定 Z 轴，后确定其他轴。通常将传递切削力的主轴轴线方向定为 Z 坐标轴。当机床有几个主轴时，则选一个垂直于工件装夹面的主轴为 Z 轴；如果机床没有主轴，则 Z 轴垂直于工件装夹面。同时规定刀具远离工件的方向作为 Z 轴正方向。

（2）X 轴的确定。X 轴平行于工件装夹面且与 Z 轴垂直，通常呈水平方向。对于工件旋转类的机床（如数控车床、外圆磨床等），X 轴方向是在工件的径向上，且平行于横滑座。X 轴的正方向取刀具远离工件的方向。对于刀具旋转类机床，如果 Z 轴是垂直的，则面对刀具主轴向立柱方向看，X 轴的正方向为向右方向。如果 Z 轴是水平的，则从刀具主轴后端向工件方向看，X 轴的正方向为向右方向。

（3）Y 轴的确定。X 轴、Z 轴的正方向确定后，Y 轴可按图4-10所示的右手直角笛卡儿直角坐标系来判定。

（4）旋转或摆动轴确定。旋转或摆动运动中 A、B、C 的正方向分别沿 X、Y、Z 轴的右螺旋前进的方向。图4-11所示为各种数控机床的坐标系示例。

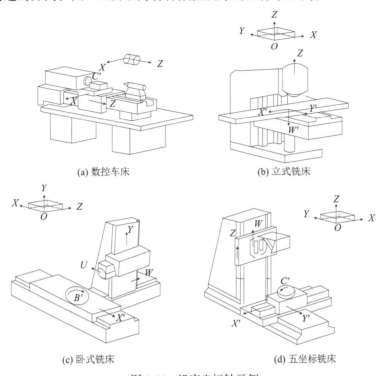

(a) 数控车床　　　　　　　　　(b) 立式铣床

(c) 卧式铣床　　　　　　　　　(d) 五坐标铣床

图 4-11　机床坐标轴示例

C. 绝对坐标系与相对坐标系

所有坐标系点均以某一固定坐标原点计量的坐标系称为绝对坐标系，如图4-12中，$X_A = 15$，$Y_A = 20$；$X_B = 50$，$Y_B = 45$。而运动轨迹的终点坐标以其起点计量的坐标系称为相对坐标系（亦称增量坐标系）。以图4-12为例，此时，$X_B = 35$，$Y_B = 25$，B 点是以相对于 A 点的相对方式描述的。

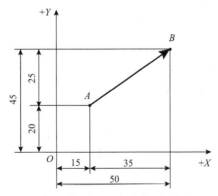

图 4-12　绝对坐标和相对坐标

数控系统中，移动到一个坐标系统的特定点的运动可用绝对坐标系或相对坐标系描述。编程时，根据数据系统的坐标功能，从编程方便及加工精度等要求来选用坐标系。绝对坐标系可避免尺寸的累积误差。对于车床则常用混合坐标系，以简便编程。

2）数控程序的结构

（1）程序的构成。一个完整的加工程序由程序号、若干个程序段及程序结束指令组成。每个程序段由若干个指令字组成，每个指令字又由字母、数字、符号组成。例如：

```
O0600
N0010 G92 X0 Y0；
N0020 G90 G00 X50 Y60；
N0030 G01 X10 Y50 F150 S300 T12 M03；
　　⋮
N0100　 G00 X-50　 Y-60　 M02；
```

上面是一个完整的零件加工程序，它由一个程序号和10个程序段组成。最前面的"O0600"是整个程序的程序号，也叫程序名。每一个独立的程序都应有程序号，它可作为识别、调用该程序的标志。程序号的格式为

O 0600 ── 程序的编号
　　　　 └── 程序号地址码

N─ G─ X─ Y─ Z─…F─ S─ T─ M─ ；

程序段号字　准备功能字　尺寸字　进给功能字　主轴转速功能字　刀具功能字　辅助功能字　程序段结束符

不同的数控系统，程序号地址码所用的字符可不相同。例如，FANUC 系统用 O，AB8400系统用 P，而 Sinumerik8M 系统则用%作为程序号的地址码。编程时一定要根据说明书的规定使用，否则系统是不会接受的。

每个程序段以程序段号"N××××"开头，用"；"表示结束（还有的系统用 LF、CR、EOB 等符号），每个程序段中有若干个指令字，每个指令字表示一种功能。一个程序段表示一个完整的加工工步或动作。

（2）程序段格式。程序段格式是指一个程序段中字的排列顺序和表达方式。不同的数控系统往往有不同的程序段格式。程序段格式不符合要求，数控系统就不能接受。

数控系统曾用过的程序段格式有三种：固定顺序程序段格式、带分隔符的固定顺序（也称表格顺序）程序段格式和字地址程序段格式。前两种在数控系统发展的早期阶段曾经使用过，但由于程序不直观，容易出错，现在已几乎不用。目前数控系统广泛采用的是字地址程序段格式。下面仅介绍这一种格式。

字地址程序段格式也叫地址符可变程序段格式。前面的例子就是采用的这种格式。这种格式的程序段的长短、字数和字长（位数）都是可变的，字的排列顺序没有严格要

求。不需要的字及与上一程序段相同的续效字可以不写。这种格式的优点是程序简短、直观、可读性强、易于检验、修改。因此，现代数控机床广泛采用这种格式。

国际标准 IS06983—I—1982和我国的 GB8870—88标准都推荐使用这种字地址程序段格式，并做了具体规定。

程序段格式（block format），就是字、字符和数据在一个程序段中的安排。

程序段可以认为是由若干个程序字（指令字）组成，而程序字又由地址码和数字及代数符号组成。程序字的组成如下例所示

Z—25 数字与符号
地址码

程序段的一般格式中，各程序字可根据需要选用。不用的可省略，在程序段中表示地址码的英文字母可分为尺寸地址码和非尺寸地址码两类。

常用地址码及其含义见表4-1。

表 4-1 常用地址码及其含义

机能	地址码	说明
程序段号	N	程序段顺序编号地址
坐标字	X，Y，Z，U，V，W，P，Q，R	直线坐标轴
	A，B，C，D，E	旋转坐标轴
	R	圆弧坐标轴
	I，J，K	圆弧中心坐标
准备功能	G	指令机床动作方式
辅助功能	M	机床辅助动作指令
补偿值	H 或 D	补偿值地址
切削用量	S	主轴转速
	F	进给量或进给速度
刀号	T	刀库中的刀具编号

（3）主程序与子程序。数控加工程序可分为主程序和子程序。在一个加工程序中，如果有几个连续的程序段在多处重复出现（例如，在一块较大的工件上加工多个相同形状和尺寸的部位），就可将这些重复使用的程序段按规定的格式独立编写成子程序，输入到数控装置的子程序存储区中，以备调用。程序中子程序以外的部分便称为主程序。在执行主程序的过程中，如果需要，可调用子程序，并可以多次重复调用。有些数控系统，子程序执行过程中还可以调用其他的子程序，即子程序嵌套。这样可以简化程序设计，缩短程序的长度。

【例4-1】 数控编程实例，如图4-13所示零件，数控加工一次成型，运动轨迹为 A →B→C→D→A，图中 $\varnothing$ 表示直径，尺寸 cm。要求以绝对尺寸和相对尺寸分别编程。

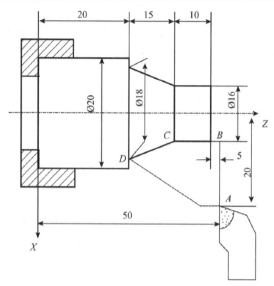

图 4-13   加工零件图

解1   以相对尺寸编程，程序号为333

%0   ；修改或建立引导程序

N0010   L333   ；指明加工程序为333

N0020   G00   F2500   ；G00快速进刀，主轴转速为2500mm/min

%333

N0010   G00   U - 24   ；A→B

N0020   G01   W - 15   F200   ；B→C

N0030   U2   W - 15   F150   ；C→D

N0040   G26   M02   ；D→A

解2   以绝对尺寸编程，程序号为444

%0

N0010   L444

N0020   G00   F2500

%444

N0010   G92   X40   Z50

N0020   G00   X16

N0030   G01   Z35   F200

N0040   X18   Z20   F150

N0050   G26   M02

4.1.3 CNC 系统

1. CNC 系统的组成

数控机床在数控系统控制下，自动按给定的程序进行机械零件加工。CNC 系统由程序、输入输出设备、CNC 装置、可编程控制器（programmable logic controller，PLC）、主轴控制单元和速度控制单元等组成（图4-14）。

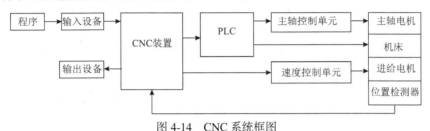

图 4-14　CNC 系统框图

数控系统的核心是 CNC 装置。从20世纪50年代数控机床问世至今，NC 装置已经发展为 CNC 装置，这与半导体技术、计算技术的发展密切相关。NC 装置采用微处理器和微型计算机的最新技术后，其性能与可靠性不断提高，成本不断下降，优越的性能价格比推动了数控机床的发展。

2. CNC 的硬件结构

1）单微处理器结构

在单微处理器结构中，只有一个微处理器，对存储、插补运算、输入输出控制、CRT显示等功能进行集中控制和分时处理。一个微处理器通过总线与存储器、输入输出（I／O）接口及其他接口相连，构成整个 CNC 系统，其结构框图如图4-15所示。早期的 CNC 系统和当前的一些经济型 CNC 系统都采用单微处理器结构。

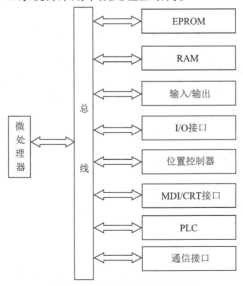

图 4-15　单微处理器结构框图

（1）微处理器。微处理器是 CNC 装置的中央处理单元，它能实现数控系统的数字运算和管理控制，由运算器和控制器两部分组成。运算器对数据进行算术运算和逻辑运算。在运算过程中，运算器不断地从存储器中读取数据，并将运算结果送回存储器保存起来。通过对运算结果的判断，设置寄存器的相应状态（进位、奇偶和溢出等）。控制器则从存储器中依次取出程序指令，经过译码后向数控系统的各部分按顺序发出执行操作的控制信号，以执行指令。控制器是数控系统的中央机构，它一方面向各个部件发出执行任务的指令；另一方面接收执行部件发回的反馈信息。控制器根据程序中的指令信息和反馈信息，决定下一步的指令操作。

目前 CNC 装置中常用的有8位、16位、32位和64位的微处理器，可以根据机床实时控制和处理速度的要求，按字长、数据宽度、寻址能力、运算速度及计算机技术发展的最新成果选用适当的微处理器。例如，日本的 FANUC-15／16 CNC 系统选用 Motorola 公司的32位微处理器68020作为其控制微处理器。

（2）总线。在单微处理器的 CNC 系统中常采用总线结构。总线一般可分为数据总线、地址总线、和控制总线三组。数据总线为各部分之间传送数据，数据总线的位数和传送的数据宽度相等，采用双方向线。地址总线传送的是地址信号，与数据总线结合使用，以确定数据总线上传输的数据来源或目的地，采用单方向线。控制总线传输的是一些控制信号，如数据传输的读写控制、中断复位及各种确认信号，采用单方向线。

（3）存储器。CNC 装置的存储器包括只读存储器（read-only memory，ROM）和随机存储器（random access memory，RAM）两类。ROM 一般采用可擦除的只读存储器（erasable programmable read only memory，EPROM），存储器的内容由 CNC 装置的生产厂家固化写入，即使断电，EPROM 中信息也不会丢失。若要改变 EPROM 中的内容，必须用紫外线抹除之后重新写入。RAM 中的信息可以随时被微处理器读或写，但断电后，信息也随之消失。如果需要断电后保留信息，一般需采用后备电池。

（4）I/O 接口。CNC 装置和机床之间的信号传输是通过输入（input）和输出（output）接口电路来完成。信号经接口电路送至系统寄存器的某一位，微处理器定时读取寄存器状态，经数据滤波后作相应处理。同时微处理器定时向输出接口送出相应的控制信号。I/O 接口电路可以起到电气隔离的作用，防止干扰信号引起误动作。一般在接口电路中采用光电耦合器或继电器将 CNC 装置和机床之间的信号在电气上加以隔离。

（5）位置控制器。CNC 装置中的位置控制器主要是对数控机床的进给运动的坐标轴位置进行控制。坐标轴控制是数控机床上要求最高的位置控制，不仅对单个轴的运动和位置的精度有严格要求，在多轴联动时，还要求各移动轴有很好的动态配合。对于主轴的控制，要求在很宽的范围内速度连续可调，并且每一种速度下均能提供足够的切削所需的功率和扭矩。在某些高性能的 CNC 机床上还要求能实现主轴的定向准停，也就是主轴在某一给定角度位置停止转动。

（6）MDI/CRT 接口。MDI 接口是通过操作面板上的键盘，手动输入数据的接口。CRT 接口是在 CNC 软件配合下，将字符和图形显示在显示器上。显示器一般是 CRT，也可以是平板式液晶显示器。

（7）PLC。PLC 用来代替传统机床强电的继电器逻辑控制，实现各种开关量（S、M、

T）的控制，如主轴正转、反转及停止，刀具交换，工件的夹紧及松开，切削液的开、关及润滑系统的运行等，同时包括主轴驱动及机床报警处理等。

（8）通信接口。通信接口用来与外部设备进行信息传输，如与上位计算机或 DNC 等进行数字通信，一般采用 RS232C 串口。

单微处理器结构由于微处理器通过总线与各个控制单元相连，完成信息交换，结构比较简单，但是由于只用一个微处理器来集中控制，CNC 的功能受到微处理器字长、寻址功能和运算速度等因素的限制。

2）多微处理器结构

多微处理器结构中有两个或两个以上微处理器。多微处理器 CNC 装置采用模块化技术，由多个功能模块组成。一般包括如下几种功能模块：CNC 管理模块、CNC 插补模块、位置控制模块、存储器模块、操作面板监控和显示模块、PLC 模块。根据 CNC 装置的需要，还可再增加相应的模块实现某些扩展功能。

多微处理器 CNC 装置在结构上可分为共享总线型和共享存储器型，通过共享总线或共享存储器，来实现各模块之间的互联和通信。

（1）共享总线结构。共享总线结构以系统总线为中心，把组成 CNC 装置的各个功能部件划分为带有微处理器的主模块和不带微处理器的从模块（如各种 RAM、ROM 模块，I／O 等）两大类。所有主、从模块都插在配有总线插座的机柜内，共享标准的系统总线。系统总线的作用是把各个模块有效地连接在一起，按照标准协议交换各种数据和控制信息，实现各种预定的功能，如图4-16所示。

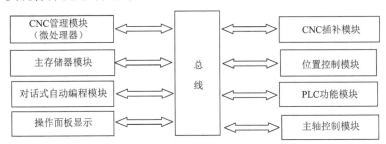

图 4-16 多微处理器共享总线结构框图

共享总线结构中由于多个主模块共享总线，易引起冲突，使数据传输效率降低；总线一旦出现故障，会影响整个 CNC 装置的性能。但由于其结构简单、系统配置灵活、实现容易等优点而被广泛采用。

（2）共享存储器结构。共享存储器结构通常采用多端口存储器来实现各微处理器之间的连接与信息交换，由多端口控制逻辑电路解决访问冲突，其结构框图如图4-17所示。

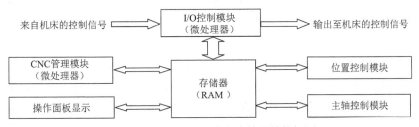

图 4-17 多微处理器共享存储器结构框图

在共享存储器结构中，各个主模块都有权控制使用系统存储器。即便是多个主模块同时请求使用存储器，只要存储器容量有空闲，一般不会发生冲突。在各模块请求使用存储器时，由多端口的控制逻辑电路来控制。

共享存储器结构中多个主模块共享存储器时，引起冲突的可能较小，数据传输效率较高，结构也不复杂，所以也被广泛采用。

3. CNC 的软件结构

1）CNC 装置的软件构成

CNC 装置的软件构成如图4-18所示，包括管理软件和控制软件两大部分。管理软件主要包括输入、I/O 处理、通信、诊断和显示等功能。控制软件包括译码、刀具补偿、速度控制、插补控制、位置控制及开关量控制等功能。

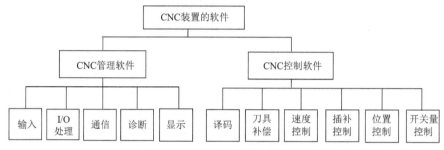

图 4-18　CNC 装置的软件构成

2）CNC 装置的软件工作过程

CNC 系统是在硬件的支持下执行软件程序的工作过程。下面从译码、刀具补偿、进给速度处理、插补控制、位置控制来简要说明 CNC 软件工作过程（图4-19）。

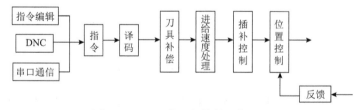

图 4-19　CNC 装置的软件工作过程

（1）译码。译码处理以一个程序段为单位进行处理，把其中的各种零件轮廓信息（如起点、终点、直线或圆弧等）、加工速度信息（F 代码）和其他辅助信息（M、S、T 代码等）按照一定的语法规则解释成计算机能够识别的数据形式，并以一定的数据格式存放在指定的内存单元。在译码过程中，还要完成对程序段的语法检查，若发现语法错误便立即报警。

（2）刀具补偿。刀具补偿包括刀具长度补偿和刀具半径补偿。通常按零件轮廓轨迹编制 CNC 装置的零件程序，而刀具中心轨迹必须偏离零件轮廓轨迹一个刀具半径值，才能加工出合格的零件，刀具半径补偿的作用就是根据零件轮廓轨迹计算出刀具中心轨迹。

（3）进给速度处理。编程给定的刀具移动速度，是在各坐标合成方向上的速度。速度处理首先要做的工作是根据合成速度计算各运动坐标的分速度，同时按机床允许的最低速度、最高速度、最大加速度和最佳升降速规律，进行速度规划。

（4）插补控制。插补的任务是在一条给定起点、终点和形状的曲线上进行"数据点的密化"。根据规划的进给速度和曲线形状，计算一个插补周期中各坐标轴进给的长度。数控系统的插补精度直接影响工件的加工精度，而插补速度决定了工件的表面光洁度和加工速度，所以插补是一项精度要求较高、实时性很强的运算。通常插补分为粗插补和精插补，精插补的插补周期一般取伺服系统的采样周期，而粗插补的插补周期是精插补的插补周期的若干倍。一般的 CNC 装置中，能对直线、圆弧和螺旋线进行插补。一些较专用或高级的 CNC 装置还能完成椭圆、抛物线、正弦线的插补工作。

（5）位置控制。位置控制的主要任务是在伺服系统的每个采样周期内，将精插补计算出的理论位置与实际反馈位置进行比较，其差值作为伺服调节的输入，经伺服驱动器控制伺服电机。在位置控制中通常还要完成位置回路的增益调整、各坐标的螺距误差补偿和反向间隙补偿，以提高机床的定位精度。

3）CNC 装置的软件结构特点

CNC 系统是一个专用的实时多任务计算机系统，在它的控制软件中，融会了当今计算机软件技术中的许多先进技术，其中多任务并行处理、前后台型软件结构和中断型软件结构三个特点又最为突出。

（1）多任务并行处理。CNC 系统软件一般包括管理软件和控制软件两大部分。管理软件包括输入、I／O 处理、显示、诊断等；而系统软件包括译码、刀具补偿、速度处理、插补控制、位置控制等。在许多情况下 CNC 的管理和控制工作必须同时进行，即所谓的并行处理。例如，加工控制断功能；控制本身的插补、位置控制，预处理之间的并行处理。图4-20给出并行任务处理图，图中双向箭头表示两个模块之间有并行处理关系。

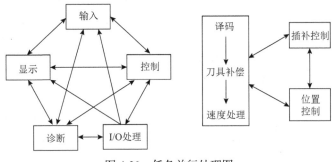

图 4-20　任务并行处理图

（2）前后台型软件结构。CNC 软件可以设计成不同的结构形式，不同的软件结构对各任务的安排方式、管理方式也不同。常见的 CNC 软件结构形式有前后台型软件结构和中断型软件结构。前后台型软件结构适合于采用集中控制的单微处理器 CNC 装置。在这种软件结构中，前台程序为实时中断程序，承担了几乎全部实时功能，这些功能都与机床动作直接相关，如位置控制、插补、辅助功能处理、面板扫描及输出等。后台程序主要用来完成准备工作和管理工作，包括输入、译码、插补准备及管理等，通常称为背景程序。背景程序是一个循环运行程序，在其运行过程中实时中断程序不断插入，前后台程序相互配合完成加工任务。如图4-21所示，程序启动后，运行完初始化程序即进入背景程序环，同时开放定时中断，每隔一固定时间间隔发生一次定时中断，执行一次中断服务程序。就这样，中断程序和背景程序有条不紊地协同工作。

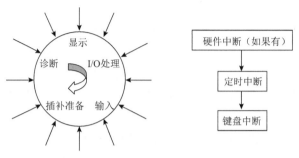

图 4-21　前后台型软件结构

（3）中断型软件结构。中断型软件结构没有前后台之分，除了初始化程序外，根据各控制模块实时的要求不同，把控制程序安排成不同级别的中断服务程序，整个软件是一个大的多重中断系统，系统的管理功能主要通过各级中断服务程序之间的通信来实现。表4-2将控制程序分成为8级中断程序，其中7级中断级别最高，0级中断级别最低。位置控制被安排在级别较高的中断程序中，其原因是刀具运动的实时性要求最高，CNC 装置必须提供及时的服务。CRT 显示级别最低，在不发生其他中断的情况下才进行显示。

表 4-2　数控系统中断型软件结构

中断级别	主要功能	中断源
0	控制 CRT 显示	硬件
1	译码、刀具中心轨迹计算、显示处理	软件，16ms 定时
2	键盘监控、I/O 信号处理、穿孔机控制	软件，16ms 定时
3	外部操作面板、电传打字机处理	硬件
4	插补计算、终点判别及转段处理	软件，8ms 定时
5	阅读机中断	硬件
6	位置控制	4ms 硬件时钟
7	测试	硬件

为了进行系统管理，系统采取的中断程序间的通信方式有以下几种。

一是设置软件中断。表4-2中第1，2，4级中断设置成软件中断，第6级中断设置成硬件中断，由时钟定时发生，每4ms 中断一次。这样每发生两次第6级中断请求发生一次第4级中断（第4级每8ms 发生一次）。第6级中断每发生四次，设置一次1，2级中断请求。这样便将第1，2，4，6级中断联系起来。

二是中断服务程序自身的链接。系统第1级中断分成为13个口子，每一个口子对应于口状态字的一位，每一位（每一个口子）对应处理一个任务，即第1级中断包括13个子任务。在执行第1级中断各口子的处理时，可以设置口状态字的其他位的请求，如图4-22

所示。例如，在8号口的处理程序中，可将3号口置1，这样8号口程序一旦执行完，即刻转入3号口处理。

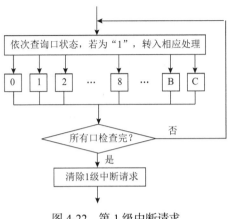

图 4-22　第 1 级中断请求

三是设置标志。标志是各程序之间相互通信的得力工具。例如，第4级中断主要完成插补功能，每8ms 中断一次。译码、刀具半径补偿等在第1级中断中进行。在第1级中断服务程序中，进行完译码和刀具半径补偿后即刻设置标志。是否开放插补中断程序取决于该标志的设置。在未设置译码、刀具半径补偿完成标志时，CNC 装置跳过插补服务程序而继续往下执行。

4. CNC 装置的插补与插补原理

1）插补

插补（interpolation）是根据给定的数学函数，在理想轮廓或轨迹的已知点间，确定中间点的一种方法。如前所述，CNC 系统的插补有直线插补、圆弧插补、抛物线插补、螺旋线插补、立方曲线插补和高次曲线插补等。它们都是在给出插补两端点数字信息后按规定的线性、圆弧、抛物线及高次曲线函数关系产生中间点信息控制刀具运动，获取直线、圆弧及高次曲线轮廓或轨迹的方法。

插补的任务是按进给速度的要求，在轮廓或轨迹的起始点和终点间算出起点与终点间的中间点值（坐标值）。插补之所以必要，是因为若把轮廓或轨迹上的各点坐标值逐个算出，输入 NC 系统，势必要求大容量的存储系统，使 NC 系统过分复杂化。插补则只需给定始点与终点数据，NC 系统就可"自动生成"达到加工精度与表面粗糙度要求的中间点数据，故大为减少 NC 系统的存储容量与数据输入工作。

2）插补原理

人们一直在探索简单易行而有效（达到要求精度与表面粗糙度）的插补算法。目前，主要的插补算法有：基准脉冲插补（脉冲增量插补）、数字采样插补（时间标量插补）。

（1）基准脉冲插补又称脉冲增量插补，以脉冲形式输出，每个脉冲代表了机床移动部件的最小位移。把每次插补运算产生的指令脉冲输出到伺服系统，以驱动工作台运动。脉冲序列的频率代表了移动部件的速度，脉冲的数量代表了机床部件的位移量。

脉冲增量插补主要有：①逐点比较法，如直线插补、圆弧插补；②数字积分法，如直线插补、圆弧插补；③比较积分法等。

脉冲增量插补为行程（空间）标量插补。特点是每次插补决定出运动一个脉冲行程增量的坐标轴，以脉冲的方式输出控制指令。脉冲增量插补算法主要应用在开环数控系统，以及中等速度或中等精度要求的数控系统中。

一个脉冲所产生的坐标轴移动量叫脉冲当量，通常用 δ 表示。脉冲当量 δ 是脉冲分配的基本单位，按机床设计的加工精度选定。脉冲当量 δ 值越小，数控机床的加工精度就越高，对数控系统的计算能力的要求也越高（普通数控机床为0.001mm，简易数控机床一般为0.01mm）。采用脉冲增量插补算法的 CNC 系统，其坐标轴进给速度受插补程序运行时间的限制。

（2）数据采样插补又称时间标量插补，根据程编进给速度，把轮廓曲线按插补周期分割成一系列微小直线段（粗插补），然后将这些微小直线段对应的位置增量数据进行输出，以控制伺服系统实现坐标轴的进给（精插补），精插补采用脉冲增量插补。数控装置产生的不是单个脉冲，而是标准二进制数。

数据采样插补方法很多，但都包括直线插补、圆弧插补。

数字增量插补为时间标量插补，特点是每次插补计算出插补周期内各坐标轴 X，Y 等的位置增量数值，以数字（二进制编码）的形式输出控制指令。数字增量插补算法主要应用在闭环数控系统中。

数字增量插补算法适用于交、直流伺服电动机驱动的闭环（或半闭环）位置采样控制系统。插补周期和位置采样周期可以相等，也可以不相等。若不相等，则插补周期应是采样周期的整数倍。

3）逐点比较法

逐点比较法是通过逐点比较刀具与所需插补曲线之间的相对位置，确定刀具的进给方向，进而加工出工件轮廓的插补方法。逐点比较法可以实现直线和圆弧插补。

逐点比较法的原理：每次插补某坐标方向走一步，每走一步都要和规定的轨迹比较，根据比较的结果决定下一步的移动方向。每次仅向一个坐标轴输出一个进给脉冲，而每走一步都要通过偏差函数计算，判断偏差点的瞬时坐标同规定加工轨迹之间的偏差，然后决定下一步的进给方向。每个插补循环由以下四个步骤组成：

①偏差判别，根据偏差值确定刀具相对加工曲线的位置。②坐标进给，根据偏差判别的结果，决定控制沿哪个坐标进给一步，以接近曲线。③偏差计算，计算新加工点相对曲线的偏差，作为下一步偏差判别的依据。④终点判别，判断是否到达终点，未到达终点则返回第一步，继续插补，到终点，则停止本程序段的插补。

逐点比较法的四个步骤工作流程图如图4-23所示。逐点比较法第一象限直线插补工作流程图如图4-24所示。

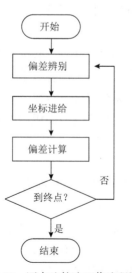

图4-23　逐点比较法工作流程图

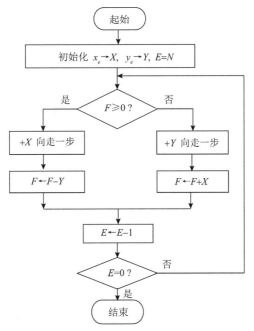

图 4-24 第一象限直线插补流程图

逐点比较法的特点：运算直观，插补误差小于一个脉冲当量，输出脉冲均匀，输出脉冲的速度变化小，调节方便。

【例4-2】 逐点比较法实例：设加工第一象限直线，起点为坐标原点 $O(0,0)$，终点 $A(5,3)$，用逐点比较法对其进行插补，并画出插补轨迹。

解 总步数 $E=5+3=8$，开始时刀具在直线起点，即在直线上，故 $F_0=0$。表4-3为直线插补的运算过程。插补轨迹见图4-25。

表 4-3 第一象限直线插补运算过程

步数	偏差判别	坐标进给	偏差计算	终点判别
起点			$F_0 = 0$	$E=5+3=8$
1	$F_0 = 0$	$+X$	$F_1 = F_0 - y_e = 0 - 3 = -3$	$E=8-1=7$
2	$F_1 < 0$	$+Y$	$F_2 = F_1 + x_e = -3 + 5 = 2$	$E=7-1=6$
3	$F_2 > 0$	$+X$	$F_3 = F_2 - y_e = 2 - 3 = -1$	$E=6-1=5$
4	$F_3 < 0$	$+Y$	$F_4 = F_3 + x_e = -1 + 5 = 4$	$E=5-1=4$
5	$F_4 > 0$	$+X$	$F_5 = F_4 - y_e = 4 - 3 = 1$	$E=4-1=3$
6	$F_5 > 0$	$+X$	$F_6 = F_5 - y_e = 1 - 3 = -2$	$E=3-1=2$
7	$F_6 < 0$	$+Y$	$F_7 = F_6 + x_e = -2 + 5 = 3$	$E=2-1=1$
8	$F_7 > 0$	$+X$	$F_8 = F_7 - y_e = 3 - 3 = 0$	$E=1-1=0$

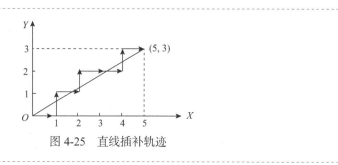

图 4-25　直线插补轨迹

5. CNC 装置刀具半径补偿

1）基本概念

在轮廓加工中，由于刀具有一定的半径，刀具中心的运动轨迹并不等于所需加工零件的实际轮廓。在外轮廓加工或内轮廓加工时，刀具中心均要偏移零件外（内）表面一个刀具半径值。这种偏移称为刀具半径补偿。在 CNC 系统装置中，刀具半径的补偿由计算机自动完成。CNC 系统根据零件轮廓尺寸（直线或圆弧及其起点和终点）、刀具运动方向指令（G41、G42、G40）及实际加工中所用的刀具半径值，自动完成刀具半径补偿计算。根据 ISO 标准，当刀具中心轨迹在程序轨迹前进方向右边时称为右刀具补偿，用 G42 表示；反之为左刀具补偿，用 G41 表示；当不需要进行刀具半径补偿时，用 G40 表示。

2）刀具补偿过程

刀具补偿执行过程可分为如下三步。

（1）刀具补偿的建立。刀具从原点接近工件时，刀具中心轨迹由 G41 或 G42 确定，使在原来的程序轨迹基础上伸长或缩短一个刀具半径值。

（2）刀具补偿的进行。一旦建立了刀具补偿状态，则应一直维持补偿状态，除非撤销刀具补偿。在刀具补偿进行期间，刀具中心的轨迹始终偏离程序轨迹一个刀具半径值的距离。

（3）刀具补偿的撤销。使刀具撤离工件回到原点称为刀具补偿撤销。与建立刀具补偿一样，刀具中心轨迹也要比程序轨迹离开一个刀具半径值的距离。刀具补偿撤销用 G40 指令。

3）刀具半径补偿计算

一般 CNC 装置主要能实现直线和圆弧类轮廓控制。对于直线，刀具补偿后的刀具中心轨迹是与程序轨迹平行的直线，故刀具补偿计算只需求出刀具中心轨迹的起点和终点坐标值。对于圆弧，补偿后刀具中心轨迹仍是一个与程序轨迹同心的一段圆弧，故此时刀具半径补偿的计算只需求出补偿的起点和终点坐标值及刀具补偿后的圆弧半径值。

在图 4-26 定义下，直线刀具半径补偿计算公式为

$$X' = X + \frac{rY}{\sqrt{X^2 + Y^2}} \tag{4-1}$$

$$Y' = Y - \frac{rX}{\sqrt{X^2 + Y^2}} \qquad （4\text{-}2）$$

圆弧刀具半径补偿计算公式为

$$X'_e = X_e + \frac{rX_e}{R} \qquad （4\text{-}3）$$

$$Y'_e = Y_e + \frac{rY_e}{R} \qquad （4\text{-}4）$$

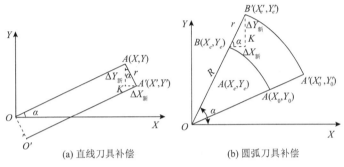

(a) 直线刀具补偿　　　　　　(b) 圆弧刀具补偿

图 4-26　刀具补偿计算原理

A、B——程序轮廓终点　　　　　A'、B'——刀具补偿后终点

上述刀具补偿也称为 B 刀具补偿。在一些 CNC 系统中还有 C 刀具补偿功能。C 刀具补偿的基本思想是根据与实际轮廓完全一样的编程轨迹，直接算出刀具中心轨迹和转接交点后，再对原来的程序轨迹作伸长或缩短修正。

4.1.4　数控技术的发展

1. 数控技术的发展历史

自1948年美国麻省理工学院研制出全世界第一台数控机床以来，随着电子技术和计算机技术的发展，特别是微电子和微处理机的发展，数控系统的硬件不断更新换代，发展迅速。

从整个发展进程看，经历了以下几代变化。

第一代数控硬件系统：1952～1959年，采用电子元件构成的专用 NC 系统。

第二代数控硬件系统：从1959年开始，采用晶体管电路的 NC 系统。

第三代数控硬件系统：从1959年开始，采用中、小型模型集成电路的 NC 系统。

第四代数控硬件系统：从1970年开始，采用大规模集成电路的小型通用电子计算机控制系统。

第五代数控硬件系统：从1974年开始，采用微型电子计算机和微处理机组成的控制系统（MNC，目前仍习惯称为 CNC）。

第六代数控硬件系统：从1990年开始，PC 机的性能已发展到很高的阶段，可以满足作为数控系统核心部件的要求，数控系统从此进入了基于 PC（国外称为 PC-BASED）

的阶段。

一般来说，前面三代数控系统，习惯称为硬件数控系统，后三代数控系统，称软件数控系统。

2. 数控技术的发展趋势

目前，数控技术的发展日新月异，高速化、高精度化、复合化、智能化、开放化、并联驱动化、网络化、极端化、绿色化已成为数控技术发展的趋势和方向。

1）高速化

随着汽车、国防、航空、航天等工业的高速发展及铝合金等新材料的应用，对数控机床加工的高速化要求越来越高。

（1）主轴转速：机床采用电主轴（内装式主轴电机），主轴最高转速达200 000r/min。

（2）进给率：在分辨率为0.01μm 时，最大进给率达到240m/min 且可获得复杂型面的精确加工。

（3）运算速度：微处理器的迅速发展为数控系统向高速、高精度方向发展提供了保障，开发出的微处理器已发展到32位及64位的数控系统，频率提高到几百兆赫、上千兆赫。由于运算速度的极大提高，使得当分辨率为0.1μm、0.01μm 时仍能获得高达24～240m/min 的进给速度。

（4）换刀速度：目前国外先进加工中心的刀具交换时间普遍已在1s 左右，高的已达0.5s。德国 Chiron 公司将刀库设计成篮子样式，以主轴为轴心，刀具在圆周布置，其刀到刀的换刀时间仅0.9s。

2）高精度化

数控机床精度的要求现在已经不局限于静态的几何精度，机床的运动精度、热变形及对振动的监测和补偿越来越获得重视。

（1）提高 CNC 系统控制精度：采用高速插补技术，以微小程序段实现连续进给，使 CNC 控制单位精细化，并采用高分辨率位置检测装置，提高位置检测精度（日本已开发装有106脉冲/转的内藏位置检测器的交流伺服电机，其位置检测精度可达到0.01μm/脉冲），位置伺服系统采用前馈控制与非线性控制等方法。

（2）采用误差补偿技术：采用反向间隙补偿、丝杆螺距误差补偿和刀具误差补偿等技术，对设备的热变形误差和空间误差进行综合补偿。研究结果表明，综合误差补偿技术的应用可将加工误差减少60%～80%。

（3）采用网格检查和提高加工中心的运动轨迹精度，并通过仿真预测机床的加工精度，以保证机床的定位精度和重复定位精度，使其性能长期稳定，能够在不同运行条件下完成多种加工任务，并保证零件的加工质量。

3）复合化

复合机床的含义是指在一台机床上实现或尽可能完成从毛坯至成品的多种要素加工。

（1）根据其结构特点可分为工艺复合型和工序复合型两类。工艺复合型机床有镗铣钻复合-加工中心、车铣复合-车削中心、铣镗钻车复合-复合加工中心等；工序复合型机床有多面多轴联动加工的复合机床和双主轴车削中心等。

（2）采用复合机床进行加工，减少了工件装卸、更换和调整刀具的辅助时间及中间过程中产生的误差，提高了零件加工精度，缩短了产品制造周期，提高了生产效率和制造商的市场反应能力，相对于传统的工序分散的生产方法具有明显的优势。

（3）加工过程的复合化也导致了机床向模块化、多轴化发展。德国 Index 公司最新推出的车削加工中心是模块化结构，该加工中心能够完成车削、铣削、钻削、滚齿、磨削、激光热处理等多种工序，可完成复杂零件的全部加工。

4）智能化

随着人工智能技术的发展，为了满足制造业生产柔性化、制造自动化的发展需求，数控机床的智能化程度在不断提高，具体体现在以下几个方面。

（1）加工自适应和参数专家化：通过监测加工过程中的切削力、主轴和进给电机的功率、电流、电压等信息，辨识出刀具的受力、磨损、破损状态及机床加工的稳定性状态，并根据这些状态实时调整加工参数（主轴转速、进给速度）和加工指令；构造基于专家系统或基于模型的"加工参数的智能优化与选择器"，利用它获得优化的加工参数，从而达到提高编程效率和加工工艺水平、缩短生产准备时间的目的。

（2）智能故障自诊断与自修复技术：根据已有的故障信息，应用现代智能方法实现故障的快速准确定位；能够完整记录系统的各种信息，对数控机床发生的各种错误和事故进行回放和仿真，用以确定错误引起的原因，找出解决问题的办法，积累生产经验。

（3）智能4M 数控系统：在制造过程中，加工、检测一体化是实现快速制造、快速检测和快速响应的有效途径，将测量（measurement）、建模（modeling）、加工（manufacturing）、机器操作（manipulator）四者（即4M）融合在一个系统中，实现信息共享，促进测量、建模、加工、装夹、操作的一体化。

5）开放化

（1）向未来技术开放：由于软硬件接口都遵循公认的标准协议，只需少量的重新设计和调整，新一代的通用软硬件资源就可能被现有系统所采纳、吸收和兼容，这就意味着系统的开发费用将大大降低而系统性能与可靠性将不断改善并处于长生命周期。

（2）数控标准的建立：国际上正在研究和制定一种新的 CNC 系统标准 ISO14649（STEP—NC），以提供一种不依赖于具体系统的中性机制，能够描述产品整个生命周期内的统一数据模型，从而实现整个制造过程乃至各个工业领域产品信息的标准化。标准化的编程语言，既方便用户使用，又降低了和操作效率直接有关的劳动消耗。

6）网络化

（1）对于面临激烈竞争的企业来说，使数控机床具有双向、高速的联网通信功能，以保证信息流在车间各个部门间畅通无阻是非常重要的。既可以实现网络资源共享，又能实现数控机床的远程监视、控制、培训、教学、管理，还可实现数控装备的数字化服务（数控机床故障的远程诊断、维护等）。

（2）例如，日本 Mazak 公司推出新一代的加工中心配备了一个称为信息塔（e-tower）的外部设备，包括计算机、手机、机外和机内摄像头等，能够实现语音、图形、视像和文本的通信故障报警显示、在线帮助排除故障等功能，是独立的、自主管理的制造单元。

■ 4.2　FMS

4.2.1　FMS 的基本原理

1. FMS 的基本概念

1）FMS 的定义

FMS 是在成组技术的基础上，以多台（种）数控机床或数组 FMC 为核心，通过自动化物流系统将其连接，统一由主控计算机和相关软件进行控制和管理，组成多品种变批量和混流方式生产的自动化制造系统。

美国国家标准局（United States Bureau of Standards）把 FMS 定义为：由一个传输系统联系起来的一些设备，传输装置把工件放在其他联结装置上送到各加工设备，使工件加工准确、迅速和自动化。中央计算机控制机床和传输系统，FMS 有时可同时加工几种不同的零件。

国际生产工程研究协会指出：FMS 是一个自动化的生产制造系统，在最少人的干预下，能够生产任何范围的产品族，系统的柔性通常受到系统设计时所考虑的产品族的限制。

欧共体机床工业委员会认为：FMS 是一个自动化制造系统，它能够以最少的人干预，加工任一范围的零件族工件，该系统通常用于有效加工中小批量零件族，以不同批量加工或混合加工；系统的柔性一般受到系统设计时考虑的产品族限制，该系统含有调度生产和产品通过系统路径的功能，系统也具有产生报告和系统操作数据的手段。

《中华人民共和国国家军用标准》中有关"武器装备 FMS 术语"定义为：FMS 是由数控加工设备、物料运储装置和计算机控制系统组成的自动化制造系统，它包括多个 FMC，能够根据制造任务或生产环境的变化迅速进行调整，适用于多品种、中小批量生产。

典型的 FMS 由数字控制加工设备、物料储运系统和信息控制系统组成。图4-27为一个典型的 FMS 平面布置示意图，加工设备主要采用加工中心和数控车床，前者用于加工箱体类和板类零件，后者则用于加工轴类和盘类零件。中、大批量少品种生产中所用的 FMS，常采用可更换主轴箱的加工中心，以获得更高的生产效率。

图4-28是一个典型的 FMS 立体布置示意图。它表示了 FMS 中生产原料及工具的传递、变换和加工的集成过程。其工作流程为，首先在装卸站将毛坯安装在早已固定在托盘上的夹具中；然后物料传递系统把毛坯连同夹具（随行夹具）和托盘输送到进行第一道加工工序的加工中心旁边排队等候，一旦加工中心空闲，毛坯就立即被送至加工中心进行加工。每道工序加工完毕以后，物料传送系统还要将该加工中心完成的半成品取出并送至执行下一工序的加工中心旁边排队等候，如此不停地进行至最后一道加工。在完成整个加工过程中除进行加工工序外，若有必要还要进行清洗、检验及组装工序。

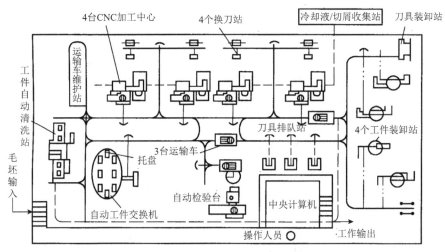

图 4-27　FMS 平面布置示意图

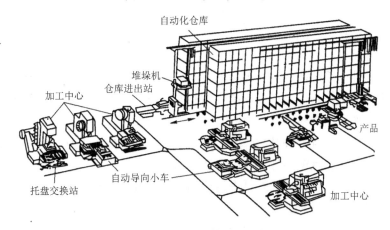

图 4-28　FMS 立体布置示意图

2）FMS 的功能

（1）能自动控制和管理零件的加工过程，包括制造质量的自动控制、故障的自动诊断和处理、制造信息的自动采集和处理。

（2）通过简单的软件系统变更，便能制造出某一零件族的多种零件。

（3）自动控制和管理物料（包括工件与刀具）的运输和存储过程。

（4）能解决多机床下零件的混流加工，且无需增加额外费用。

（5）具有优化的调度管理功能，无需过多的人工介入，能做到无人加工。

3）FMS 的柔性

FMS 中的"柔性"，是区别于传统生产方式的关键所在。以系统论的观点，任何系统的功能都可以抽象为一个利用系统资源，在满足系统约束和目标的前提下，将从系统环境中获得的输入转换为输出的过程。为了生存和发展，任何系统都应当具备某种对系统内外各种变化的适应能力，系统柔性就是指这种适应性。

柔性可以表述为两个方面。第一方面是系统适应外部环境变化的能力，可用系统满足新产品要求的程度来衡量；第二方面是系统适应内部变化的能力，可用在有干扰（如机器出现故障）情况下，系统的生产率与无干扰情况下的生产率期望值之比来衡量。"柔性"是相对于"刚性"而言的，传统的"刚性"自动化生产线主要实现单一品种的大批量生产。其优点是生产率很高，由于设备是固定的，所以设备利用率也很高，单件产品的成本低。但价格相当昂贵，且只能加工一个或几个相类似的零件，难以应付多品种中小批量的生产。随着批量生产时代正逐渐被适应市场动态变化的生产所替换，一个制造自动化系统的生存能力和竞争能力在很大程度上取决于它是否能在很短的开发周期内，生产出较低成本、较高质量的不同品种产品的能力。柔性已占有相当重要的位置。

从量化分析的角度，制造系统的柔性指标包括以下几种。

（1）设备柔性：系统中的设备易于实现加工不同类型零件所具备的转换能力。其衡量指标：系统中设备实现加工不同零件所需的调整时间。具体包括：①更换磨损刀具的时间；②为加工同一类而不同组的零件所需的换刀时间；③组装新夹具所需的时间；④机床实现加工不同类型零件所需的调整时间，含刀具准备时间、零件安装定位和拆卸时间、更换数控程序时间。

（2）工艺柔性：系统能够以多种方法加工某一零件组的能力，又称加工柔性，即系统能加工的零件品种数。衡量指标：系统不采用成批方式而能同时加工零件的品种数。

（3）产品柔性：系统能经济而迅速地转向生产新产品的能力，即转产能力，也称为反应柔性，表明为适应新环境而采取新行动的能力。衡量指标：系统从生产一种零件转向生产另一种零件所需的时间。

（4）流程柔性：系统处理其故障并维持其生产持续进行的能力。衡量指标：系统发生故障时生产率下降程度或零件能否继续加工的能力。

（5）批量柔性：系统在不同批量下运行都有经济效益的能力。衡量指标：系统保证有经济效益的最小运行批量。

（6）扩展柔性：系统能根据需要通过模块进行组建和扩展的能力。当生产需要的时候，可以很容易地扩展系统结构，增加模块，构成一个更大系统的能力。衡量指标：系统能扩展的规模大小。

（7）工序柔性：系统变换零件加工工序、顺序的能力。衡量指标：以实时方式进行工艺路线决策的能力。

（8）生产柔性：上述柔性的总和。衡量指标：系统能够生产各种类型零件的总和。

一般而言，系统柔性与机床功能的多少和强弱、物料系统传输不同零件种类的多少、计算机信息处理系统对不同状态自适应能力的强弱、系统抗干扰能力的强弱、系统反应时间的快慢等因素有关。

2. FMS 的特点

FMS 应用于制造领域具有许多优势，主要体现在以下几个方面。

（1）保证系统具有一定柔性的同时，还具有较高的设备利用率。FMS 能获得高效率的原因：一是计算机给每个零件都安排了加工机床，一旦机床空闲，即刻将零件送上加工，同时将相应的数控加工程序输入这台机床。二是由于送入机床的零件早已在装卸站上装夹在托盘上，因而机床无需等待零件的装夹。

（2）减少设备投资。由于设备利用率高，FMS 就能以较少的设备来完成同样的工作量。把车间采用的多台加工中心换成 FMS，其投资一般可减少三分之二。

（3）减少直接工时费用。数控机床是在计算机控制下进行工作的，整个系统除工件装卸外，不需工人去操纵。

（4）减少了工序中在制品量，缩短了生产准备时间。和一般加工相比，FMS 由于缩短了等待加工时间，因而在减少工序中零件积存数量上有惊人的效果。促成等待加工时间缩短的因素主要有：系统占用的场地小，在制品流动路线缩短，加工工序集中，零件装夹次数减少，计算机按制定的进度计划高效地把零件分批送入 FMS 加工。

（5）对加工对象具有快速应变能力。FMS 有其内在的灵活性，能适应由于市场需求变化和工程设计变更所出现的变动，进行多品种生产，而且能在不明显打乱正常生产计划的情况下，插入备件和急件制造任务。

（6）维持生产能力强。许多 FMS 设计成具有当一台或几台机床发生故障时仍能降级运转的能力。即采用了加工能力有沉余度的设计，并使物料传送系统有自行绕过故障机床的能力。此时，虽然生产率要降低些，但系统仍能维持生产。

（7）产品质量高、稳定性好。FMS 与联成系统的数控机床相比，产品质量高，并具有良好的质量稳定性。高度的自动化、零件装卡次数的减少、工装的精心准备等都有利于提高单个零件的质量。

（8）运行的灵活性。运行的灵活性是提高生产率的另一个因素。有些 FMS 能够在无人照看的情况下进行第二和第三班的生产。

（9）产量的灵活性。车间平面布局规划合理，开始时 FMS 的设计产量可以较低。但需要增加产量时，则易于布置增加的机床，以满足扩大生产能力的需要。

（10）便于实现工厂自动化。由于采用了 FMS，工厂的底层设备控制管理实现了自动化，可与上层控制管理层进行无缝连接，有助实现工厂全面自动化。

（11）投资高、风险大，管理水平要求高。一个全新的 FMS 需要很大的投入，一旦投资失败，可带来巨大的损失，因而投资风险很大。系统即使成功开发，系统的使用和维护仍需要有较高水平的工人和技术人员。

3. FMS 的类型

FMS 按其规模的大小分成四类。

（1）第一级：柔性制造模块（flexible manufacturing module，FMM）——单台 CNC 机床+工件自动装卸装置。

FMM 由单台 CNC 机床配以工件自动装卸装置组成，并能进一步组成 FMC 和 FMS。它可以有各种不同的组合，如加工箱体零件的加工中心配以自动托板交换器（automatic pallet change，APC）或配以自动托盘搬运车（auto pallet mover，APM）组成；也有的加工中心配以工件托板存放站，中间通过机器人传递、装卸工件。FMM 本身可以独立运行，但不具备工件、刀具的供应管理功能，没有生产调度功能。

FMM 是最简单的制造系统，是一台扩充了许多可任选的自动化功能[如刀具库（tool magazine）、随行托架交换装置（pallet change）等]的数控机床。

（2）第二级：FMC——包括2~3个FMM，它们之间由工件自动输送设备进行连接。

FMC的外部系统，如工件与刀具运输、测量、过程监控等均自动完成。FMC由计算机控制，能完成整套工艺操作，并在毛坯和工具储量保证的情况下能独立工作，具有一定的生产调度能力。

（3）第三级：FML。它是处于单一或少品种大批量非柔性自动线与中小批量多品种FMS之间的生产线。其加工设备可以是通用的加工中心、CNC机床，亦可采用专用机床或NC专用机床，对物料搬运系统柔性的要求低于FMS，但生产率更高。它是以离散型生产中的FMS和连续生产过程中的分散型控制系统为代表，其特点是实现生产线柔性化及自动化，其技术已日臻成熟，迄今已进入实用化阶段。

（4）第四级：FMS——包括4台或更多的全自动CNC机床，备有自动搬运小车、自动输送物料和成套计算机控制系统。用以管理全部生产计划进度、物料搬运和对机床群加工过程实现综合控制。

将FMC进行扩展，增加必要的加工中心台数，配备完善的物料和刀具运送管理系统，通过一整套计算机控制系统管理全部生产计划进度，并对物料搬运和机床群的加工过程实现综合控制，这样就可以形成一个标准的FMS，且具有良好的生产调度、实时控制能力。

（5）第五级：柔性制造工厂（flexible manufacturing factory，FMF），又称自动化工厂——由FMS扩大到全厂范围。它可达到在全厂范围内生产管理过程、机械加工过程和物料储运过程全盘自动化，并由计算机系统进行有机联系。

它的主要特点包括以下五个方面。

第一，分布式多级计算机系统必须包括制订生产计划和日生产进度计划的生产管理级主计算机，以它作为最高一级计算机，它往往与CAD/CAM系统相连，以取得自动编程零件加工用的数控程序数据。

第二，FMF全部的日程计划进度和作业可以由主计算机和各级计算机通过在线控制系统进行调整，并可以在中、夜班进行无人化加工，只要一个人在中央控制室监视全厂各制造单元的运转状况即可。

第三，CNC机床数量一般在十几台以上乃至几十台，可以是各种形式的加工中心、车削中心、CNC车床、CNC磨床等。

第四，系统可以自动地加工各种形状、尺寸和材料的工件。全部刀具可以自动交换和自动更换废旧刀具。

第五，物料储运系统必须包括自动仓库，以满足大量存取为数众多的工件和刀具。系统可以从自动仓库提取所需的坯料，并以最有效的途径进行物流与加工。

4.2.2　FMS的加工系统

1. FMS工作站

FMS中所采用的加工机床类型如下。

1）加工中心

加工中心（machining center or production center）是由机械设备和数控系统组成的适

用于复杂零件加工的高效自动化机床,也是一种本身带有刀库和自动换刀装置(automatic tool change)的多工序数控机床,能在一次装夹中完成铣、镗、钻、扩、铰、锪、攻螺纹等多种工序的加工,并且有多种换刀或选刀功能,从而使生产效率和自动化程度大大提高。由于这类加工中心一般是在镗床、铣床的基础上发展起来的,故又称为镗铣类加工中心。

加工中心是备有刀库,并能自动更换刀具,对工件进行多工序加工的 NC 机床。工件经一次装夹后,NC 系统能控制机床按不同工序,自动选择和更换刀具,自动改变机床主轴转速、进给量和刀具相对工件的运动轨迹及其他辅助机能,依次完成工件几个面上多工序的加工。

加工中心由于工序的集中和自动换刀,减少了工件的装夹、测量和机床调整等时间,使机床的切削时间达到机床开动时间的80%左右(普通机床仅为15%~20%);同时减少了工序之间的工件周转、搬运和存放时间,缩短了生产周期,具有明显的经济效果。加工中心适用于零件形状比较复杂、精度要求较高、产品更换频繁的中小批量生产。

加工中心通常以主轴与工作台相对位置分类,分为卧式、立式和万能加工中心。①卧式加工中心:是指主轴轴线与工作台平行设置的加工中心,主要适用于加工箱体类零件。图4-29所示为卧式加工中心。②立式加工中心:是指主轴轴线与工作台垂直设置的加工中心,主要适用于加工板类、盘类、模具及小型壳体类复杂零件。③万能加工中心(又称多轴联动型加工中心):是指通过加工主轴轴线与工作台回转轴线的角度可控制联动变化,完成复杂空间曲面加工的加工中心。适用于具有复杂空间曲面的叶轮转子、模具、刀具等工件的加工。

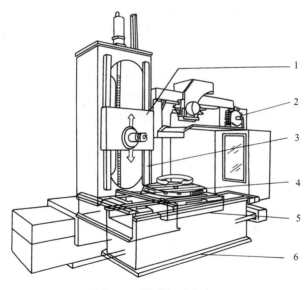

图 4-29 卧式加工中心

1. 主轴头;2. 刀库;3. 立柱;4. 立柱底座;5. 回转工作台;6. 工作台底座

2)可换主轴箱机床

它供多刀加工工件用,是一种专门化机械加工机床,可作为 FMS 中的一个加工工作站。它的主轴头可以自动更换。与加工中心的区别是 MC 不可换主轴，它类似于多轴钻床，但各主轴可变换，而多轴钻床主轴不可变换。它最大的优点是可以获得高生产率，主要用于大量生产中，作为 NC 专机用。

3）分度主轴头机床

除了主轴头较大外，它与主轴头可换机床类似。但因为主轴头大而无法在主轴驱动装置和刀库间运动。由于主轴头在分度机构驱动下进行分度运动，故可同时进行多工序加工。其分度台上可以配置8个或更多主轴头。但这种机床通常只限于特定的零件族加工 FMS 上用。它们可以是单个分度台，也可是两个分度台。

4）组合铣

在一些加工系统中，所完成的工序类型与某些机械加工方法类别有关。对于钻削类加工（包括攻螺纹与扩、铰孔加工），采用分度主轴头机床和可换主轴头机床能达到最大的生产率。但对于铣削类加工，专用铣床的组合加工可获得高于加工中心的生产率。组合铣可以是立式、卧式或多主轴的。

5）组合车

在车削类加工中，可为 FMS 设计专用车削组合机床。传统的车削加工，工件装卡在机床上相对于刀具作回转运动，在平行于工作站的轴向方向上进行进给。由于在 FMS 上加工的许多零件装卡在托盘上，所以组合车必须把刀具设计成绕工件回转的形式，其刀具多为单刃刀具。

6）装配工作站

某些 FMS 的加工工序中包括了装配工序，故必须开发柔性自动化装配系统替代手工装配。这类柔性装配系统通常采用工业机器人作自动化装配工作站。它们可以编程，按程序顺序完成各种装配任务和运动，以实现不同的产品装配工作。

7）检验站

检验可以包括在 FMS 中。每个工作站可包括一个检验工序，也可为检验设计专门的检验工作站。在一条 FMS 中有三种实现检验的方法：坐标测量机、专用检验触针（测头）和机器视觉。在柔性装配系统中，为把合适的零部件送到工作站上，检验就特别重要。

8）金属薄板加工机

柔性制造也适于金属薄板处理。该处理工作站由冲压、剪切、弯折和锻压等金属处理工序组成。

9）锻压工作站

现正在开发锻压柔性系统。锻压在传统的金属加工中是笨重的劳动。锻压工作站的基本组成有热风炉、锻压机床和整形机等。

10）激光加工、处理工作站

现代 FMS 中可以包括激光 CNC 加工中心、激光加工机、激光切割或热处理机等。

此外，随着 FMS 技术的发展，还会出现其他束源（如电子束、离子束、分子束）等加工与处理设备工作站等。

所有进入 FMS 的工作站都有一个本质的特征：它们的硬软件与 FMS 兼容，并与 FMS 的主控系统组成统一的系统，保证 FMS 的柔性。

2. FMC

FMS 发展的另一个方向是小型化与经济型 FMS。FMC 就是一个小型化、价廉的 FMS。它在 FMS 的基础上发展起来，介于单机 NC 机床和 FMS 之间，是20世纪七八十年代发展并实用化的。FMC 既可作为 FMS 或自动化工厂、车间的组成模块，亦可独立使用或组合 FMC 使用，故 FMC 和 FMS 在技术上都隶属于 FMS 范畴。对于中小型企业，由于投资少，加工对象变换大，往往更乐于接受 FMC。同时，从模块化逐步提高生产设备的柔性化与自动化水平角度看，FMC 是更理想的自动化模块。

1）FMC 的构成

FMC 的构成可分为两大类。

（1）加工中心与 APC 组合式。这类 FMC 区别于单台 NC、CNC 机床或加工中心、车削中心的特征是配置了托盘交换系统。一般 APC 有5个或5个以上的托盘。图4-30（a）所示为有10个工位托盘的环形回转式托盘交换系统与加工中心组成的 FMC 平面布置图。一般认为没有5个以上托盘的交换系统不能算 FMC。该 FMC 的托盘系统有传输功能、在制件存储功能，还有自动检测、切削状态监视和工件与刀具自动更换功能。这种 FMC 在24小时连续加工中使用效率很高。其托盘交换系统由液压或电动传送机构实现环形回转交换。

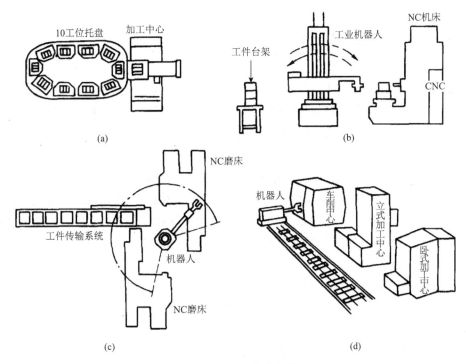

图 4-30　FMC 构成示例

（2）数控机床与工业机器人组合式。它的主要特征是用工业机器人作为工件装卸系统。图4-30（b）、（c）、（d）所示为由一台、两台或三台 NC 机床与工业机器人组成的 FMC 示意图。为了实现工件传输与存储，它们常配有传输系统或工件台架。

2）FMC 的功能

通常 FMC 具有以下四种功能。

（1）自动化加工功能。在 FMC 中有完成自动化加工的设备，如以车削为主的车削 FMC，以钻、镗削为主的钻镗 FMC 等。同时辅以其他加工，如车削 FMC 中可以有端铣或钻削、攻螺纹加工。这些自动化加工设备由计算机进行控制，自动完成加工。

（2）物料传输、存储功能。这是它与单台 NC 或 CNC 机床的显著区别之一。它有保障 FMC 运行的物料存储容量所需的在制件库、物料传输装备和工件装卸交换装置，并有刀具库与换刀装置。

（3）完成自动加工与检测的控制功能。它是可编程系统，具有柔性。

（4）自动检验、监视等功能。它可以完成刀具检测、工件在线或在机测量、刀具破损（折断）或磨损检测监视、机床保护监视等。

因此，既可以把 FMC 看成小型化了的 FMS，可以成为 FMS 的模块，又可有比一般 FMS 更大的可变性，即根据生产对象及其批量的变化改变、扩展或缩小 FMC 的规格种类与数量。所以，FMC 可以看成可由不同种类与数量的 FMC 与相应的控制系统、物料传输与存储系统有机连接，组成不同 FMS 的通用模块。

4.2.3　FMS 的物流系统

1. FMS 物流系统的功能与组成

1）FMS 物流系统的功能

FMS 中的物流——工件、刀具、切屑等的流动中，工件流动是决定 FMS 形式的主要因素。物流系统主要完成两种不同的工作：一是零件毛坯、原材料、工具和配套件等由外界搬运进系统，以及将加工好的成品及换下的工具从系统中搬走；二是零件、工具和配套件等在系统内部的搬运和存储。

在 FMS 中，物料的传输与存储系统主要完成以下功能。

（1）使工件在工作站间随机而独立地运动。这一功能要求传输系统能够把工件从一台机床或设备传送到另一台 FMS 物流顺序要求的机床或设备，以实现各种加工处理顺序。同时，在某些机床过于繁忙时，它应有替代功能，保证整个 FMS 的运行。这是传输系统柔性的体现。

（2）能装卸不同形状的工件。不规则的工件通常利用传输系统中的托盘夹具实现装夹与传输。托盘夹具往往利用通用件的快速交换与快速组合完成工件的定位与装卡。对于回转件，经常用工业机器人进行车削类机床工件的装卸和工作站间工件的传送。

（3）暂存储功能。通常，FMS 的在制件数中有相当数量的工件不处在加工或处理状态，即有不少工件处于等待状态。这一功能有助于提高机床设备的利用率。

（4）便于工件装卸。传输系统必须为 FMS 提供装卸装置。通常，在传输系统中配置一个或几个装卸工作站，且利用人工进行工件在托盘夹具中的装卸。

（5）与计算机控制兼容。传输系统必须有直接接受计算机控制的能力，并能根据计算机的指令把工件送到各个工作站、装卸站等。因此，FMS 的物料传输系统必须与 FMS

的控制计算机兼容。

2）FMS 物流系统的组成

传输与存储系统主要由输送、搬运和存储设备及其控制系统组成。有时该系统还包括操作者，如装卸站工件装卸操作者。系统完成的工作有：工件或坯件、半成品件、成品件的存储，工件在各加工工位间及各辅助工位间的运输和配送，完成工件与加工设备间的传送与位置变换（装卸上下料）。传输与存储系统的输送、搬运和存储装备有多种形式，对不同的 FMS 有不同的选择与组合。

物料运输与存储系统包括以下内容。

（1）物料传输设备：传送带（conveyors）、自动导向车（automatic guided vehicle，AGV）、运输小车（有轨和无轨）和搬运机器人。

（2）物料存储设备：自动化仓库（包括堆垛机）、托盘站和刀具库等。

（3）物流系统的控制：自动化仓库控制系统、物料识别控制系统、自动物料运输设备控制系统、上下料站控制系统等。

2. FMS 物流设备的配置与布置

FMS 按机床与搬运系统的相互关系可分为直线型、循环型、网络型和单元型。加工工件品种少、柔性要求小的制造系统多采用直线布局，虽然加工顺序不能改变，但管理容易；单元型具有较大柔性，易于扩展，但调度作业的程序设计比较复杂。

FMS 物流设备的布置方案可分为以下五类。

1）（按）行排列

这种排列适用于按照规定的顺序从一个工作站到下一个工作站而没有回流的物料流系统，其布置排列如图4-31所示。物件流动总是沿一个方向，其传输系统的柔性与存储特征决定了能否可以在系统内局部回流物件，如图4-31（a）所示。图4-31（b）表示了另一种可能的布局方案，其特征是总体上呈行排列，但每个工作站又配置了物件传输的第二个系统。

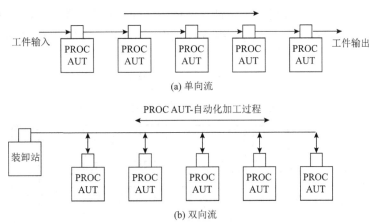

图 4-31　按行排列的 FMS 布局

2）环形布置

物件按一个方向沿环形流动，在每个工作站，工件可以停顿。装卸站布置在工作站环形流的末端。每个工作站上有一个第二传输系统，允许物件既沿环形流动，又不发生阻塞。其布置方案如图4-32所示。

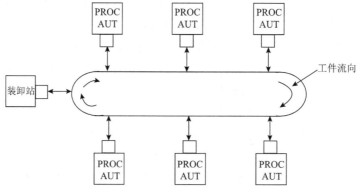

图 4-32 环形 FMS 的布局

3）梯形布置

梯形布局是对环形的适应，如图4-33所示。每个工作站自成一个子环形。子环允许物件从一个站到另一个站，增加环流路径，减少平均传送距离，缩短工作站间的传输时间。

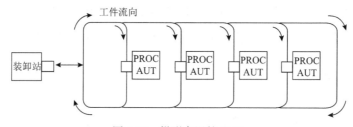

图 4-33 梯形布置的 FMS

4）开放式布置

开放式布置也适应于环形布置。它由环形网、梯子形和挡板合起来完成所要求的加工处理要求。一般适合于大型零件族加工的 FMS。其不同的机器类型数可能受到限制，但零件根据其加工要求，在不同的工作站上流动。开放式布置的 FMS 如图4-34所示。

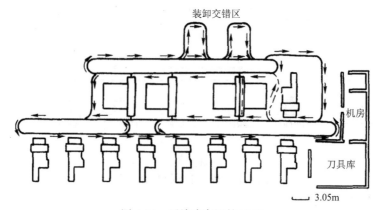

图 4-34 开放式布置的 FMS

5）以机器人为中心的单元

这是一种新式的 FMS。该系统以一台或多台机器人作为物料传输系统，其布置如图4-35所示。机器人配置了适于夹持回转体零件的手爪。FMS 围绕机器人布置。它主要用在回转体零件和盘类零件加工的 FMS 中。

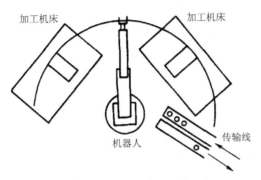

图 4-35 以机器人为中心的单元布置

3. FMS 中的物料传输设备

物流系统自动化，需要先进的搬运设备支持。不同的物料、不同的输送距离、不同的输送要求，将有不同的输送形式和搬运装置。下面介绍 FMS 中常见和比较实用的搬运机构及其选择方法。

1）输送线

输送线系统主要用传送带、链等形式运输，是从机械自动线发展而来的。在 FMS 环境下输送线上设有多个全自动工位，采用传感器等控制装置对物料或托盘进行精确到位传送。这些传感器与输送线一起采用计算机控制，组成各种复杂功能的输送系统。输送线系统是现代企业为减轻劳动强度、提高工作效率所采用的重要输送装置。适用于装配及大批量零件生产，如发动机箱体加工及整机装配。

2）传送带

传送带主要是从传统的机械式自动线发展而来的。现在应用仍较普遍，可靠性高、制造成本低是其主要优点。缺点是缺少对工件的定位机构，所以使用中运行速度不能太高。

3）有轨小车

有轨小车（rail guided vehicle，RGV）是指小车在轨道上行走，由车辆上的马达牵引。小车行驶时，安装于轨道上的传感器将来自物流控制系统的控制信号输入到小车的控制装置，再由控制装置伺服驱动小车，实现小车行驶的控制。

4）AGV

在 FMS 中使用的最现代化是 AGV。根据美国物流协会的定义：AGV 是指装备有电磁式或光学式自动导引装置，能够沿规定的导引路径行驶，并具有小车编程与停车选择装置、完全保护及移载功能的运输小车。AGV 是以电池为动力，装有非接触导向装置、独立寻址系统的无人驾驶自动运输车，是现代物流系统的关键装备。AGVS 是自动导引车系统，它由若干辆分别沿导引路径行驶、独立运行的 AGV 组成。

AGV 的导引与控制可采用多种方法，主要有两种形式：一种是有轨 AGV，是让 AGV

沿着固定的轨道行走，它的导引与定位技术都比较简单，但柔性较差；另一种是无轨AGV，它采用了自动导引技术，可任意行走，具有较高的柔性，因而在实际应用中有着更广阔的前景。

5）机器人

搬运机器人是一种具有特定功能，能够模仿人体功能的某些特点去进行作业的自动化机器人。由于搬运机器人工作灵活性强，具有视觉和触觉能力，以及工作精度高等一系列优点，近年来在自动物流系统中应用越来越广泛。

4. FMS 中的物料存储设备

自动化仓库，也称为立体仓库。以它为中心组成一个毛坯、半成品、配套件或成品的自动存储及检索系统，在管理信息系统的支持下，与加工搬运设备一起成为 FMS 的重要支柱。自动化仓库的含义包括仓库管理自动化和入库出库的作业自动化。仓库管理自动化，包括对货箱、账目、货格及其他信息管理的自动化。入库出库的作业自动化，包括货箱零件的自动识别、行动认址、货格状态的自动检测及堆垛机各种动作的自动控制。自动化仓库主要包括库房、堆垛机、控制计算机、状态检测器及信息输入设备（如条形码扫描仪）等部分。

1）库房

库房由一组货架组成，货架之间留有巷道，一般情况下入库和出库都布置在巷道的某一端，每个巷道都有自己专用的堆垛起重机，采用有轨或无轨的方式。巷道的长度一般有几十米，货架的高度视厂房高度而定。货架通常由一些尺寸一致的货格组成，进入高仓位的零件通常先装入标准的货箱内，然后再将货箱装入高仓位的货格中。仓库的入库出库作业，货箱零件的自动识别、自动认址，货格状态的自动检测及堆垛机的动作都由计算机自动控制。

2）托盘

托盘一般与自动运输小车配套使用。通常情况下每个托盘可以同时运送一定数量的工件，在单元中，托盘放在一个支架上，小车进入托盘下面后，小车的台面自动升起，将托盘连同工件装到小车上。此后，小车就可以将工件连同托盘送至另一个加工单元、托盘库、装卸站或立体仓库。

3）堆垛机

堆垛机是一种安装了起重机的有轨或无轨小车。为了增加工作的稳定性一般都采用有轨方式，在比较高的货架之间还应用上下均有导轨的设计。

堆垛机上有检测横向移动和起升高度的传感器，辨认货位的位置和高度，有时还可以阅读货箱内零件的名称及其他有关零件的信息。

堆垛机上装有电动机，带动堆垛机移动和托盘的升降，一旦堆垛机找到需要的货位，就可以将零件或货箱自动推入货架，或将零件和货箱从货架上拉出。

4）自动化仓库管理系统

自动化仓库管理系统能对立体仓库进行物资管理、账目管理、货位管理及信息管理等。库存管理指计算机管理自动化仓库的入库、出库和库存信息管理。根据出、入库指令，给出存取货架的位置，指示堆垛机完成相应的操作。

4.2.4 FMS 的控制系统

1. FMS 控制系统的功能

在 FMS 中，控制系统主要有以下功能。

（1）传送数据（如物料参数、NC 程序、刀具数据等）给 FMS 中的物料系统和加工设备。

（2）协调 FMS 中各设备的活动，保证把工件和刀具及时地提供给加工设备，使加工设备高效运转。

（3）生产控制，包括对零件和各种工件进入制造系统的输入率的决策。决策的基础是进入计算机的数据，如要求每天各种零件的生产率、毛坯件的数量与相应的托盘数。控制系统完成托盘流动顺序，装卸工件的生产控制功能，并向操作者提供指令进行坯件的装载。数据进入单元（data entry unit，DEU）在装卸区提供操作者与计算机间的通信。

（4）刀具系统监视与控制刀具的状态。它包括两层含义，即对 FMS 加工用的每种刀具的定位、安装、更换和对刀具使用寿命与破损状况的监视；同时包括刀具的管理、换刀和刀具识别等。

（5）FMS 系统性能的监视控制及报告。控制系统在性能监视传感系统支撑下可对 FMS 的工作性能进行监视与控制，同时可按管理要求提供各种报告与数据。

2. FMS 控制结构

FMS 通常可采用三级递阶控制结构。这种控制结构系统内的设备数量不宜过多，FMS 单元控制机直接实施对设备或子系统的实时控制，对目前计算机性能不断提高，相反 FMS 规模向中小型方向发展的情况，这种体系结构是比较适宜的。如果 FMS 系统的规模比较大，采用三级递阶控制结构对单元控制机来说负荷较大时，则可在第二、三级中间加入工作站级。图4-36为 FMS 四级递阶控制结构。

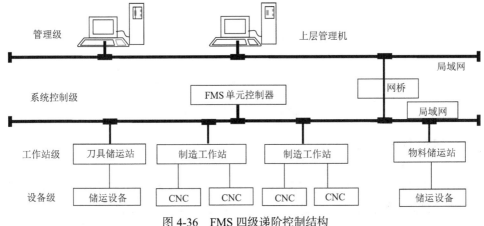

图 4-36　FMS 四级递阶控制结构

FMS 四级递阶控制结构（图4-36）中，各控制器的功能如下。

1）车间控制器（管理级）的功能

车间控制器通过计算机网络与分布式数据库系统，依据厂级控制系统传达的月生产计划和物料资源计划，完成车间生产计划的制订与协调、资源分配、生产计划执行情况的跟踪与反馈，并对刀具管理站进行计划、管理和控制。

2）单元控制器（系统控制级）的功能

单元控制器全面管理、协调和控制单元内的制造活动。同时它还是承上启下、沟通与车间控制器信息联系的桥梁。

单元控制器的主要功能是实现给定生产任务的优化分批，实施单元内工作站和设备资源的合理分配和利用，控制并调度单元内所有资源的活动，按规定的生产控制和管理目标高效益地完成给定的全部生产任务。

3）工作站控制器（工作站级）的功能

这一级控制系统负责指挥和协调车间中一个设备小组的活动。例如，一个典型的加工工作站可由1台机器人、1台机床、1个物料储运器和1台控制计算机组成。加工工作站负责处理由物料储运系统交来的零件托盘。工作站控制器通过工件调整、零件夹紧、切削加工、切屑清除、加工过程中检验、卸下工件及清洗工件等对设备级各子系统调度。

4）设备控制器（设备级）的功能

设备控制器是各种设备机器人、机床、坐标测量机、小车、传送装置及储存／检索系统等的控制器。这一级控制系统向上与工作站控制系统用接口连接，向下与设备连接。设备控制器的功能是把工作站控制命令转换成可操作的、有次序的简单任务，并通过各种传感器监控这些任务的执行。

3. FMS 控制系统组成及其工作原理

1）FMS 控制系统的组成

FMS 控制系统通常由硬件和软件两方面组成，其组成如图4-37所示。

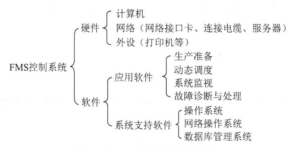

图 4-37　FMS 控制系统组成

2）FMS 控制系统的工作原理

A. 生产准备

任何一个 FMS 系统自动运行前必须完成生产准备工作。生产准备工作可以在每天下班前或上班后系统自动运行前进行。生产准备的主要有以下内容。

（1）获取生产作业计划、工艺计划与 NC 程序。在系统自动运行前，需要从车间控制器或系统决策支持机中获取当天系统加工所需的 FMS 作业计划，有的系统中获取的是双日班计划。在获取作业计划的同时下载相应的刀具需求计划和 MRP。检查完成该给作业计划中零件加工所需的工艺计划和 NC 程序是否齐备，如不全则从 CAD/CAM 系统或上位机中获取。

（2）刀具准备。由于刀具准备需要一定的时间，为了保证 FMS 有较高的生产率，加工设备高的利用率，一般情况下当天系统加工所需的刀具在系统运行前都已事先进入系统。除非加工中出现刀具破损或刀具寿命到的情况，才临时从系统外进刀。因此，在 FMS 开工前，应当依据刀具需求清单，事先将所需的刀具进行装配、对刀并通过生产准备系统将刀具送入 FMS 的中央刀库，相应的刀具参数存入 FMS 单元控制机的数据库系统中和刀具管理控制机上。对不设中央刀库的 FMS 应将刀具送入相应的制造工作站的机附刀库中。

（3）工装与工件毛坯准备。工装准备是指准备 FMS 系统完成当日作业计划所需的夹具并安装到随行托盘上，调整完毕。对于使用较为复杂的柔性夹具，准备的周期应适当加长。因为夹具的安装和调整时间，与使用夹具的复杂程度和操作人员的技术水平相关。毛坯准备是指将需在 FMS 中加工的零件毛坯送到现场或存放在物料库中。

（4）系统配置与数据核对。因为一个 FMS 可能包括多台加工设备，有时系统运行时，依据作业的需要或某种特殊的情况（设备临时维修等），某台设备决定临时离线。可通过生产准备系统进行系统设置。系统数据核对也是 FMS 运行前一项重要的工作，因为系统中每一个数据将直接影响系统的运行，可能会因一个微小的数据错误造成系统严重的故障，通常采用的办法是将存放在不同位置的数据进行校验，如将存放在单元控制器数据库中数据与制造工作站的数据校验，一旦发现差异需人工进行校核，并通过生产准备系统中的数据管理系统进行纠正。

生产准备除了完成上述四个主要内容外，一般还具有一些对系统中的每个设备或子系统进行单步控制的功能，通过单步控制功能对系统进行操作，可以使得单元控制器上的数据和制造工作站或底层设备上的数据保持一致。如果通过底层设备控制器对所控制的设备进行单步操作，这样往往会造成上下数据的不一致，给系统维护造成一定的麻烦。

B. 动态调度

动态调度就是协调各子系统之间的合作关系；实现工件流、刀具流和信息流自动化传输；使 FMS 能高度自动化地加工。动态调度系统是 FMS 控制系统的核心内容，它将 FMS 生产作业计划调度与控制问题在时间与空间上进行分解。

FMS 的运行过程中系统中设备状态的变化是十分复杂的，面对这种复杂和快速的实时状态变化，动态调度系统必须做出实时的反应，使 FMS 整个系统保持正常、优化运行。因此，FMS 实时动态调度是一项十分复杂的任务。每发出一个实时动态调度命令，首先需要采集系统内所有设备的实时状态数据，并对这些数据进行分析；在数据分析的基础上结合调度优化策略，进行系统运行优化决策，最后生成实时动态调度命令。

因此，要开发这样复杂的控制系统必须要有一套严格、有效的工具和方法来保证系统开发的成功，通常称这种辅助开发工具为系统建模工具。对离散控制系统常用的系统建模工具有：排队论、Petri 网理论、活动循环图法（activity cycle diagram，ACD）等。

在 FMS 调度中存在许多决策点，如工件的投入、工件选择设备、设备选择工件、传送设备选择、成品退出系统等，这些决策点需要动态调度系统依据一定的原则做出正确的决策，确保系统运行优化。在 FMS 控制运行中有以下一些决策点，它们可采用不同的决策规则。

这里以工件投入决策点为例，说明如何确定规则的选用。通常对 FMS 系统而言，系统执行作业计划时，可以有多个零件同时加入系统加工，究竟哪个零件先进系统加工需要由一定的决策规则来定，通常零件投入规则有：每种零件的批量比例关系；零件的优先级（按交货日期确定）；当前装卸站的夹具优先；等等。

C. 系统监视

监视系统是监视整个 FMS 系统的运行工况，使操作者随时能了解整个 FMS 系统的运行状态，并能统计出以下系统数据：①设备利用率和准备时间；②发生故障的平均间隔时间、故障时间；③零件投入时间；④每个零件的循环时间；⑤操作者开关系统时间；⑥零件加工时间；⑦缓冲区利用率；⑧设备状态信息等。

上述统计数据也按班、日、周、月和年收集起来作为累积资料，供以后分析参考使用。这些数据也可按照系统管理人员的需要，按一定的时间间隔存储到数据库中或打印保存。

D. 故障诊断与处理

故障诊断系统就是诊断出 FMS 各子系统的故障类型，做出对故障处理的决策，把故障信息提示给系统操作人员等。

4.2.5 FMS 的监控系统

1. FMS 的监控原理

切削过程监控指的是在加工状态下对刀具、工件、机床的工况和切削过程状态动态变化的信息进行自动检测、处理、识别判断及状态反馈的过程。此处，实时指的是响应时间短的在线检测、处理、识别决策和状态的反馈控制作用时间。

2. 监控系统的组成

切削过程实时监控与控制系统由检测监视系统和机床数控系统互联（信息、数据通信）组成实时闭环控制系统（图4-38）。

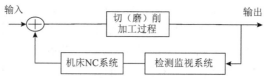

图 4-38 切削过程实时监控系统组成框图

一般的加工过程监控系统主要由信号检测、特征提取、状态识别、决策和控制四个部分组成。

3. 监控的内容及其主要方法

1）刀具状态监视

刀具状态监视方法分为直接和间接方法，目前采用的主要方法是间接方法。间接方法一般是通过检测切削力参数或由其导致的其他物理量（如扭矩、功率、电流等）来检测刀具状态。刀具状态监视方法包括：切削力监控方法、电机电流／功率检测方法、声发射监控方法、振动监控方法。

2）工件的过程监视

加工过程工件的监视项目有：工序监视（是否为所要求的加工）、工件监视（是否是规定的加工件）、工件安装位置监视（是否进入正确安装的位置）、尺寸与形状误差监视、表面粗糙度监视等。工序监视、工件监视和工件安装位置监视多采用机器视觉或光视方法。

3）机床状态监视

（1）驱动系统的监视。采用高分辨率的检测传感方法与装置监视机床运动位移，并以位移误差作为反馈控制信号经伺服驱动系统进行反馈补偿，减少或消除位移误差。

（2）机床状态监视。包括主轴或进给电机的电流、电压、功率、转速、振动、温度等参数的监控。

4.2.6　FMS 的发展

1. FMS 的历史

柔性制造出现的基础是：计算机硬软件技术的空前成就、成组技术的应用、数控技术与系统的实用化，特别是 CNC 机床的广泛应用、物料传输与装卸自动化技术的发展及它们的集成组合。从生产应用观点看，迄今为止，FMS 仍然是主要的生产自动化制造系统。

对于大批量、少品种的情况，一般采用自动流水线，是一种刚性自动线。刚性自动线成本高，加工品种少，只能加工一个零件或者几个类似的零件。优点是生产率很高。对于小批量、多品种的情况，一般可采用单台 CNC 机床。优点是可编程制造。缺点是：机床利用率低；中间缓冲库存大，刀具利用率低；车间空间利用率低。FMS 可用于中、小批量的生产。FMS 的适用范围如图4-39所示。

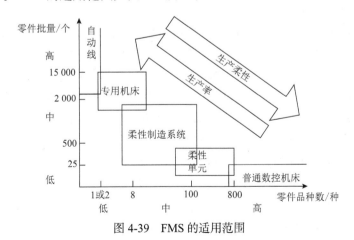

图 4-39　FMS 的适用范围

1967年，英国莫林斯公司首次根据威廉森提出的 FMS 基本概念，研制了"系统24"。

其主要设备是六台模块化结构的多工序数控机床，目标是在无人看管条件下，实现昼夜24小时连续加工，但最终由于经济和技术上的困难而未全部建成。

同年，美国的怀特·森斯特兰公司建成 Omniline I 系统，它由八台加工中心和两台多轴钻床组成，工件被装在托盘上的夹具中，按固定顺序以一定节拍在各机床间传送和进行加工。这种柔性自动化设备适于少品种、大批量生产中使用，在形式上与传统的自动生产线相似，所以也叫柔性自动线。日本、苏联、德国等也都在20世纪60年代末至70年代初，先后开展了 FMS 的研制工作。

1976年，日本发那科公司展出了由加工中心和工业机器人组成的 FMC，为发展 FMS 提供了重要的设备形式。FMC 一般由1~2台数控机床与物料传送装置组成，有独立的工件储存站和单元控制系统，能在机床上自动装卸工件，甚至自动检测工件，可实现有限工序的连续生产，适于多品种、小批量生产应用。

20世纪70年代末期，FMS 在技术上和数量上都有较大发展，80年代初期已进入实用阶段，其中以由3~5台设备组成的 FMS 为最多，但也有规模更庞大的系统投入使用。

1982年，日本发那科公司建成自动化电机加工车间，由60个 FMC（包括50个工业机器人）和一个立体仓库组成，另有两台自动引导台车传送毛坯和工件，此外还有一个无人化电机装配车间，它们都能连续24小时运转。

1991年全世界对 FMS 的投资达140亿美元，其中欧洲占50%。已投入运行的 FMS 主要分布在日本、美国、德国、俄罗斯、英国等工业发达国家。美国不仅是最早把 FMS 用于生产的国家，而且现在在 FMS 硬件，尤其是软件方面是世界上水平最高的国家；日本拥有的 FMS 数目最多，但其小规模 FMC 所占的比例也比较大；德国的 FMS 加工零件品种数可达50~250种，是世界上柔性最强的系统。FMS 使汽车的换代周期由15年缩短至不到5年，节省了50%以上的劳动力，设备利用率提高50%~100%，生产场地和在制品减少50%以上，且可以降低成本60%。

2. FMS 的发展

1）新技术在 FMS 中的应用

（1）模糊控制技术。模糊数学的实际应用是模糊控制器。最近开发出的高性能模糊控制器具有自学习功能，可在控制过程中不断获取新的信息并自动地对控制量进行调整，使系统性能大为改善，其中以基于 ANN 的自学方法引起人们极大的关注。

（2）人工智能、专家系统及智能传感技术。迄今，FMS 中所采用的人工智能大多指基于规则的专家系统。专家系统利用专家知识和推理规则进行推理，求解各类问题（如解释、预测、诊断、查找故障、设计、计划、监视、修复、命令及控制等）。由于专家系统能简便地将各种事实及经验证过的理论与通过经验获得的知识相结合，因而专家系统为 FMS 的诸方面工作增强了柔性。

展望未来，以知识密集为特征、以知识处理为手段的人工智能（包括专家系统）技术必将在 FMS（尤其智能型）中起着关键性的作用。人工智能在未来 FMS 中将发挥日趋重要的作用。目前用于 FMS 中的各种技术，预计最有发展前途的仍是人工智能。

智能制造技术旨在将人工智能融入制造过程的各个环节，借助模拟专家的智能活动，取代或延伸制造环境中人的部分脑力劳动。在制造过程，系统能自动监测其运行状态，在受到外界或内部激励时能自动调节其参数，以达到最佳工作状态，具备自组织能力。

对智能化 FMS 具有重要意义的一个正在急速发展的领域是智能传感器技术。该项技术是伴随计算机应用技术和人工智能而产生的，它使传感器具有内在的"决策"功能。

（3）ANN 技术。ANN 是模拟智能生物的神经网络对信息进行并行处理的一种方法。故 ANN 也就是一种人工智能工具。在自动控制领域，神经网络不久将并列于专家系统和模糊控制系统，成为现代自动化系统中的一个组成部分。

2）FMS 系统的发展

（1）FMC 将成为热门的发展技术。这是因为 FMC 的投资比 FMS 少得多而经济效益相接近，更适用于财力有限的中小型企业。目前国外众多厂家将 FMC 列为发展重中之重。

（2）发展效率更高的 FML。多品种、大批量的生产企业如汽车及拖拉机等工厂对 FML 的需求引起了 FMS 制造厂的极大关注。采用价格低廉的专用数控机床替代通用的加工中心将是 FML 的发展趋势。

（3）朝多功能方向发展。由单纯加工型 FMS 进一步开发以焊接、装配、检验及钣材加工乃至铸、锻等制造工序兼具的多种功能 FMS。FMS 是实现未来工厂的新颖概念模式和新的发展趋势，是决定制造企业未来发展前途的具有战略意义的举措。

日本从1991年开始实施的"智能制造系统"国际性开发项目，属于第二代 FMS，智能化机械与人之间将相互融合、柔性地全面协调从接受订货单至生产、销售这一企业生产经营的全部活动。

近年来，FMS 作为一种现代化工业生产的科学"哲理"和工厂自动化的先进模式已为国际上所公认，可以这样认为：FMS 是自动化技术、信息技术及制造技术的基础，将以往企业中相互独立的工程设计、生产制造及经营管理等过程，在计算机及其软件的支撑下，构成一个覆盖整个企业的完整而有机的系统，以实现全局动态最优化，总体高效益、高柔性，并进而赢得竞争全胜的智能制造系统。

思考与练习题

1. 何谓数控机床？数控机床由哪几部分组成？

2. 什么是开环控制、闭环控制、半闭环控制？

3. 什么是点位控制、直线控制和轮廓控制？它们的主要特点与区别是什么？

4. 何谓数控编程？其编程的目的是什么？主要的编程有哪些？

5. CNC 由哪几部分组成？

6. CNC 的软件结构由几部分组成？叙述其工作过程。

7. 简述 CNC 的插补原理。

8. 简述逐点比较法步骤。设加工第一象限直线，起点为坐标原点 $O(0,0)$，终点 $A(6,4)$，用逐点比较法对其进行插补，并画出插补轨迹。

9. 何谓刀具半径补偿？简述直线与圆弧补偿计算原理。

10. 何谓 FMS？FMS 由哪几部分组成？

11. FMS 的分类有几种？各自的特点是什么？

12. 叙述 FMC 的概念及其功能。

13. FMS 的物流系统布置方案有几种？各种方案的特点是什么？

14. FMS 物料传输设备可采用哪些？它们各自的特点是什么？

15. FMS 控制系统的组成和主要功能是什么？

➢拓展学习材料

4-1 FMS 技术及其发展趋势　　4-2 飞行器数字化制造技术　　4-3 制造业信息化与数控设备

第5章

工业机器人及装配自动化

■5.1 工业机器人

5.1.1 工业机器人概述

1. 机器人的基本概念

工业机器人是一种可重复编程和多功能的操作手，用以搬运物料、零件和工具或是一种可完成各种任务的可变与编程的专用系统。机器人技术是综合了计算机、控制论、机构学、信息和传感技术、人工智能、仿生学等多学科而形成的高新技术，是当代研究十分活跃、应用日益广泛的领域。机器人应用情况，是一个国家工业自动化水平的重要标志。

美国机器人工业协会（Robotic Industries Association，RIA）把工业机器人定义为："是一种可编程的、多功能操作手，用以搬运物料、零件和工具，或通过可变的程序编制可完成多种任务的专用装备。"联合国标准化组织基本上采纳 RIA 的定义，把工业机器人定义为："是一种可重复编程和多功能的操作手，用以搬运物料、零件和工具，或是一种可完成各种任务的可变与编程的专用系统。"根据上述定义，工业机器人可归入可编程自动化系统中。

工业机器人与机械手是不同的概念。许多机械手是模拟人手和臂动作的机电系统，根据机电耦合原理，按主从原则进行工作。因此，它只是人手和臂的延长物，是没有自主能力、附属于主机设备、动作简单、操作程序固定的重复操作及定位点不变的操作装置。工业机器人则是有独立机械机构和控制系统，能自主地、运动复杂、工作自由度多、操作程序可变、可任意定位的自动化操作机（系统）。各国对工业机器人的定义在"可编程"、"计算机控制"和"机械装置"三方面的共同点如下。

（1）工业机器人是一种机械装置，是可以搬运物料、零件、工具或完成多种操作功能的专用机械装置。

（2）它由计算机进行控制，是无人参与的自主自动化控制系统。

（3）它是可编程、具有柔性的自动化系统，可以允许进行人机联系。

机器人并不是在简单意义上代替人工的劳动，而是综合了人的特长和机器特长的一种拟人的电子机械装置，既有人对环境状态的快速反应和分析判断能力，又有机器可长时间持续工作、精确度高、抗恶劣环境的能力，从某种意义上说它也是机器的进化过程产物，它是工业及非产业界的重要生产和服务性设备，也是先进制造技术领域不可缺少的自动化设备。

工业机器人作为一门学科是力学、控制、计算机科学和电子工程等领域相互交叉和渗透的结果。机械工程是研究运动学、动力学、静力和变形的基础；为了描述机器人和操作臂的空间运动，必须采用相应的数学工具；控制理论是设计控制系统，提供有效算法，实现预期运动和力操作的手段；电气和电子工程用来解决传感器的设计，建立机器人与环境的相互联系；计算机科学不仅是机器人实现可编程功能的基础，也是机器人智能化的中心环节。

2. 机器人的基本结构

工业机器人由操作机（机械本体）、控制器、伺服驱动系统和检测传感装置构成，是一种仿人操作、自动控制、可重复编程、能在三维空间完成各种作业的机电一体化自动化生产设备，特别适合于多品种、变批量的柔性生产。它对稳定、提高产品质量，提高生产效率、改善劳动条件和产品的快速更新换代起着十分重要的作用。

一个机器人系统，一般由下列四个互相作用的部分组成：机械手、环境、任务和控制器，如图5-1（a）所示，图5-1（b）为其简化形式。

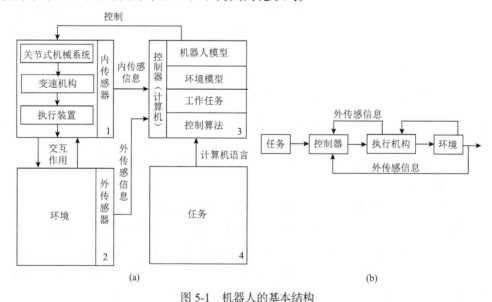

图 5-1　机器人的基本结构

1）机械手

机械手是具有传动执行装置的机械，它由臂、关节和末端执行装置（工具等）构成，组合为一个互相连接和互相依赖的运动机构。机械手用于执行指定的作业任务。不同的机械手具有不同的结构类型。图5-2给出机械手的几何结构简图。

在一些文献中，称机械手为操作机、机械臂或操作手。大多数机械手是具有几个自由度的关节式机械结构，一般具有六个自由度。其中，头三个自由度引导夹手装置至所需位置，而后三个自由度用来决定末端执行装置的方向，见图5-2。其中，R_0表示基旋转坐标系，C为腕部，D为夹手。

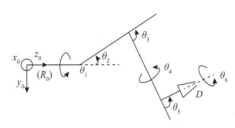

图 5-2　机械手的几何结构简图

2）环境

环境即指机器人所处的周围环境。环境不仅由几何条件（可达空间）所决定，而且由环境和它所包含的每个事物的全部自然特性所决定。机器人的固有特性，由这些自然特性及其环境间的互相作用所决定。

在环境中，机器人会遇到一些障碍物和其他物体，它必须避免与这些障碍物发生碰撞，并对这些物体发生作用。

机器人系统中的一些传感器是设置在环境中某处，而不在机械手上面。这些传感器是环境的组成部分，称为外传感器。

环境信息一般是确定的和已知的，但在许多情况下，环境具有未知的和不确定的性质。

3）任务

我们把任务定义为环境的两种状态（初始状态和目标状态）间的差别。必须用适当的程序设计语言来描述这些任务，并把它们存入机器人系统的控制计算机中去。这种描述必须能为计算机所理解。随着所用系统的不同，语言描述方式可为图形的、口语的（语音的）或书面文字的。

4）控制器

计算机是机器人的控制器或脑子。机器人接收来自传感器的信号，对之进行数据处理，并按照预存信息、机器人的状态及其环境情况等，产生出控制信号去驱动机器人的各个关节。

对于技术比较简单的机器人，计算机只含有固定程序；对于技术比较先进的机器人，可采用程序完全可编的小型计算机、微型计算机或微处理机作为其电脑。

3. 机器人的自由度

自由度是机器人的一个重要技术指标，它是由机器人的结构决定的，并直接影响到机器人的机动性。

1）刚体的自由度

物体上任何一点都与坐标轴的正交集合有关。物体能够对坐标系进行独立运动的数目称为自由度。物体所能进行的运动（图5-3）有：沿着坐标轴 ox、oy 和 oz 的三个平移运动和 T_1、T_2 和 T_3；绕着坐标轴 ox、oy 和 oz 的三个旋转运动 R_1、R_2 和 R_3。

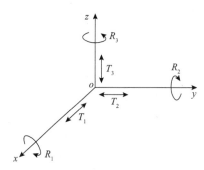

图 5-3　刚体的六个自由度

这意味着物体能够运用三个平移和三个旋转，相对于坐标系进行定向和运动。

一个简单物体有六个自由度。当两个物体间确立起某种关系时，每一物体就对另一物体失去一些自由度。这种关系也可以用两物体间由于建立连接关系而不能进行的移动或转动来表示。

2）自由度

人们期望机器人能够以准确的方位把它的端部执行装置或与它连接的工具移动到给定点。如果机器人的用途预先是不知道的，那么它应当具有六个自由度；不过，如果工具本身具有某种特别结构，那么就可能不需要六个自由度。例如，要把一个球放到空间某个给定位置，有三个自由度就足够了，见图5-4（a）。又如，要对某个旋转钻头进行定位与定向，就需要五个自由度；这个钻头可表示为某个绕着它的主轴旋转的圆柱体，见图5-4（b）。

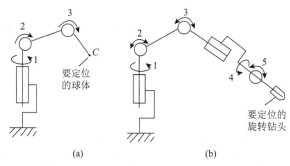

图 5-4　机器人自由度举例

机器人机械手的手臂一般具有三个自由度，其他的自由度数为末端执行装置所具有。

当要求某一机器人钻孔时，其钻头必须转动。不过，这一转动总是由外部的马达带动的。因此，不把它看成机器人的一个自由度。这同样适用于机器人的机械手。机械手的夹手应能开闭。不过，也不能把夹手的这个开闭所用的自由度当成机器人的自由度之一，因为这个自由度只对夹手的操作起作用。

4. 机器人的分类

机器人的分类问题相当复杂，目前尚未找到一种分类法能概括各类机器人，但主要的分类依据是功能和特征。

1）按机器人的研究开发分类

（1）工业机器人。它是用于代替人的重复操作的自动化机械装备。它可以接受人类指挥，也可以按照预先编排的程序运行，现代的工业机器人还可以根据人工智能技术制定的原则纲领行动。

（2）人工智能机器人。它是侧重于对学习功能和生物其他有利习性仿生的一类正在研究开发中的机器人。其主要特征是有一定的人工智能。

2）按自动化功能层次分类

这种分类法由日本工业标准提供。根据机器人的控制系统自动化功能级，分为以下8类。

（1）操作机器人（operating robot）。通过人的直接操作，能控制完成部分或全部作业的机器人。这种低层次机器人，从前述定义看不属于机器人的定义范畴，实际上是俗称的机械手。

（2）顺序控制机器人（sequence control robot）。它能按预定的顺序、定位和条件信息完成规定作业。

（3）示教再现机器人（playback robot）。它在由人示教操作后，能按示教的顺序、位置、条件与其他信息反复重现示教作业。

（4）数控机器人（numerically controlled robot）。它能按输入的顺序、条件、位置等程序信息重复再现程序指令规定的作业。

（5）传感控制机器人（sensory controlled robot）。它是利用传感器的反馈信息进行控制的机器人。

（6）智能机器人（intelligent robot）。这是一种依赖于识别、学习、推理和适应环境等智能，决定其行动或作业的机器人。

（7）自适应控制机器人（adaptive controlled robot）。这是能自动适应外界环境和系统参数等变化，有自适应控制功能的机器人。

（8）学习控制机器人（learning controlled robot）。这是能根据工作作业经验，可进行推理，有自学功能的机器人。

3）按技术级别分类

（1）第一代机器人，示教再现机器人。工业中应用的喷漆、搬运、点焊机器人大多数属于第一代机器人，具有示教再现的功能或具有可编程的 NC 装置，带有位置、速度、力等内部信息的内部传感器和基于这些传感器的控制系统和伺服机构。

（2）第二代机器人，拥有外部传感器，对工作对象、外界环境具有一定的感知能力。第二代机器人带有一定的能对环境感知的装置，具有感觉功能，包括光觉、视觉、力觉、触觉、声觉、语音识别等功能，通过反馈控制，机器人能在一定程度上适应变化的环境。

第二代机器人不仅具有内部传感器，还可利用外部传感器搜索外部环境和对象的有关信息，利用这些信息来改变行动，进行规划，适应外界的变化和干扰。第二代机器人的中心技术是传感器技术和微处理器技术。

（3）第三代机器人拥有多种高级传感器，对工作对象、外界环境具有高度适应性和自治能力，可以进行复杂的逻辑思维和决策，是一种高度智能化机器人。智能机器人本身能够认识工作环境、工作对象及其状态，它根据人给予的指令和自身认识外界的结果，独立地决定工作方式，由操作机构和移动机构实现任务目标，并能适应工作环境的变化。

这类机器人带有多种传感器，使机器人知道自身的状态，如在什么位置、自身的系统是否有故障等。而且可以通过装在机器人身上或者在工作环境中的传感器感知外部的状态，如发现道路与危险地段，测出与协作机器的相对位置与距离、相互作用的力等。机器人能够根据得到的信息，进行逻辑推理、判断决策，在变化的内部状态与变化的外部环境中，自主决定自身的行为。这类机器人具有高度的适应性和自治能力。

4）按运动自由度分类

（1）无冗余自由度。运动自由度≤6。为了使机器人在工作空间内达到任意位置并实现任意姿态，机器人至少需要6个自由度，以便实现位置和姿态的控制。

（2）有冗余自由度。运动自由度≥7。机器人的工作环境复杂，在工作时需要回避障碍，需要具有7个或7个以上的自由度，这种机器人称为冗余机器人。

冗余度对于提高机器人的灵巧性、改善动态品质、避开奇异状态和躲避障碍物都十分有利。冗余机器人可以增加灵活性，躲避障碍物和改善动力学性能。

5）按坐标系分类

（1）笛卡儿坐标型（直角坐标型）（cartesian coordinate）。直角坐标型机器人由三个独立平移自由度组成。这种类型的机器人结构刚度高，控制算法简单，应用于弧焊和装配等场合，但工作空间小，操作灵活性差，不适合运动速度过高的场合。

（2）极坐标型。极坐标型机器人是由回转、旋转和平移自由度组合构成。

（3）圆柱坐标型（cylindrical coordinate）。圆柱坐标型机器人是由一个回转和两个平移自由度组合构成。这种机器人适用于用回转动作进行物料的转载，如搬运机器人。

（4）多关节型（articulated）。多关节型机器人是用以按固定程序抓取、搬运物件或操作工具的自动操作装置。它能模仿人手和臂的某些动作功能，常由回转和旋转自由度构成，有多种形态和驱动方式。

（5）SCARA（selective compliance assembly robot arm）型。SCARA型自由度不大于4个（除抓手外），因而不能取得抓手的任意形态。特点是：在对应于水平面内轴的方向上，它的转动有更大柔性，特别适用于把针脚等零件插入孔穴的场合，在完成精密装配操作任务中能充分发挥其效用。

6）按负载能力分类

（1）超轻型。持重<1N。

（2）轻型。持重1～100N，动作范围0.1～1m³。

（3）中型。持重100～1000N，动作范围1～10m³。

（4）重型。持重1000～10 000N，动作范围>10m³。

（5）超重型。持重10 000N以上。

7）按控制原理分类

（1）有限顺序控制。按照预先编好的程序进行工作，使用终端限位开关、制动器、插销板和定序器来控制机器人。

（2）伺服控制。伺服系统的被控制量包括机器人末端执行装置（或工件）的位置、速度、加速度和力等。通过反馈传感器取得的反馈信号与要求的信息比较，驱动装置驱动机器人运动，到达规定的位置或速度等。

（3）传感器控制。包括以下两类。

触觉控制：机器人的触觉可以判别物体的有无，也可以判别物体的形状。前者可以控制动作的启、停；后者可以用于选择零件、改变行进路线等。

视觉控制：机器人常用视觉系统判别物体形状和物体之间的关系，也可以用来测量距离、选择运动路径等。

（4）力控制。弧焊、喷漆等机器人作业时，机器人把持着工具沿规定的轨迹运动，机器人与被控对象无接触，这是纯运动控制情况。但另一类机器人作业，如装配、抛光等，对末端招待器不但要施加运动命令，而且要保持一定的接触力，这是力控制。力控制是在位置控制基础上的进一步控制内容。实现力控制，要有力传感器。

（5）变结构控制。变结构控制是对具有不定性动力学系统进行控制的一种重要方法。变结构系统是一种非连续反馈控制系统。其主要特点是它在一种开关曲面上建立滑动模型，称为"滑模"。滑模变结构系统对系统参数及外界干扰不敏感，因而能忽略机器人关节间的相互作用。变结构控制器的设计不需要动力学模型，只需要参数的范围，所以变结构控制适合机器人的运动控制。

（6）自适应控制。当操作机器人的工作环境及工作目标的性质和特征在工作过程中随时间发生变化时，控制系统的特性具有未知和不确定性质。这就要求控制系统能在运行过程中不地测量受控对象的特性，并根据测得的系统当前特性信息，使系统自动地按闭环方式实施最优控制。

很多情况下，机器人手臂的物理参数是变化的。例如，夹持不同的物体或处于不同的姿态下，质量和惯性矩都在变化，因此运动方程式中的参数也在变化。工作过程中，还存在着未知的干扰。实时地辨识系统参数并调整增益矩阵，才能保证跟踪目标的准确性。

自适应控制系统具有感觉装置，能够在不完全确定的和局部变化的环境中，保持与环境的自动适应，并以各种导引方式，执行不同的循环操作。自适应可以消除伺服误差，能在很大的运动范围内和很大的负载变动情况下精确地跟踪期望的轨迹，改善操作臂的动态性能。

（7）智能控制。机器人系统的控制方法是多种多样的。不仅传统的控制技术（如开环控制、PID 反馈控制）和现代控制技术（柔顺控制、变结构控制、自适应控制）均在机器人系统中得到不同程度的应用，而且智能控制（如递阶控制、模糊控制、神经控制）也得到应用。

定义：智能控制是驱动智能机器自主地实现其目标的过程。或者说，智能控制是一类无需人的干预就能够独立地驱动智能机器实现其目标的自动控制。

能够在各种环境中执行各种拟人任务的机器叫智能机器。

智能控制系统的分类：递阶控制系统、专家控制系统、模糊控制系统、学习控制系统、神经控制系统、进化控制系统。

8）按运动控制特征分类

（1）点位控制。机器人受控运动方式为自一个点位目标移向另一个点位目标，只在目标点上完成操作，如点焊，要求在目标点上有足够定位精度。点位控制中重要的是示教点处位置和姿态，点与点之间的路径不重要。

（2）连续控制。机器人各关节同时作受控运动，使机器人终端按预期的轨迹和速度运动，为此各关节控制系统需要获取驱动机的角位移和角速度信号。连续控制主要用于弧焊、喷漆、检测机器人等。

9）按传动类型分类

（1）气动。由空压机、气缸、气阀等组成驱动系统。使用压力通常在0.4～0.6Mpa，最高可达1Mpa。

特点是：气源方便，一般工厂都由压缩空气站供应压缩空气；动作迅速、结构简单、成本低、维修方便。缺点：难以进行速度控制，定位精度低；工作压力低，装置体积大，抓举能力低；适用于易燃、易爆和灰尘大的工作场合。

（2）液压传动。液压驱动由液压机驱动，通常它具有很大的抓举能力，其特点是结构紧凑、动作平稳、耐冲击、耐振动、防爆性好，但液压元件要求有较高的制造精度和密封性能，否则漏油将污染环境。

适用于要求输出力较大，运动速度较低的场合。

（3）电气传动。电动式是目前机器人使用最多一种驱动方式。一般采用步进电机、直流伺服电机和交流伺服电机。

特点是电源方便、成本低、响应快；驱动效率高、驱动力较大、不污染环境。信号检测、传递、处理方便，并可以采用多种灵活的控制方案。

（4）复合传动。液－气或电－液混合驱动。

10）按机器人的用途分类

（1）工业机器人：应用在工农业生产中，主要应用在制造业部门，进行焊接、喷漆、装配、搬运、检验、农产品加工等作业。

在中国，50%的工业机器人应用于汽车制造业，其中50%以上为焊接机器人（图5-5）；在发达国家，汽车工业机器人占机器人总保有量的53%以上。据统计，世界各大汽车制造厂，年产每万辆汽车所拥有的机器人数量为10台以上。

图5-5　汽车焊接机器人

（2）探索机器人：空间机器人[图5-6（a）]、水下机器人[图5-6（b）]用于进行太空和海洋探索，也可用于地面和地下探险和探索。

(a) 火星 2020 探测车机器人模拟图　　　　　(b) 智能水下机器人

图 5-6　探索机器人

（3）服务机器人：一种半自主或全自主工作的机器人，其所从事的服务工作可使人类生存得更好。服务机器人的应用范围很广，主要从事维护保养、修理、垃圾清理、运输、清洗、保安、救援、病人监护等工作，如割草机器人、医用机器人、清洁机器人等。

（4）军事机器人：用于军事目的，或进攻性的，或防御性的。军事机器人用于侦察[图5-7（a）]、搜索、布雷、扫雷、排爆、弹药装填及污染物处理等，多用途机器人[图5-7（b）]可用于扫雷、灭火、核生化污染清除等多项危险工作。军事机器人又分为空中军用机器人、海洋军用机器人和地面军用机器人，或称为空军机器人、海军机器人、陆军机器人。

(a) 侦察机器人　　　　　　　　　(b) 多用途机器人

图 5-7　军事机器人

5.1.2　机器人控制系统

1. 机器人控制的驱动系统

机器人关节由专门形式的执行装置驱动，其常用的驱动系统是电力、液压或气动驱动系统。最常见的驱动方式是每个关节用一个直流电机驱动。

2. 机器人控制类型

机器人的控制问题是与其运动学和动力学问题密切相关的。从控制观点看，机器人系统代表冗余的、多变量和非线性的控制系统，同时又是复杂的耦合动态系统。每个控制任务本身就是一个动力学任务。在实际研究中，往往把机器人控制系统简化为若干个低阶子系统来描述。

机器人控制器有多种结构形式，包括非伺服控制、伺服控制、位置和速度反馈控制、力（力矩）控制、基于传感器的控制、非线性控制、分解加速度控制、滑模控制、最优控制、自适应控制、递阶控制及各种智能控制等。

机器人的控制器可分为以下几类。

1）有限顺序控制

有限顺序机器人按照预先编好的程序顺序进行工作，使用终端限位开关、制动器、插销板和定序器来控制机器人机械手的运动，其工作原理如图5-8所示。图5-8中，插销板用来预先规定机器人的工作顺序，而且往往是可调的。定序器是一种定序开关或步进装置，它能够按照预定的正确顺序接通驱动装置的能源。驱动装置接通能源后，就带动机器人的手臂、腕部和手爪等装置运动。当它们移动到由终端限位开关所规定的位置时，限位开关切换工作状态，给定序器送去一个"工作任务已完成"的信号，并使终端制动器切断驱动能源，使机械手停止运动。

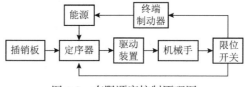

图 5-8　有限顺序控制原理图

2）伺服控制

伺服系统的被控制量（输出）可为机器人末端执行装置（或工具）的位置、速度、加速度和力等。这是一个反馈控制系统，其工作原理如图5-9所示。通过反馈传感器取得的反馈信号与来自给定装置（如给定电位器）的综合信号，用比较器加以比较后，得到误差信号，经过放大后用以激发机器人的驱动装置，进而带动末端执行装置以一定规律运动，到达规定的位置或速度等。这种机器人运行速度较快，负载能力也较小。适用于喷漆、弧焊、抛光和磨削等。

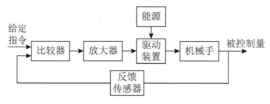

图 5-9　伺服控制原理图

3）智能控制

智能机器人的控制系统主要由两部分组成（图5-10），即以知识为基础的知识决策系统和信号识别与处理系统。前者涉及知识数据库与推理机，后者是各种信号的感测与处理器。这些信号可以是取自话筒的语音信号、来自压力传感器的触感信号、由电视摄像机拍下的景物图像，或环境中的其他信号，如光线、物体位置和运动速度等信息。

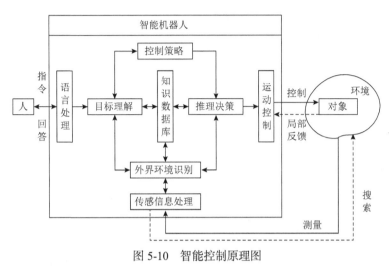

图 5-10　智能控制原理图

5.1.3　机器人编程

机器人编程指的是规定机器人的机械操作装置应该遵循的空间路径和与其作业循环相关活动的指令。可把程序指令写入机器人控制器的存储器，完成其程序编制。有三种编程的方法：示教再现编程、机器人语言编程、离线编程。

早期的机器人编程是人通过手把手地示教进行的，示教时把机器人各个关节的角度用多通道记录仪记录下来，然后根据所记录的信号让机器人再现与这些关节角度一样的运作，从而实现人们对机器人的编程。这个过程很像收音机在录制完声音后再重放这种声音的过程。这种方式叫作示教再现（teaching play-back）。后来，人们使用一种形式语言来描述机器人的运动，这种形式语言叫作机器人语言（robot language）。

机器人语言实际上是一个语言系统。机器人语言系统既包含语言本身——给出作业指示的运作指示，同时又包含处理系统——根据上述指示来控制机器人系统。机器人语言系统如图5-11所示，它能够支持机器人编程、控制，以及与外围设备、传感器和机器人接口；同时还能支持和计算机系统的通信。

机器人语言出现后，人们可以使用示教盒和机器人语言来对机器人进行编程。方法是：用示教盒将机器人移动到作业位置，然后用机器人语言记录这些位置信息、运动形式和作业内容，形成一个用机器人语言编写的机器人作业程序。执行这些程序，机器人就完成了预定的作业任务。通过机器人运动而对其进行示教的方法叫作在线编程（on-line programming）示教法。与此对应，不需要机器人运动而对其进行示教的方法叫作离线编程（off-line programming）。

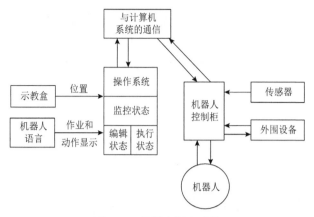

图 5-11　机器人语言系统

1. 示教再现编程

示教再现就是由人工控制法引导机器人完成用户希望机器人应完成的一套作业动作，经编辑后机器人自动再现示教过的全套作业动作。它分为三个步骤：①由人工控制引导机器人以比较慢的动作完成全部作业，并在合适的位置记录机器人的关节角；②由机器人控制器编程后，再现示教的全部作业动作；③若经检测，示教动作正确，作业动作完整，机器人以适当高的速度自动重复作业的全部动作。

示教再现编程有两种示教方法。

（1）机动引导法。通常在点位控制的示教再现机器人编程中使用。它用有双态（触发）开关或接触（触摸）按钮的示教盒控制机器关节的运动。

示教盒是手动式的按钮，由用户用来对机器人进行手动控制和示教。通过操纵各个关节按钮，来改变操作臂的形态。示教盒有四种示教方式：关节（joint）方式、自由（free）方式、基坐标（world）方式和工具（tool）坐标方式。在示教盒上 RECORD 按钮可以把操作臂当前位置和姿态存入存储器。速度按钮用以调节手动控制机器人手爪的运行速度。CLAMP 按钮控制手爪的开闭。字母数字显示器的功能是显示当前的工作状态和系统发出的出错信息。

（2）手动引导法。主要用于连续路径控制的示教再现机器人编程中。其连续路径不规则。

示教编程最简单，也是当前工业机器人广泛使用的一种编程方式，但是示教编程存在许多缺点和局限性，如占用机动时间、依赖于工人的技术水平、有些环境和工序示教困难。

2. 机器人语言编程

机器人编程语言是用户与机器人之间的接口，关键在于：编程人员怎样方便地描述空间的运动？多机器人如何编程使之能平行作业？基于传感器的作用如何用语言描述？

日本工业标准中指出，机器人语言是"一种程序语言，一种用于向机器人系统进行输入的形式语言，这种形式语言以人们容易理解的方式，使机器人能够完成人们所期望的作业或动作"。

1973年，Stanford 人工智能实验室研究了开发了 WAVE 语言，这是第一个机器人语言。WAVE 语言具有运作的描述，配合视觉传感器，可以进行手眼协调的控制。

1979年，美国 Unimation 公司开发了 VAL 语言，并配置在 PUMA 系列的机器人上，成为一个比较成功的机器人语言。VAL 语言类似于 BASIC 语言，语句结构比较简单，易于编程，为工业机器人所使用。1984年，该公司又推出了 VAL Ⅱ 语言，与 VAL 语言相比，VAL Ⅱ 语言增加了利用传感器信息进行运动控制、通信和数据处理等功能。

美国 IBM 公司在1975年，研制了 ML 语言，并用于机器人的装配作业。接着该公司又推出了 AUTOPASS 语言，这是一种比较高级的机器人语言，它可以对几何模型类任务进行半自动编程。后来 IBM 公司又推出了 AML 语言，AML 语言目前已作为商品化产品用于 IBM 机器人的控制。

20世纪80年代初，美国 Automatix 公司开发了 RAIL 语言，该语言可以利用传感器的信息进行零件作业的检测。同时，麦道公司研制了 MCL 语言，这是一种在数控自动编程语言——APT 语言的基础上发展起来的一种机器人语言。MCL 信特别适用于由数控机床、机器人等组成的柔性加工单元的编程。

机器人语言尽管有很多分类方法，但根据作业描述水平的高低，通常可分为三级——动作级、对象级、任务级。

1）动作级编程语言

动作级语言是以机器人的运动作为描述中心，通常由手爪从一个位置到另一个位置的一系列命令组成。动作级语言的每一个命令（指令）对应于一个动作。例如，可以定义机器人的运动序列，基本语句形式为：MOVE TO（destination）。

动作语言的代表是 VAL 语言，它的语句比较简单，易于编程。动作级语言的缺点是不能进行复杂的数学运算，不能接受复杂的传感器信息，仅能接受传感器的开关信号，并且和其他计算机的通信能力很差。

2）对象级编程语言

对象级编程语言解决了动作级语言的不足，它是描述操作物体间关系使机器人动作的语言，是以描述操作物体之间的关系为中心的语言，这类语言有 AML、AUTOPASS 等。

它具有以下特点：①运动控制，具有与运作级语言类似的功能；②处理传感器信息，可以接受比开关信号复杂的传感器信号，并可利用传感器信号进行控制、监督及修改和更新环境模型；③通信和数字运算，能方便地和计算机的数据文件进行通信，数字计算功能强，可以进行浮点计算；④具有很好的扩展性，用户可以根据实际需要，扩展语言的功能，如增加指令等。

3）任务级编程语言

任务级语言是比较高级的机器人语言，这类语言允许使用者对工作任务所要求达到的目标直接下命令，不需要规定机器人所做的每一个运作的细节。只要按某种原则给出最初的环境模型和最终工作状态，机器人可自动进行推理、计算，最后自动生成机器人的动作。

任务级语言的概念类似于人工智能中程序自动生成的概念。任务级机器人编程系统能够自动执行许多规划任务。例如，当发出"抓起螺杆"的命令时，该系统必须规划出一条避免与周围障碍物发生碰撞的机械手运动路径，自动选择一个好的螺杆抓取位置，并把螺杆抓起。与此相反,对于显式机器人编程语言,所有这些选择都需要由程序员进行,因此,在实际调整中,必须把指定的工作任务翻译为执行该任务的机器人程序。

3. 离线编程

1)离线编程概述

机器人离线编程系统是机器人编程语言的拓广,它利用计算机图形学的成果,建立起机器人及其工作环境的三维几何模型,然后对机器人所要完成的任务进行离线规划和编程,并对编程结果进行动态图形仿真。最后将满足要求的编程结果传到机器人控制柜,使机器人完成指定的作业任务。

示教编程和离线编程的比较如表5-1所示。

表 5-1 两种机器人编程的比较

示教编程	离线编程
需要实际机器人系统和工作环境	需要机器人系统和工作环境的图形模型
编程时机器人停止工作	编程不影响机器人工作
在实际系统上试验程序	通过仿真试验程序
编程的质量取决于编程者的经验	可用 CAD 方法,进行最佳轨迹规划
很难实现复杂的机器人运动轨迹	可实现复杂运动轨迹的编程

离线编程的优点:①可减少机器人非工作时间,当对下一个任务进行编程时,机器人仍可在生产线上工作;②可使编程者远离危险的工作环境;③使用范围广,可以对各种机器人进行编程;④便于和 CAD/CAM 系统结合,做到 CAD/CAM/机器人一体化;⑤可使用高级计算机编程语言对复杂任务进行编程;⑥便于修改机器人程序。

2)离线编程系统的组成

机器人离线编程系统的组成如图5-12所示。一般说来,机器人离线编程主要由用户接口(user interface)、机器人系统三维几何建模、运动学计算、轨迹规划、动力学仿真、并行操作、传感器仿真、通信接口和误差校正等九个部分组成。

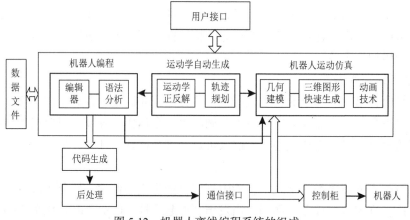

图 5-12 机器人离线编程系统的组成

（1）用户接口。离线编程系统的一个关键问题是能否方便地形成机器人编程系统的环境，便于人机交互。工业机器人一般提供两个用户接口：一个用于示教编程；另一个用于语言编程。示教编程可以用示教盒直接编制机器人程序。语言编程则是用机器人语言编制程序，使机器人完成给定的任务。目前这两种方式已广泛地应用于工业机器人。

（2）机器人系统三维几何建模。目前用于机器人系统的构型主要有以下三种方式：①结构立体几何表示；②扫描变换表示；③边界表示。

机器人离线编程系统的核心技术是机器人及其工作单元的图形描述。构造工作单元中的机器人、夹具、零件和工具的三维几何模型，最好采用零件和工具的 CAD 模型，直接从 CAD 系统获得，使 CAD 数据共享。正因为从设计到制造的这种 CAD 集成越来越急需，所以离线编程系统应包括 CAD 构型子系统或把离线编程系统本身作为 CAD 系统的一部分。若把离线编程系统作为单独的系统，则必须具有适当的接口来实现构型与外部 CAD 系统的转换。

（3）运动学计算。运动学计算分运动学正解和运动学反解两部分。正解是给出机器人运动参数和关节变量，计算机器人末端位姿；反解则是由给定的末端位姿计算相应的关节变量值。

在离线编程系统中，应具有自动生成运动学正解和反解的功能。

（4）轨迹规划。离线编程系统除了对机器人静态位置进行运动学计算外，还应该对机器人在工作空间的运动轨迹进行仿真。由于不同的机器人厂家所采用的轨迹规划算法差别很大，离线编程系统应对机器人控制柜中所采用的算法进行仿真。

机器人的运动轨迹分为两种类型：自由移动（仅由初始状态和目标状态定义）和依赖于轨迹的约束运动。约束运动受到路径、运动学和动力学约束，而自由移动没有约束条件。

轨迹规划器采用轨迹规划算法，如关节空间的插补、笛卡儿空间的插补计算等。同时，为了发挥离线编程系统的优点，轨迹规划器还应具备可达空间的计算、碰撞的检测等功能。

（5）动力学仿真。当机器人跟踪期望的运动轨迹时，如果所产生的误差在允许范围内，则离线编程系统可以只从运动学的角度进行轨迹规划，而不考虑机器人的动力学特性。但是，如果机器人工作在高速和重负载的情况下，则必须考虑动力学特性，以防止产生比较大的误差。

快速有效地建立动力学模型是机器人实时控制及仿真的主要任务之一，从计算机软件设计的观点看，动力学模型的建立可分为三类：数字法、符号法和解析（数字–符号）法。

（6）并行操作。离线编程系统应能对多个装置进行仿真。并行操作是在同一时刻对多个装置工作进行仿真的技术。进行并行操作可以提供对不同装置工作过程进行仿真的环境。

在执行过程中，首先对每一装置分配并联和串联存储器。如果可以分配几个不同处理器共用一个并联存储器，则可使用并行处理，否则应该在各存储器中交换执行情况，并控制各工作装置的运动程序的执行时间。一些装置与其他装置是串联工作的，并且并联工作装置也可能以不同的采样周期工作，因此常需使用装置检查器，以便对各运动装置工作进行仿真。

（7）传感器仿真。在离线编程系统中，对传感器进行构型及能对装有传感器的机器人的误差校正进行仿真是很重要的。传感器主要分局部的和全局的两类，局部传感器有力觉、触觉和接近觉等传感器，全局传感器有视觉等传感器。传感器功能可以通过几何图形仿真获取信息。传感器的仿真主要涉及几何模型间干涉（相交）检验问题。

（8）通信接口。在离线编程系统中通信接口起着联结软件系统和机器人控制柜的桥梁作用。利用通信接口，可以把仿真系统所生成的机器人运动程序转换成机器人控制柜可以接受的代码。离线编程系统实用化的一个主要问题是缺乏标准的通信接口。标准通信接口的功能是可以将机器人仿真程序转化成各种机器人控制柜可接受的格式。为了解决这个问题，一种办法是选择一种较为通用的机器人语言，然后通过对该语言加工（后置处理），使其转换成机器人控制柜可接受的语言。

另外一种办法是将离线编程的结果转换成机器人可接受的代码，这种方法需要一种翻译系统，以快速生成机器人运动程序代码。

（9）误差校正。离线编程系统中的仿真模型（理想模型）和实际机器人模型存在有误差，产生误差的原因很多。

目前误差校正的方法主要有两种：一是用基准点方法，即在工作空间内选择一些基准点（一般不少于三点），这些基准点具有比较高的位置度，由离线编程系统规划使机器人运动到这些基准点，通过两者之间的差异形成误差补偿函数。二是利用传感器（力觉或视觉等）形成反馈，在离线编程系统所提供机器人位置的基础上，局部精确定位靠传感器来完成。第一种方法主要用于精度要求不太高的场合（如喷涂），第二种方法用于较高精度的场合（如装配）。

5.1.4　位形描述与空间变换

机械操作机是工业机器人的最基本组成部分。通常，操作机是由多个关节和杆件组成的多体运动链。它一端固接在机器人基座上，另一端为自由的开式链，可以用开关关节链描述。由于机器人的操作机要完成各种各样的作业动作，其手臂和终端效应器——手爪或作业工具或被夹持物件，在工作空间有不同的空间位置与姿态（或称方位）。对于机器人手臂和终端效应器位置与姿态的描述，以及位置与姿态在空间随时间的变化，是机器人分析与综合的基础。本节介绍位形空间与物件位形描述的基本知识。

1. 位形空间

机器人终端效应器的空间位置与姿态（又简称位姿后位形）的集合称为位形空间。位形空间与操作机终端效应器的位姿一一对应，即位形空间的每个点对应于操作机自由端的每一个位形，而操作机自由端的一个位形对应位形空间单一的点，故机器人的操作机是一个多运动可能的多体力学系统，可以用位形空间上点在该空间的运动描述。

若以 f 表示操作机多体系统的自由度，由 n 个刚体组成，具有 m 个关节的约束，则有 $f=6n-m$。f 表征了缺点操作机终端效应器位置与姿态要求的坐标数。

工业机器人多数为4个自由度以下的操作机，也有5~6个自由度的工业机器人。智能机器人多数为5~6自由度，也有7个以上自由度的操作机。

2. 机器人终端效应器与被夹持物件的位形描述

一个自由刚体有3个位置自由度、3个形态（姿态）自由度（图5-13）。

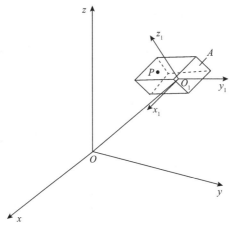

图 5-13　物件位置与形态的描述

被终端效应器夹持的物件位形常用两个坐标系描述。一个坐标系是以机器基础杆件（多用基座）坐标系的坐标描述被夹持物件重心或几何中心（又称形心）在空间的位置。另一个坐标系是以该物件的重心或形心为坐标原点的坐标系。

$$\begin{pmatrix} x_1 \\ y_1 \\ z_1 \\ 1 \end{pmatrix} = \begin{pmatrix} a_{11} & a_{12} & a_{13} & x_0 \\ a_{21} & a_{22} & a_{23} & y_0 \\ a_{31} & a_{32} & a_{33} & z_0 \\ 0 & 0 & 0 & 1 \end{pmatrix} \begin{pmatrix} x \\ y \\ z \\ 1 \end{pmatrix}$$

$$\boldsymbol{A_T} = \begin{pmatrix} a_{11} & a_{12} & a_{13} & x_0 \\ a_{21} & a_{22} & a_{23} & y_0 \\ a_{31} & a_{32} & a_{33} & z_0 \\ 0 & 0 & 0 & 1 \end{pmatrix} = \begin{pmatrix} \boldsymbol{R} & \cdots & \boldsymbol{P} \\ \vdots & & \vdots \\ 0 & \cdots & 1 \end{pmatrix}$$

从坐标变换角度，旋转坐标变换：

$$\begin{pmatrix} X \\ Y \\ Z \end{pmatrix} = \begin{pmatrix} a_{11} & a_{12} & a_{13} \\ a_{21} & a_{22} & a_{23} \\ a_{31} & a_{32} & a_{33} \end{pmatrix} \begin{pmatrix} X' \\ Y' \\ Z' \end{pmatrix}$$

绕 X 轴、Y 轴或 Z 轴转一角度 θ，旋转坐标变换矩阵如下：

$$R(x,\theta) = \begin{pmatrix} 1 & 0 & 0 \\ 0 & \cos\theta & -\sin\theta \\ 0 & \sin\theta & \cos\theta \end{pmatrix}, \ \text{齐次坐标} \ R(x,\theta) = \begin{pmatrix} 1 & 0 & 0 & 0 \\ 0 & \cos\theta & -\sin\theta & 0 \\ 0 & \sin\theta & \cos\theta & 0 \\ 0 & 0 & 0 & 1 \end{pmatrix}$$

$$R(y,\theta) = \begin{pmatrix} \cos\theta & 0 & \sin\theta \\ 0 & 1 & 0 \\ -\sin\theta & 0 & \cos\theta \end{pmatrix}, \ \text{齐次坐标} \ R(y,\theta) = \begin{pmatrix} \cos\theta & 0 & \sin\theta & 0 \\ 0 & 1 & 0 & 0 \\ -\sin\theta & 0 & \cos\theta & 0 \\ 0 & 0 & 0 & 1 \end{pmatrix}$$

$$R(z,\theta) = \begin{pmatrix} \cos\theta & -\sin\theta & 0 \\ \sin\theta & \cos\theta & 0 \\ 0 & 0 & 1 \end{pmatrix}, \ \text{齐次坐标} \ R(z,\theta) = \begin{pmatrix} \cos\theta & -\sin\theta & 0 & 0 \\ \sin\theta & \cos\theta & 0 & 0 \\ 0 & 0 & 1 & 0 \\ 0 & 0 & 0 & 1 \end{pmatrix}$$

平移坐标变换矩阵为

$$P = \begin{pmatrix} x_0 \\ y_0 \\ z_0 \end{pmatrix}$$

【例5-1】 在坐标系 $Oxyz$ 中 P 的坐标为 $X = (3 \quad 7 \quad 0)$，首先绕 Z 轴转 $30°$，再沿 X 轴平移10个单位，最后沿 Y 轴平移5单位。求运动后的位置。

解

$$A_T = \begin{pmatrix} 1 & 0 & 0 & 0 \\ 0 & 1 & 0 & 5 \\ 0 & 0 & 1 & 0 \\ 0 & 0 & 0 & 1 \end{pmatrix} \begin{pmatrix} 1 & 0 & 0 & 10 \\ 0 & 1 & 0 & 0 \\ 0 & 0 & 1 & 0 \\ 0 & 0 & 0 & 1 \end{pmatrix} \begin{pmatrix} \cos30° & -\sin30° & 0 & 0 \\ \sin30° & \cos30° & 0 & 0 \\ 0 & 0 & 1 & 0 \\ 0 & 0 & 0 & 1 \end{pmatrix}$$

$$A_T = \begin{pmatrix} 0.866 & -0.5 & 0 & 10 \\ 0.5 & 0.866 & 0 & 5 \\ 0 & 0 & 1 & 0 \\ 0 & 0 & 0 & 1 \end{pmatrix}$$

$$\begin{pmatrix} x_1 \\ y_1 \\ z_1 \\ 1 \end{pmatrix} = \begin{pmatrix} 0.866 & -0.5 & 0 & 10 \\ 0.5 & 0.866 & 0 & 5 \\ 0 & 0 & 1 & 0 \\ 0 & 0 & 0 & 1 \end{pmatrix} \begin{pmatrix} 3 \\ 7 \\ 0 \\ 1 \end{pmatrix} = \begin{pmatrix} 9.1 \\ 12.6 \\ 0 \\ 1 \end{pmatrix}$$

5.1.5 工业机器人的现状及发展趋势

工业机器人是集机械、电子、控制、计算机、传感器、人工智能等多学科先进技术于一体的现代制造业重要的自动化装备，已成为国内外备受重视的高新技术产业，它作为现代制造业的主要自动化装备在制造业中广泛应用，也是衡量一个国家制造业综合实力的重要标志。

1. 国外工业机器人的现状及发展

在发达国家中，工业机器人成套设备已成为自动化装备的主流。国外汽车、电子电器、工程机械等行业已经大量应用工业机器人自动化生产线，以保证产品质量，提高生产效率。2010～2014年，汽车行业和电子行业的机器人使用量大幅提升，已经成为发展工业机器人产业的重要推手。随着生产柔性化的日益提升，人机协作变得越来越重要，这将是未来机器人行业发展的重要趋势。

1）美国：引领智能化浪潮，明确提出以发展工业机器人提振制造业

美国早在1962年就已开发出第一代工业机器人，但受限于就业压力，并未立即投入广泛应用。直到20世纪70年代末，大量使用工业机器人的日本汽车企业对美国构成威胁，美国政府才取消了对工业机器人应用的限制，加紧制定促进该技术发展和应用的政策。此后，美国企业通过生产具备视觉、力觉等的第二代机器人，实现了市场占有率的较快增长，但仍未摆脱"重理论、轻应用"的问题，也未能打破日本和欧洲的垄断格局。到2013年，美国工业机器人生产商的全球市场份额仍不足10%，且国内新增装机量大部分源于进口。

2011年6月，奥巴马宣布启动"先进制造伙伴计划"，明确提出通过发展工业机器人提振美国制造业。根据该计划，美国将投资28亿美元，重点开发基于移动互联技术的第三代智能机器人。世界技术评估中心的数据显示，目前美国在工业机器人体系结构方面处于全球领先地位；其技术的全面性、精确性、适应性均超过他国，机器人语言研究水平更高居世界之首。这些技术与其固有的信息网络技术优势融合，为机器人智能化奠定了先进、可靠的基础。

以智能化为主要方向，美国企业一方面加大对新材料的研发力度，力争大幅降低机器人自重与负载比，另一方面加快发展视觉、触觉等人工智能技术，如视觉装配的控制和导航。随着智能制造时代的到来，美国有足够的潜力反超日本和欧洲。值得注意的是，以谷歌为代表的美国互联网公司也开始进军机器人领域，试图融合虚拟网络能力和现实运动能力，推动机器人的智能化。谷歌在2013年强势收购多家科技公司，已初步实现在视觉系统、强度与结构、关节与手臂、人机交互、滚轮与移动装置等多个智能机器人关键领域的业务部署。若其机器人部门能按照"组织全球信息"的目标持续成长，未来谷歌既可以进入迅速成长的智能工业机器人市场，又能从机器人应用中获取巨量信息来反哺其数据业务。

2）日本：产业体系配套完备，政府大力推动应用普及和技术突破

第二次世界大战结束后日本经济进入高速增长期，劳动力供应不足和以汽车为代表的技术密集型产业的发展刺激了工业机器人需求快速增长。20世纪60年代，日本从美国引进工业机器人技术后，通过引进、消化、吸收、再创新，于1980年率先实现了机器人的商业化应用，并将产业技术和市场竞争优势维持至今，以发那科、安川为代表的日系工业机器人与欧美系工业机器人分庭抗礼。2012年，受益于下游汽车产业对工业机器人的需求大幅增长，日本再次成为全球最大的工业机器人市场，工业机器人密度高达332

台/万人，为全球最高。

日本工业机器人的产业竞争优势在于完备的配套产业体系，在控制器、传感器、减速机、伺服电机、数控系统等关键零部件方面，均具备较强的技术优势，有力推动工业机器人朝着微型化、轻量化、网络化、仿人化和廉价化的方向发展。近年来，还呈现出以工业机器人产业优势带动服务机器人产业发展的趋势，并重点发展医疗/护理机器人和救灾机器人来应对人口老龄化和自然灾害等问题。

日本政府在其中发挥着重要作用。早在日本工业机器人发展的起飞阶段，日本政府就通过一系列财税投融资租赁政策大力推动机器人的普及应用，并通过"研究与开发"政策推动技术突破。正式成立于1972年的日本机器人工业会也发挥着重要作用。该组织以鼓励研究与开发、争取政府政策支持、主办博览会等方式推广普及工业机器人。进入21世纪以来，日本政府更加重视对工业机器人产业的发展。

2002年，经济产业省开始实施"21世纪机器人挑战计划"，将机器人产业作为高端产业加以扶持，采取了加大研究与开发支持力度、发展公共平台、开发新一代机器人应用和人机友好型机器人等扶持措施，力图将全球领先的工业机器人技术拓展到医疗、福利和防灾等社会事业领域。2004年，经济产业省推行的"面向新的产业结构报告"将机器人列为重点产业，2005年的"新兴产业促进战略"再次将机器人列为七大新兴产业之一。此后，经济产业省借助各类产业政策扶持机器人产业的发展成为常态。日本总务省、文部科学省、国土交通省等部门积极实施机器人相关项目，并通过举办"机器人奖""机器人竞赛"等社会活动，推动机器人技术进步和产业发展。

3）德国：带动传统产业改造升级，政府资助人机交互技术及软件开发

虽然德国稍晚于日本引进工业机器人，但与日本类似，第二次世界大战结束后劳动力短缺和提升制造业工艺技术水平的要求，极大地促进了德国工业机器人的发展。除了应用于汽车、电子等技术密集型产业外，德国工业机器人还广泛装备于包括塑料、橡胶、冶金、食品、包装、木材、家具和纺织在内的传统产业，积极带动传统产业改造升级。2011年，德国工业机器人销量创历史新高，并保持欧洲最大多用途工业机器人市场的地位，工业机器人密度达147台/万人。

德国政府在工业机器人发展的初级阶段发挥着重要作用，其后，产业需求引领工业机器人向智能化、轻量化、灵活化和高能效化方向发展。20世纪70年代中后期，德国政府在推行"改善劳动条件计划"中，强制规定部分有危险、有毒、有害的工作岗位必须以机器人来代替人工，为机器人的应用开启了初始市场。1985年，德国开始向智能机器人领域进军，经过10年努力，以库卡为代表的工业机器人企业占据全球领先地位。2012年，德国推行了以"智能工厂"为重心的"工业4.0计划"，工业机器人推动生产制造向灵活化和个性化方向转型。依此计划，通过智能人机交互传感器，人类可借助物联网对下一代工业机器人进行远程管理。这种机器人还将具备生产间隙的"网络唤醒模式"，以解决使用中的高能耗问题，促进制造业的绿色升级。目前，德国联邦教育及研究部已开始资助人机互动技术和软件的研究开发。

4）韩国：使用密度全球第一，多项政策支持第三代智能机器人的研发

20世纪90年代初，韩国政府为应对本国汽车、电子产业对工业机器人的爆发性需求，

以"市场换技术",通过现代集团引进日本发那科,全面学习后者技术,到21世纪大致建成了韩国工业机器人产业体系。2000年后,韩国的工业机器人产业进入第二轮高速增长期。2001~2011年,韩国机器人装机总量年均增速高达11.7%。国际机器人联合会的数据显示,2012年,韩国的工业机器人使用密度为世界第一,每万名工人拥有347台机器人,远高于58台的全球平均水平。

目前,韩国的工业机器人生产商已占全球5%左右的市场份额。现代重工已可供应焊接、搬运、密封、码垛、冲压、打磨、上下料等领域的机器人,大量应用于汽车、电子、通信产业,大大提高了韩国工业机器人的自给率。但整体而言,韩国技术仍与日本、欧洲等领先国家和地区存在较大差距。

韩国政府近年来陆续发布多项政策,旨在扶植第三代智能机器人的研发与应用。2003年,产业资源部公布了韩国"十大未来成长动力产业",其中就包括智能工业机器人;2008年9月,《智能机器人开发与普及促进法》正式实施;2009年4月,政府发布《第一次智能机器人基本计划》,在2013年前向包括工业机器人在内的五个机器人研究方向投入1万亿韩元(约合61.16亿元人民币),力争使韩国在2018年成为全球机器人主导国家;2012年10月,《机器人未来战略战网2022》公布,其政策焦点为支持韩国企业进军国际市场,抢占智能机器人产业化的先机。

2. 中国工业机器人现状与发展

与国外相比,我国机器人产业起步较晚。20世纪90年代末,我国建立了9个机器人产业化基地和7个科研基地。目前我国从事机器人研发设计、生产制造、工程应用及零部件配套的企业已达100多家,一些企业已掌握了工业机器人操作机的优化设计制造技术;工业机器人控制、驱动系统的硬件设计技术;机器人软件的设计和编程技术;运动学和轨迹规划技术;弧焊、点焊及大型机器人自动生产线与周边配套设备的开发和制备技术等。我国已生产出部分机器人关键元器件,开发出弧焊、点焊、码垛、装配、搬运、注塑、冲压、喷漆等工业机器人,并且已经能够生产具有国际先进水平的平面关节型装配机器人、直角坐标机器人、弧焊机器人、点焊机器人、搬运码垛机器人等一系列产品,不少品种已经实现了小批量生产,一批国产工业机器人已服务于国内诸多企业的生产线上;一批机器人技术的研究人才也涌现出来。

2013年12月,工业和信息化部出台的《关于推进工业机器人产业发展的指导意见》明确,到2020年,形成较为完善的工业机器人产业体系,培育3~5家具有国际竞争力的龙头企业和8~10个配套产业集群;工业机器人行业和企业的技术创新能力和国际竞争能力明显增强,高端产品市场占有率提高到45%以上,机器人密度达到100以上,基本满足国防建设、国民经济和社会发展需要。在政策的扶持下,以机器人为核心的智能装备制造行业将迎来良好的发展机遇。

《中国制造2025》提出要"围绕汽车、机械、电子、危险品制造、国防军工、化工、轻工等工业机器人、特种机器人,以及医疗健康、家庭服务、教育娱乐等服务机器人应用需求,积极研发新产品,促进机器人标准化、模块化发展,扩大市场应用"。明确了我国未来十年机器人产业的发展重点主要为两个方向:一是开发工业机器人本体和关键零部件系列化产品，推动工业机器人产业化及应用，满足我国制造业转型升级迫切需求；二是突破智能机器人关键技术，开发一批智能机器人，积极应对新一轮科技革命和产业变革的挑战。

2015年中国市场工业机器人销量达7.75万台，连续三年成为全球最大的工业机器人市场。同时，作为机器人行业的重要一员，服务机器人产业也取得长足的进步，未来其市场规模或将超越工业机器人。伴随着机器人技术的不断进步与革新，国内机器人产业基础设施将日趋完善，机器人行业发展也将日益稳固，进而形成较为完整的机器人产业生态链。而伴随着"机器人+"概念的兴起，机器人产品开始渗透到社会各行各业中。

2016年4月，工业和信息化部、国家发展和改革委员会、财政部三部委联合印发《机器人产业发展规划（2016—2020年）》，规划明确提出，到2020年我国工业机器人年产量达到10万台，服务机器人年销售收入超过300亿元，形成较为完善的机器人产业体系。

5.2　装配自动化

5.2.1　机器装配的基本概念

1. 装配的定义

装配是根据规定的技术条件和精度，将构成机器的零件结合成组件、部件或产品的工艺过程。任何机器都是由许多零件装配而成的。装配是机器制造中的最后一个阶段，它包括装配、调整、检验、试验等工作。机器的质量最终是通过装配保证的，装配质量在很大程度上决定机器的最终质量。另外，通过机器的装配过程，可以发现机器设计和零件加工质量等所存在的问题，并加以改进，以保证机器的质量。

选择合适的装配方法，制定合理的装配工艺规程，不仅是保证机器装配质量的手段，也是提高产品生产效率、降低制造成本的有力措施。

2. 套件、组件、部件、整台机器

任何机器都是由零件、套件、组件、部件等组成的。为保证有效地进行装配工作，通常将机器划分为若干能进行独立装配的部分，称为装配单元。

（1）零件。零件是组成机器的最小单元，它是由整块金属或其他材料制成的。零件一般都预先装成套件、组件、部件后才安装到机器上，直接装入机器的零件并不太多。

（2）套件。套件是在一个基准零件上，装上一个或若干个零件构成的。它是最小的装配单元。例如，装配式齿轮（图5-14），由于制造工艺的原因，分成两个零件，在基准零件1上套装齿轮3并用铆钉2固定。为此进行的装配工作称为套装。

（3）组件。组件是在一个基准零件上，装上若干套件及零件而构成的。例如，机床主轴箱中的主轴，在基准轴件上装上齿轮、套、垫片、键及轴承的组合件。为此而进行的装配工作称为组装。

（4）部件。部件是在一个基准零件上，装上若干组件、套件和零件构成的。部件在机器中能完成一定的、完整的功用。把零件装配成为部件的过程，称为部装。例如，车床的主轴箱装配就是部装。主轴箱箱体为部装的基准零件。

（5）整台机器。在一个基准零件上装上若干部件、组件、套件和零件就成为整台机器，把零件、套件、组件和部件装配成最终整台机器产品的过程为总装。例如，卧式车床就是以床身为基准零件，装上主轴箱、进给箱、溜板箱等部件及其他组件、套件、零件所组成。

3. 装配工艺系统图

在装配工艺规程制定过程中，表明产品零、部件间相互装配关系及装配流程的示意图称为装配系统图。每一个零件用一个方格来表示，在表格上表明零件名称、编号及数量，参见图5-15。这种方框不仅可以表示零件，也可以表示套件，组件和部件等装配单元。

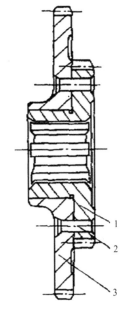

图 5-14　套件——装配式齿轮
1. 基准零件；2. 铆钉；3. 齿轮

图 5-15　装配单元示意图

图5-16～图5-19分别表示套件、组件、部件和整台机器产品的装配工艺系统图。可以看出，装配是由基准零件开始，沿水平线自左向右进行，一般将零件画在上方。套件、组件、部件画在下方，其排列次序表示了装配的次序。零件、套件、组件、部件的数量，由实际装配结构来确定。

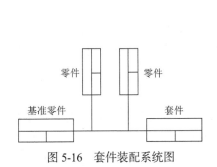

图 5-16　套件装配系统图

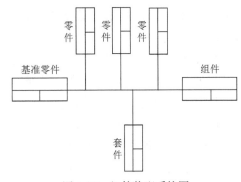

图 5-17　组件装配系统图

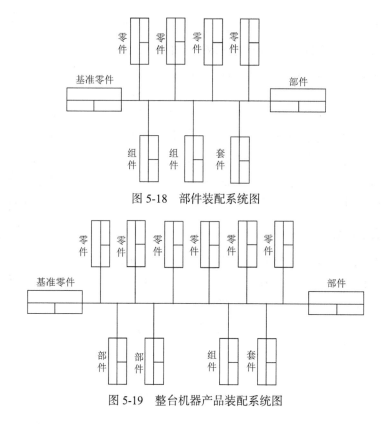

图 5-18 部件装配系统图

图 5-19 整台机器产品装配系统图

装配工艺系统图和装配工艺规程在生产中有法定的指导意义。它主要应用于大批大量生产中，以便指导组织平行流水装配，分析装配工艺问题。在单件小批生产中也有一定的指导使用。

5.2.2 装配工艺规程的制定

1. 装配工艺规程概述

装配工艺规程是指导装配生产的主要技术文件,制定装配工艺规程是生产技术准备工作的主要内容之一。

装配工艺规程对保证装配质量、提高装配生产效率、缩短装配周期、减轻工人的劳动强度、缩小装配占地面积、降低生产成本等都有重要的影响。它取决于装配工艺规程制定的合理性，这就是制定装配工艺规程的目的。

1）装配工艺规程的主要内容

装配工艺规程的主要内容如下：①分析产品图样，划分装配单元，确定装配方法；②拟定装配顺序，划分装配工序；③计算并确定装配时间定额；④确定各工序装配技术要求、质量检查方法和检查工具和（或）仪器；⑤规划装配过程的物流配送规范；⑥确定装配时零、部件的输送方法及所需要的设备和工具；⑦选择和设计装配过程中所需的工具、夹具和专用设备；⑧规划装配后的物流。

2）制定装配工艺规程的基本原则及原始资料

制定装配工艺规程的原则包括：①保证产品装配质量，力求提高质量，以延长产品的使用寿命；②合理安排装配顺序和工序，尽量减少钳工手工劳动量，缩短装配周期，提高装配效率；③尽量减少装配占地面积，提高生产面积的利用率；④尽量减少装配工作所占的成本；⑤尽可能提高装配的自动化程度，提高装配过程的柔性。

3）制定装配工艺规程的原始资料

在制定装配工艺规程前，需要具备以下原始资料：

（1）产品的装配图及验收技术标准。产品的装配图应包括总装图和部件装配图，并能清楚地表示出：所有零件相互连接的结构视图和必要的剖视图；零件的编号；装配时应保证的尺寸，配合件的配合性质及精度等级；装配的技术要求；零件的明细表；等等。为了在装配时对某些零件进行补充机械加工和核算装配尺寸链，有时还需要某些零件图。

产品的验收技术条件、检验内容和方法也是制定装配工艺规程的重要依据。

（2）产品的生产纲领。产品的生产纲领就是其年生产量。生产纲领决定了产品的生产类型。

生产类型不同，致使装配的生产组织形式、工艺方法、工艺内容、工艺过程的划分、工艺装备的多少、手工劳动的比例均有很大不同。

大批大量生产的产品应采用流水装配方法，并尽量选用专用的装配设备和工具。现代装配生产中则大量采用机器人，组成自动装配线。

对于成批生产、单件小批生产，则多采用固定装配方式，手工操作比重大。在现代柔性装配系统中，已开始采用机器人装配单件小批生产的产品。

（3）生产条件。如果是在现有条件下来制定装配工艺规程时，应了解现有工厂的装配工艺设备、工人的技术水平、装配车间面积等。如果是新建厂，则应适当选择先进的装备和工艺方法，以满足日益增长的个性化需求。

2. 制定装配工艺规程的步骤

根据上述原则和原始资料，可以按下列步骤制定装配工艺规程。

1）研究产品的装配图及验收技术条件

（1）审核产品图样的完整性、正确性。

（2）分析产品的结构工艺性。

（3）审核产品装配的技术要求和验收标准。

（4）分析与计算产品的装配尺寸链。

2）确定装配方法与组织形式

装配方法和组织形式主要取决于产品的结构特点（尺寸和重量等）和生产纲领，并应考虑现有的生产技术条件和设备。

装配组织形式主要分为固定式和移动式两种。固定式装配是全部装配工作在一固定的地点完成，多用于单件小批生产，或重量大、体积大的批量生产中；移动式装配是将零、部件用输送带、自动传送挂钩或输送小车等按装配顺序从一个装配地点移动到下一装配地点，分别完成一部分装配工作，完成各装配地点的工作就完成了产品的全部装配工作。

根据零、部件在装配过程中的移动方式不同又可分为：强制节拍的自动移动方式、自由节拍的自动移动方式、可调整节拍的自动移动方式、手动传输的自由节拍方式等。这种装配组织形式常用于产品的大批大量生产中，以组成流水作业线和自动作业线。

3）划分装配单元，确定装配顺序

将产品划分为套件、组件及部件等装配单元是制定工艺规程中最重要的一个步骤，这对大批大最生产结构复杂的产品尤为重要。无论哪一级装配单元，都要选定某一零件或比它低一级的装配单元作为装配基准。装配基准件通常应是产品的基体或主干零、部件。基准件应有较大的体积和重量，有足够的支承面，以满足陆续装入零、部件时的作业要求和稳定要求。例如，床身零件是床身组件的装配基准零件；床身组件是床身部件的装配基准组件；床身部件是机床产品的装配基准部件。

在划分装配单元，确定装配基准零件以后，即可安排装配顺序，并以装配系统图的形式表示出来。安排装配顺序一般是先难后易、先小后大（可安排并行作业）、先内后外、先下后上，预处理工序在前。

图5-20表示卧式车床床身装配简图，图5-21表示床身部件装配系统。

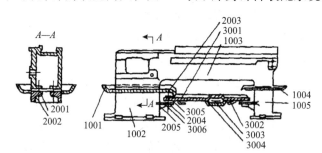

图 5-20　卧式车床床身装配简图

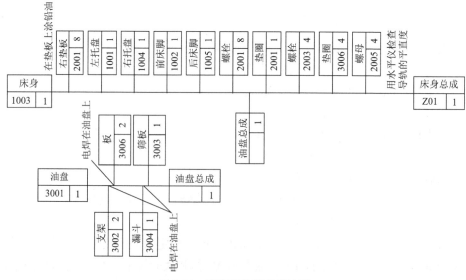

图 5-21　床身部件装配系统图

4）划分装配工序

装配顺序确定后，就可将装配工艺过程划分为若干工序，其主要工作如下：①确定工序集中与分散程度；②划分装配工序，确定工序内容；③确定各工序所需的设备和工具，如需专用夹具与设备，则应拟定设计任务书；④制定各工序装配操作规范，如过盈配合的压入力、变温装配的装配温度及紧固件的自锁力矩等；⑤制定各工序装配质量要求与检测方法；⑥平衡各工序工作量，优化装配过程，在此基础上确定工序的时间定额。

5）编制装配工艺文件

单件小批生产时，通常只绘制装配系统图。装配时，按产品装配图及装配系统图工作。

成批生产时，通常还制定部件、总装的装配工艺卡，写明工序次序、简要工序内容、设备名称、工夹具名称与编号、工人技术等级和时间定额等项。

在大批大量生产中，不仅要制定装配工艺卡，而且要制定装配工序卡，以直接指导工人进行产品装配。

此外，还应按产品图样要求，制定装配检验及试验卡片。

5.2.3　机器装配的自动化

1. 装配自动化概述

1）装配自动化的定义与要求

装配自动化也叫自动化装配（automatic assembly），装配过程自动化包括零件的供给、装配对象的运送、装配作业、装配质量检测等环节的自动化。

在机械制造工业中，约有20%的工作量是装配，有些产品的装配工作量则可达到70%左右。但装配又是在机械制造生产过程中采用手工劳动较多的工种。由于装配技术上的复杂性和多样性，所以，装配过程不易实现自动化。近年来，在大批大量生产中，装配过程自动化获得了较快的发展，大量零件自动化高速生产出来后，如果仍由手工装配，则劳动强度大、效率低、质量也不易保证，因此，迫切需要发展装配过程的自动化。

装配自动化的一般要求是：产品的生产批量较大；产品结构的自动装配工艺性好，如装配工作有良好的可分性，零件容易定向、定位，零件间连接多用胶接和焊接代替螺纹连接，避免使用垫片等调整件；采用自动化装配后应具有较好的经济效果。装配作业的自动化程度往往需要经过技术经济分析来确定。

装配过程自动化对于生产过程规范化、提高生产效率、确保产品质量、改善劳动条件、减轻工人的劳动强度、提升顾客的满意度和市场需求的响应能力、增强企业的核心竞争力等具有十分明显的意义。

2）装配自动化的组成

装配自动化主要包括自动传送、自动给料、自动装配和自动控制四个方面。

（1）自动传送。按照基础件在装配工位间的传送方式不同，装配机（线）的结构可分为回转式和直进式两大类。①回转式结构较简单，定位精度易于保证，装配工位少，适用于装配零件数量少的中小型部件和产品。基础件可连续传送或间歇传送，间歇传送时，在基础件停止传送时进行装配作业，间歇传送应用广泛。②直进式的结构比回转式复杂，装配工位数不受限制，调整较灵活，占地面积大，基础件一般间歇传送。按照间歇传送的节拍又分为同步式和非同步式。同步式适用于批量大、零件少、节拍短的场合；非同步式适用于自由节拍、装配工序复杂、手工装配与自动装配相组合的装配线上。传送装置主要有回转工作台、链式传送装置和非同步的夹具式链传送装置等。各种传送装置可供基础件直接定位或用随行夹具定位。

（2）自动给料。有料仓给料和料斗给料两种基本类型，其结构和特点与机床上下料装置相似。

（3）自动装配。自动装配作业包括自动清洗、平衡、分选、装入、连接和检测等，有时还包括成品包装和一些辅助的加工工序。

第一，清洗自动化是将零件自动输送到清洗机内，按规定程序自动完成清洗作业，然后输送到下一工序。

第二，自动平衡的特点是在测出不平衡量的大小与相位后，用自动去重或配重的方法求得平衡。常用的去重方法是通过钻削或铣削将不平衡量去除；对于小型的精密零件（如陀螺仪转子等），不平衡量很小，可用激光气化方法去除。自动配重是根据不平衡量的大小自动选取相应重量级别的平衡块，用焊接或胶接方法固定在被平衡零件的相应位置上。

第三，自动分选是通过自动测量测出零件的配合尺寸，并按规定的几组公差带将零件自动分组，使各对应组内相互配合的零件实现互换装配。自动分选是采用选配法装配之前的必要工序，在自动分选机上进行。

第四，自动装入是自动装配作业中最基本的工序，有重力装入、机械推入和机动夹入三种方式，可按具体情况选择。采用较多的是机械推入和机动夹入，先将零件夹持，保持正确定向，在基础件上对准，再由装入工作头缓慢进给，将其装入基础件内。

第五，螺纹连接的自动化操作常采用螺钉或螺母的自动装配工作头，一般包括抓取、对准、拧入和拧紧等动作，通常需要有扭矩控制装置，以保证达到要求的紧固程度。

第六，自动检测是自动装配的重要组成部分。常见的检测项目有：①装配过程中的检测，如检查是否缺件，零件方向和位置是否正确和夹持是否可靠等；②装配后的部件或产品的性能检测，如轴的振摆、回转运动精度、传动装置的反向间隙、启动和回转扭矩、振动、噪声及温升等。将实测结果与检测的标准相对比，以决定合格与否。装配过程中出现不合格情况时，便自动停止装配，并发出信号。有关产品性能的实测数据常由自动打印机输出备查。

（4）自动控制。自动装配中各种传送、给料和装配作业的程序及相互协调必须依靠控制系统。常用的是由凸轮、杠杆、弹簧和挡块等机构组成的固定程序的控制系统，但当装配的部件或产品的结构有较大的改变时便不能适应。例如，采用数控系统，在装配件改变时容易调整工序。特别是微处理机或电子计算机，具有记忆和逻辑运算功能，可存储各种工作程序，供随时调用。这种控制系统适用于中小批量的多品种自动装配。

3）装配自动化的历史与发展

19世纪机械制造业中零部件的标准化和互换性开始用于小型武器和钟表的生产，随后又应用于汽车工业。20世纪初，美国福特汽车公司首先建立了采用运输带的移动式汽车装配线，将工序分细，在各工序上实行专业化装配操作，使装配周期缩短了约90%，降低了生产成本。互换性生产和移动式装配线的出现和发展，为大批量生产中采用自动化装配开辟了道路。于是，陆续出现了料斗式自动给料器和螺钉、螺母自动拧紧机等简单的自动化装置。大批量生产的轴承、离合器和中小型电机等零件少、装配工艺简单的机电产品，以及汽车、农业机械、仪器仪表等产品中的部分简单部件，有的也采用了自动或半自动装配机（线）。但由于对适合自动化装配的产品结构有很大限制，自动化装配机投资多而对产品改型的适应性小，机械制造中的装配自动化仅用于大批量生产。20世纪60年代，随着数控技术的迅速发展，出现了自动化程度较高而又有较大适应性的数控装配机，从而有可能在多品种中批量生产中采用自动化装配。1982年，日本的个别工厂中已采用数控工业机器人来自动装配多种规格的直流伺服电机。

目前，随着《中国制造2025》战略的提出，我国装备制造特别是高端装备制造业迎来了发展的春天。信息技术与先进制造技术高速发展，我国智能制造装备的发展深度和广度日益提升，以新型传感器、机器视觉、智能控制系统、工业机器人、工业装配与传输、自动化成套生产线为代表的智能制造装备产业体系初步形成。自动化装配线属于智能装备的范畴，有望越过产品导入期进入高速成长期，未来5年保持年均20%～30%的快速增长。

装配自动化技术将主要向以下几个方面发展：①与先进制造技术互相结合、渗透，与工业互联网、云计算、大数据等新一代信息技术的深度融合，提高自动装配装置的性能；②进一步提高装配的柔性，应用"先进传感器+协作机器人"的创新性解决方案，大力发展柔性装配系统；③智能装配机器人的应用，提高人与机器、机器与机器之间的交互合作，智能机器人能够根据自身的传感器与通信，获得外部环境的信息，从而进行决策，完成相应的装配作业任务。

2. 自动装配机与装配机器人

自动装配机和装配机器人可用于各种形式的装配自动化：①在机械加工中，工艺成套件装配；②被加工零件的组、部件装配；③用于顺序焊接的零件的拼装；④成套部件的设备的总装。

在装配过程中，自动装配机和装配机器人可完成以下形式的操作：零件传输、定位及其连接；用压装或由紧固螺钉、螺母使零件相互固定；自动焊接装配；装配尺寸控制，以及保证零件连接或固定的质量；输送组装完毕的部件或产品，并将其包装或堆垛在容器中等。

为完成装配工作，在自动装配机与装配机器人上必须装备相应的带工具和夹具的夹持装置，以保证所组装的零件相互位置的必要精度，实现单元组装和替代钳工部分操作的可能性，如装上—取下、拧出—拧入、压紧—松开、压入、铆接、磨光及其他必要的动作。

1）自动装配机

产品的装配过程所包括的大量装配动作，人工操作时看来容易实现，但如用机械化、自动化代替手工操作，则要求装配机具备高度的准确性和可靠性。因此，一般可从生产批量大、装配工艺过程简单、动作频繁或耗费体力大的零部件装配开始，在经济上合理的情况下，逐渐实现机械化、半自动化和自动化装配。

首先发展的是各种自动装配机，它配合部分机械化的流水线和辅助设备实现了局部自动化装配和全自动化装配。自动装配机因工件输送方式不同可分为回转型和直进型两类，根据工序繁简不同，又可分为单工位、多工位结构。回转型装配机常用于装配零件数量少、外形尺寸小、装配节拍短或装配作业要求高的装配场合。至于基准零件尺寸较大、装配工位较多尤其是装配过程中检测工序多或手工装配和自动装配混合操作的多工序装配时，则以选择直进型装配机为宜。图5-22所示为具有7个自动工位和3个并列手工工位的直进型装配系统。

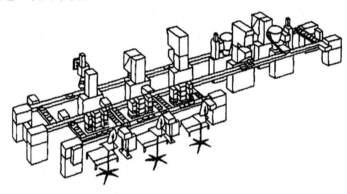

图 5-22　直进型装配系统

如果装配过程有一定的人工参与，则只能称为装配装置或装配机构，自动装配机能不必人工参与即能实现装配的全过程。自动装配机有单工位自动装配机和多工位自动装配机两类。

单工位自动装配机只能在一个工位上执行一种或几种操作，没有基础件的传送，其优点是结构简单，最多可以装配由6个零件组成的组件或部件。这种装配机的典型用途是电子工业和精密工具行业。例如，接触器的装配，其操作是压入连接和螺钉拧入。

多工位自动装配机按工件传递时间是否同步而分为同步多工位自动装配机和异步多工位自动装配机。

同步多工位自动装配机在工作过程中，所有的基础件和工件托盘在同一瞬间移动，当到达下一工位时，这种传送运动便同时停止，这种方式称为节拍式自动化装配。

时间同步传送的多工位自动装配机在多数情况下其传动方式是环形的或直线的。

多工位自动装配机可完成较为复杂的制品的装配过程，目前在大批大量生产的电子、电器、仪器产品装配及汽车等产品的装配中应用为多见。

2）装配机器人

（1）装配机器人的效能。自动装配机配合部分手工操作和机械辅助设备，可以完成某些部件装配工作的要求。但是，在仪器仪表、汽车、手表、电动机、电子元件等生产批量大、要求装配相当精确的产品装配时，不仅要求装配机更加准确和精密，而且应具有视觉和某些触觉传感机构，反应更灵敏，对物体的位置和形状具有一定的识别能力。这些功能一般自动装机很难具备，而20世纪70年代发展起来的工业机器人则完全具备这些功能。

例如，在汽车总装配中，点焊和拧螺丝的工作量很大（一辆汽车有数百甚至上千个焊点），又由于采用传送带流水作业，如果由人来进行这些装配作业，则其劳动量非常大。如果采用装配机器人，就可以轻松地完成这些装配任务。

又如，国外研制的精密装配机器人定位精度可高达0.02～0.05mm，这是装配工人很难达到的。装配间隙为10μm以下，深度达30mm 的轴、孔配合，采用具有触觉反馈和柔性手腕的装配机器人，即使轴心位置有较大的偏离（可达5mm），也能自动补偿，准确装入零件，作业时间仅在4s 以内。

在装配生产中，工业机器人既可为自动装配机服务，又可直接用来完成装配作业，它可以进行堆垛、拧螺钉、压配、铆接、弯曲、卷边、胶合等装配工作。

（2）对自动装配机的功能要求。为保证装配机器人能正常进行上述装配工作，必须具有如下功能：①在垂直方向上手臂应能作直线运动；②结构沿垂直轴方向上要有足够大的刚度，以便承受在装配方向上产生相当大的作用力；③有补偿定位误差的可能性，如依靠在垂直于装配基本方向的平面上，其结构具有柔性；④工作机构能作高速运动。

考虑到上述要求，装配工业机器人合理的结构应是带有在水平面上铰接的工作手臂和具有垂直行程的工作机构。一般工业机器人的承载能力不超过400N，此外装配机器人的特点是具有很灵活的操作机能和较大的工作空间及相当紧凑的结构。

作为商品出售的装配机器人，品种规格繁多，从结构上大致可分成如图5-23所示的四类。

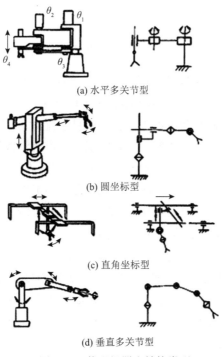

(a) 水平多关节型

(b) 圆坐标型

(c) 直角坐标型

(d) 垂直多关节型

图 5-23 装配机器人结构类型

3）装配机器人应用的实例

（1）采用装配机器人进行小型电动机滚珠轴承与端盖的精密装配。电机端盖与轴承的配合间隙为10μm，直径为Φ32mm，要求装配在3s内完成。采用装配机器人装配，在定子、转子组合好以后，把端盖与转子上部轴承装配起来（图5-24）。装配机器人动作顺序如下：①抓住滑槽上供给的端盖；②把端盖移到装配线上；③解除机械连锁，使顺序性机构起作用；④靠触觉动作，探索插入方向，使端盖下降；⑤装配作业完毕后，解除顺序性机构作用，恢复机械连锁；⑥移动到滑槽上，重复以上各步动作。

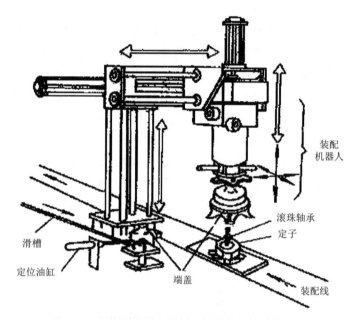

图 5-24　用装配机器人进行电机端盖与轴承装配

由于装配机器人对零件位置的偏离和倾斜有适应性，借助触觉传感器进行装配力反馈，使接触压力控制在2N左右，以满足精密装配的要求。

（2）手部带触觉的精密装配机器人。在精密件装配时，要求装配机能自动识别、选取零件和感觉装配力的大小而进行装配，因此出现一些带触觉或视觉的装配机器人。国外HI-T-HANDExpart-2型是这样一种带触觉的装配机器人。它具有力反馈手爪和柔性机构的手腕，它的手爪抓取轴类零件后，逐渐接触到带孔的工件表面，利用$+x$、$-x$、$+y$、$-y$四个方向上的四个应变片，测得轴孔装配过程中力的分布情况而控制装配动作，将轴装入孔内。图5-25表示这种装配机器人工作的情况。

装配过程如图5-26所示，经过接近—探索—插入三个阶段。由于手腕具有柔性，在夹持轴类零件时，可以使轴与工件表面保持一定倾斜度，逐渐接触到工件，并向孔内推进。由应变片测出x、y方向力的大小，机器人夹持着轴，向力变小的方向移动。在z方向，工件表面凹凸不平，z方向的反力也不同，当轴边缘落入孔内时，z向反力便产生急剧的变化。检测这一变化，就可以测出孔的位置，从而保持装配过程的顺利进行。

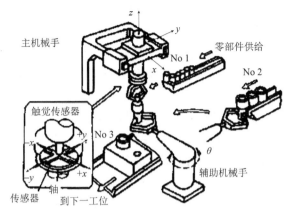

图 5-25　精密装配机器人工作情况

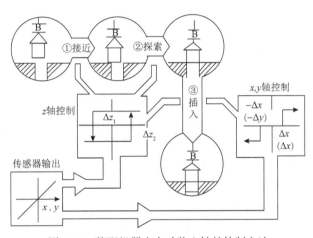

图 5-26　装配机器人自动装入轴的控制方法

3. 自动装配线

相对机械加工过程自动化而言，装配自动化在我国发展较晚，20世纪50年代末以来在轴承、电动机、仪器仪表、手表等工业中逐步开始采用半自动和自动装配生产线。例如，球轴承自动装配生产线，可实现零件的自动分选、自动供料、自动装配、自动包装、自动输送等环节。图5-27表示球轴承装配自动线的示意图。

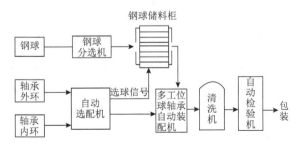

图 5-27　球轴承装配自动线的示意图

从图示可以看出：合格的钢球送入分选机，按2μm的公差等级分选成20组，再分别送入储料柜中保存。轴承外环和内环送入自动选配机后，用电感式传感器分别测出其内、

外直径 $D1$ 和 $D2$，并送入自动选配机，带动选球机构打开相应组直径的钢球储料柜活门，把规定数量的钢球送到自动装配机上。多工位自动装配机将钢球装入轴承环，再加上、下保持架，分球均匀后自动铆装，送到清洗机，经自动验后，最后包装出厂。这种自动装配生产线大大提高了劳动生产率和装配质量，减轻了工人繁重的劳动（特别是减轻了视力消耗）。

现代装配自动化的发展，使装配自动线与自动化立体仓库，以及后一工序的检验、试验自动线连接起来，用以同时改进产品质量和提高生产率。美国福特汽车公司 ESSEX 发动机装配厂就采用这种先进的装配自动线生产3.8L.V-6型发动机。该厂每日班产1300台 V-6型发动机，这样每天有数百万零部件上线装配，这些零部件中难免有不合格或损坏的，为了在线妥善处理这一复杂技术问题，采用了装配和试验装置计算机控制系统，见图5-28。

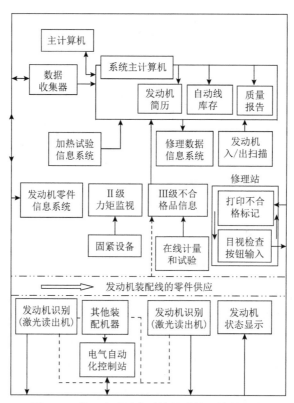

图 5-28　装配和试验自动线的计算机控制系统

该系统改进了设计、制造、试验等部门之间的联系，建立了计算机系统以监视或控制各生产部门。在库存控制、生产计划、零件制造、装配和试验等环节采用计算机控制，形成管理信息系统，又采用多台 PLC 来自动控制生产线各机组，以保证其均衡生产，PLC 及智能装配机和试验机，可进行在线数据采集并与主计算机联系，并对各装配过程和零部件的缺陷进行连续监视，最后做出"合格通过"或"不合格剔除"的判定。不合格产品的缺陷数据自动打印输出给修理站，修复后的零件或产品可以再度送入自动线。

为了适应产品批量和品种的变化，国外研制了柔性装配系统，这种现代化的自动装配线，采用各种具有视觉、触觉和决策功能的多关节装配机器人及自动化的传送系统。它不仅可以保证装配的质量和生产率，也可以适应产品种类和数量的变化。

思考与练习题

1. 叙述工业机器人的概念及其基本结构。
2. 叙述工业机器人的分类。
3. 工业机器人有几种控制方法？叙述各种方法的工作原理。
4. 何谓机器人编程？有几种编程方法？
5. 示教再现编程的步骤及示教方式有哪几种？
6. 何谓位形空间？如何描述机器人终端效应器与被夹持物件的位形？
7. 何谓零件、套件、组件和部件？何谓机器的总装？
8. 装配工艺规程包括哪些主要内容？装配工艺规程是经过哪些步骤制定的？
9. 自动装配机分成哪几种类型？
10. 装配机器人有哪些运动功能要求？

➤拓展学习材料

5-1　机械装配工艺过程卡片　　　5-2　装配作业指导卡片（规范）　　　5-3　案例

第6章

绿 色 制 造

当前，世界上掀起一股"绿色浪潮"，环境问题已经成为世界各国关注的热点，并列入世界议事日程，制造业将改变传统制造模式，推行绿色制造技术，发展相关的绿色材料、绿色能源和绿色设计数据库、知识库等基础技术，生产出保护环境、提高资源效率的绿色产品，如绿色汽车、绿色冰箱等，并用法律、法规规范企业行为。随着人们环保意识的增强，那些不推行绿色制造技术和不生产绿色产品的企业，将会在市场竞争中被淘汰，使发展绿色制造技术势在必行。

■ 6.1　绿色制造概述

6.1.1　绿色制造的产生背景

人类居住在地球上，世世代代繁衍生息。大家共同拥有一个地球，而且只有这样一个地球。时至今日，由于人类对资源掠夺性地开发，地球已不堪重负，正向我们敲起"警钟"，亮出"黄牌"：南极上空的臭氧已减少40%；过量的紫外线损害人的免疫系统，危及人类健康；全球气温上升$0.3 \sim 0.6$℃；到21世纪末，地球上已灭绝的动植物可能有100万种。照目前这种趋势发展下去，美丽的大自然已不复存在，人类的生存将受到威胁。地球是人类唯一的家园，绿色已成为大自然的象征。保护生态环境、回归自然是人类共同关心的课题。在未来的21世纪，绿色革命必将席卷全球。

发达国家在20世纪60年代和70年代初，由于经济快速发展，忽视对工业污染的防治，致使环境污染问题日益严重。公害事件不断发生，如日本的水俣病事件，对人体健康造成极大危害，生态环境受到严重破坏，社会反映非常强烈。环境问题逐渐引起各国政府的极大关注，并采取了相应的环保措施和对策。例如，增大环保投资、建设污染控制和处理设施、制定污染物排放标准、实行环境立法等，以控制和改善环境污染问题，取得了一定的成绩。

但是通过十多年的实践发现：这种仅着眼于控制排污口（末端），使排放的污染物通过治理达标排放的办法，虽在一定时期内或在局部地区起到一定的作用，但并未从根本上解决工业污染问题。其原因如下。

第一，随着生产的发展和产品品种的不断增加，以及人们环境意识的提高，对工业生产所排污染物的种类检测越来越多，规定控制的污染物（特别是有毒有害污染物）的排放标准也越来越严格，从而对污染治理与控制的要求也越来越高。为达到排放的要求，企业要花费大量的资金，大大提高了治理费用，即使如此，一些要求还难以达到。

第二，由于污染治理技术有限，治理污染实质上很难达到彻底消除污染的目的。因为一般末端治理污染的办法是先通过必要的预处理，再进行生化处理后排放。而有些污染物是不能生物降解的污染物，只是稀释排放，不仅污染环境，甚至有的治理不当还会造成二次污染；有的治理只是将污染物转移，废气变废水，废水变废渣，废渣堆放填埋，污染土壤和地下水，形成恶性循环，破坏生态环境。

第三，只着眼于末端处理的办法，不仅需要投资，而且使一些可以回收的资源（包含未反应的原料）得不到有效的回收利用而流失，致使企业原材料消耗增高，产品成本增加，经济效益下降，从而影响企业治理污染的积极性和主动性。

第四，实践证明：预防优于治理。根据日本环境厅1991年的报告，"从经济上计算，在污染前采取防治对策比在污染后采取措施治理更为节省。例如，就整个日本的硫氧化物造成的大气污染而言，排放后不采取对策所产生的受害金额是现在预防这种危害所需费用的10倍。以水俣病而言，其推算结果则为100倍。可见两者之差极其悬殊"。

据美国国家环境保护局（Environmental Protection Agency，EPA）统计，美国用于空气、水和土壤等环境介质污染控制总费用（包括投资和运行费），1972年为260亿美元（占 GNP 的1%），1987年猛增至850亿美元，80年代末达到1200亿美元（占 GNP 的2.8%）。例如，杜邦公司每磅废物的处理费用以每年20%～30%的速率增加，焚烧一桶危险废物可能要花费300～1500美元。即使如此之高的经济代价仍未能达到预期的污染控制目标，末端处理在经济上已不堪重负。

因此，发达国家通过治理污染的实践，逐步认识到防治工业污染不能只依靠治理排污口（末端）的污染，要从根本上解决工业污染问题，必须"预防为主"，将污染物消除在生产过程之中，实行工业生产全过程控制。20世纪70年代末期以来，不少发达国家的政府和各大企业集团（公司）都纷纷研究开发和采用清洁工艺（少废无废技术），开辟污染预防的新途径，把推行清洁生产作为经济和环境协调发展的一项战略措施。

清洁生产的概念最早大约可追溯到1976年。当年，欧共体在巴黎举行了"无废工艺和无废生产国际研讨会"，会上提出"消除造成污染的根源"的思想。1979年4月欧共体理事会宣布推行清洁生产政策，1984年、1985年、1987年欧共体环境事务委员会三次拨款支持建立清洁生产示范工程。清洁生产审计起源于20世纪80年代美国化工行业的污染预防审计，并迅速风行全球。

近年来，各国政府纷纷通过法律和经济手段，干预企业的生产制造过程和市场销售环节，贯彻可持续发展战略，保护消费者权益。除了立法以外，支撑可持续发展的关键是要变革传统制造业使用原材料、能源和生产的方式，将环境保护管理从"事后"转移为"事前"。为此，世界各国投入大量财力发展"绿色制造技术"，其中的绿色设计技术，突出了在产品设计阶段就考虑到产品生命周期全过程的无污染、资源低耗、回收和对环境的适应性等。在绿色制造基本思想的指引下，不可再生材料的替代技术、节能技术、清洁生产工艺、产品可拆卸与回收技术、生态工厂循环制造技术等均得到迅猛发展，并聚集成先进制造技术的新的一族。

6.1.2　绿色制造的概念

1. 绿色制造的定义

传统的制造模式是一个开环系统，即原料 – 工业生产 – 产品使用 – 报废 – 二次原料资源，绿色制造要求从设计、制造、使用一直到产品报废回收整个寿命周期对环境影响最小，资源效率最高，也就是说要在产品整个生命周期内，以系统集成的观点考虑产品环境属性，改变了原来末端处理的环境保护办法，对环境保护从源头抓起，并考虑产品的基本属性，使产品在满足环境目标要求的同时，保证产品应有的基本性能、使用寿命、质量等。

绿色制造的概念是什么？不同专业、不同行业的人们，从不同角度对绿色制造有各种各样的理解。

（1）侧重于环境学的定义，认为绿色制造技术就是环境保护技术，因为绿色代表环境，象征生命，能预防和治理环境污染的环保技术就是绿色技术。

（2）侧重于生态学的定义，认为绿色制造就是生态制造，如生态农业、生态工艺、生态企业等。

（3）侧重于生态经济学的定义，认为绿色制造就是根据环境价值并利用现代科技的全部潜力的制造技术。

综合国内外文献，刘飞（2005）等把绿色制造定义如下：绿色制造技术是指在保证产品的功能、质量、成本的前提下，综合考虑环境影响和资源效率的现代制造模式。它使产品从设计、制造、使用到报废整个产品生命周期中不产生环境污染或环境污染最小化，符合环境保护要求，对生态环境无害或危害极少，节约资源和能源，使资源利用率最高，能源消耗最低（图6-1）。

图 6-1　绿色制造示意轮图

2. 绿色制造的体系结构

绿色制造技术涉及产品整个生命周期，甚至多生命周期，主要考虑其资源消耗和环境影响问题，并兼顾技术、经济因素，使得企业经济效益和社会效益协调优化，其技术范围和体系结构框架如图6-2所示。

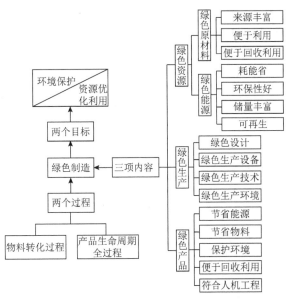

图 6-2　绿色制造的体系结构

绿色制造包括两个层次的全过程控制、三项具体内容和两个实现目标。

两个层次的全过程控制：一是指具体的制造过程，即物料转化过程，充分利用资源，减少环境污染，实现具体绿色制造的过程；二是指在构思、设计、制造、装配、包装、运输、销售、售后服务及产品报废后回收整个产品周期中每个环节均充分考虑资源和环境问题，以实现最大限度地优化利用资源和减少环境污染的广义绿色制造过程。

三项具体内容是用制造系统工程的观点，综合分析产品生命周期从产品材料的生产到产品报废回收处理的全过程的各个环节的环境及资源问题所涉及的主要内容。三项内容包括：绿色资源、绿色生产和绿色产品。绿色资源主要是指绿色原材料和绿色能源。绿色原材料主要是指来源丰富（不影响可持续发展）、便于充分利用、便于废弃物和产品报废后回收利用的原材料。绿色能源，应尽可能使用储存丰富，可再生的能源，并且应尽可能不产生环境污染问题。绿色生产过程中，对一般工艺流程和废弃物，可以采用的措施有：开发使用节能资源和环境友好的生产设备；放弃使用有机溶剂，采用机械技术清理金属表面，利用水基材料代替有毒的有机溶剂为基体的材料；减少制造过程中排放的污水等。开发制造工艺时，其组织结构、工艺流程及设备都必须适应企业的"向环境安全型"组织化，已达到大大减少废弃物的目的。绿色产品主要是指资源消耗少，生产和使用中对环境污染小，并且便于回收利用的产品。

3. 绿色制造运行模式框架

绿色制造运行模式框架如图6-3所示，一共包括五层结构。

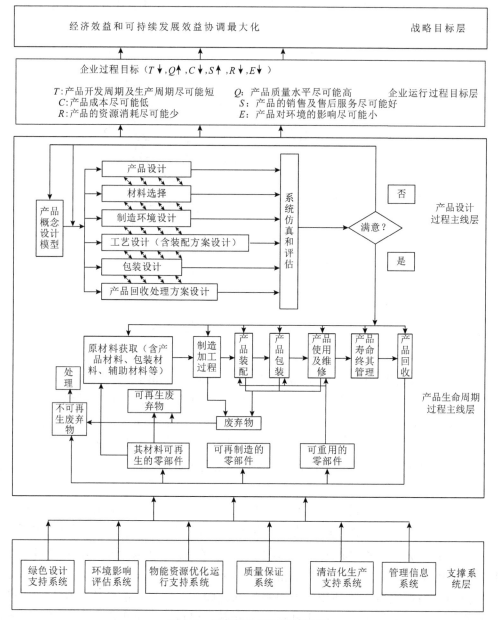

图6-3   绿色制造运行模型框架

第一层是绿色制造的战略目标层，即制造企业经济效益和可持续发展效益协调最大化。第二层是企业运行过程目标层，包括时间（time，T）、质量（quality，Q）、成本（cost，C）、服务（service，S）、资源消耗（resource，R）和环境影响（environmental，E）六大目标。第三层是产品设计过程主线层，主要包括产品设计、材料选择、制造环境设计、工艺设计、包装设计、产品回收处理方案设计及再制造方案设计等。第四层是产品生命周期过程主线层，主要包括原材料获取（含产品材料、包装材料和辅助材料等）、制造加工过程、产品装配、产品包装、产品使用及维修、产品回收处理及再制造等。第五层是支撑系统层，包括绿色设计支持系统、清洁化生产支持系统、管理信息系统和环境影响评估系统等。

6.1.3　绿色制造的技术体系

1. 绿色制造的技术内涵

绿色制造的核心是在产品生命周期过程中实现4R 原则，即减量化（reduce）、重复利用（reuse）、再生循环（recycle）、再制造（remanufacturing）。绿色制造的技术内涵流程如图6-4所示。

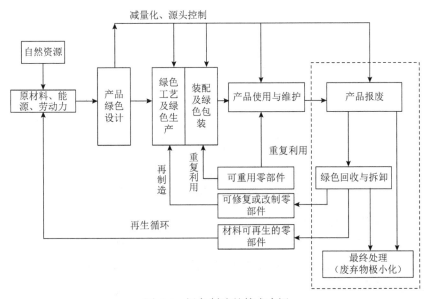

图 6-4　绿色制造的技术内涵

（1）减量化：要求从源头就注意减少资源（包括能源）使用量及废弃物排放量，减轻环境负荷，降低人体安全健康危害。

（2）重复利用：要求产品或者其零件能够反复使用。

（3）再生循环：要求生产出来的产品在完成其使用功能重新变成可以利用的资源，而不是不可再生的垃圾。再生循环有两种情况：一种是原级再循环，即废品被循环用来制造同种类型的新产品；另一种是次级循环，即将废弃物资源转化成其他产品的原料。

（4）再制造：报废产品经过拆卸、清洗、检验，进行翻新修理和再装配后，而恢复到或者接近于新产品的性能标准的一种资源再利用方法。

2. 绿色制造的技术体系结构

绿色制造技术涉及产品整个生命周期，甚至多生命周期，主要考虑其资源消耗和环境影响问题，并兼顾技术、经济因素，使得企业经济效益和社会效益协调优化，其四层技术体系结构如图6-5所示，包括产品生命周期过程技术层、绿色制造特征技术层、绿色制造评估及监控技术层、绿色制造支撑技术层。

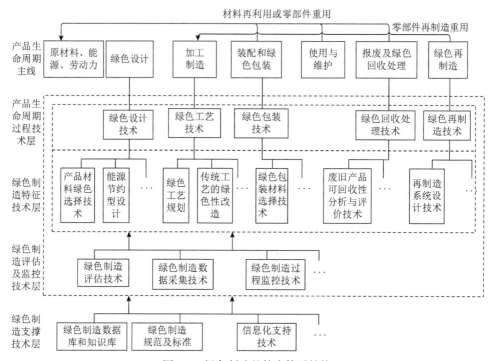

图 6-5　绿色制造的技术体系结构

1）产品生命周期过程技术层

面向产品生命周期主线，将绿色制造技术划分为绿色设计技术、绿色工艺技术、绿色包装技术、绿色回收处理技术及绿色再制造技术等五大类关键技术。

2）绿色制造特征技术层

根据各项关键技术的绿色制造特征，可以将产品生命周期过程技术层进一步细分，构成绿色制造特征技术层。

（1）绿色设计技术。绿色设计是围绕着产品生命周期进行的，绿色设计策略和内容将在很大程度上决定产品生命周期各阶段的绿色属性。绿色设计技术及方法包括：产品材料绿色选择、材料节约型设计、能源节约型设计、环境友好型设计、产品宜人性设计、可拆卸性设计、可回收性设计、可再制造性设计等。绿色设计技术体系如图6-6所示。

（2）绿色工艺技术。绿色工艺技术是以绿色制造思想为基础，改善和改进传统加工工艺技术的先进加工工艺技术。产品在加工过程中排放出大量的废气、废液、废渣、噪声等污染物对环境和人体造成危害。绿色工艺技术旨在改善产品制造过程中的资源消耗和环境污染状况，节约原材料和能源，减少排放物和废弃物的排放，并保障生产人员的职业安全与健康。

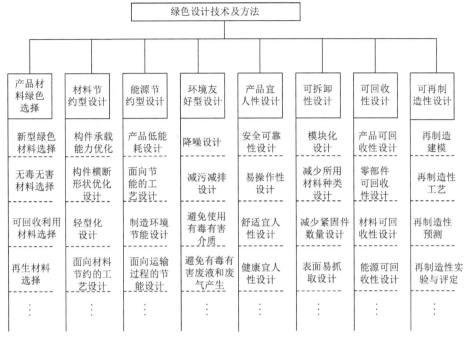

图 6-6 绿色设计技术体系

绿色工艺技术一般可分为三类：新型绿色工艺技术、传统工艺的绿色性改进、生产过程绿色优化技术，绿色工艺技术体系如图6-7所示。

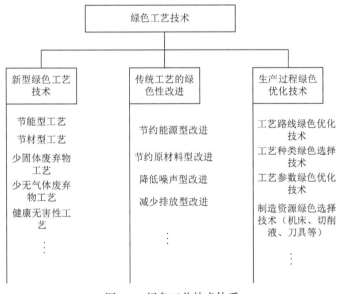

图 6-7 绿色工艺技术体系

（3）绿色包装技术。绿色包装是指能够重复利用、再生循环或降解腐化，且在产品的整个生命周期中对人体及环境不造成公害的适度包装，绿色包装技术包含绿色包装设计技术、绿色包装材料选择技术、绿色包装回收处理技术。绿色包装技术体系如图6-8所示。

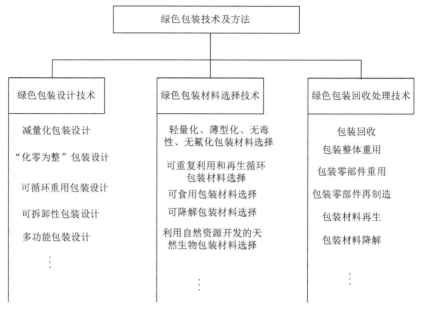

图 6-8　绿色包装技术体系

（4）绿色回收处理技术。产品生命周期终结后，若不回收处理，将造成资源浪费并导致环境污染。绿色回收处理问题是个系统工程问题，从产品设计开始就要充分考虑这个问题，并作系统分类处理。

根据技术特征，绿色回收处理技术可以分为废旧产品可回收性分析与评价技术、废旧产品绿色拆卸技术、废旧产品绿色清洗技术、废旧产品材料绿色分离/回收技术、逆向物流管理技术，如图6-9所示。

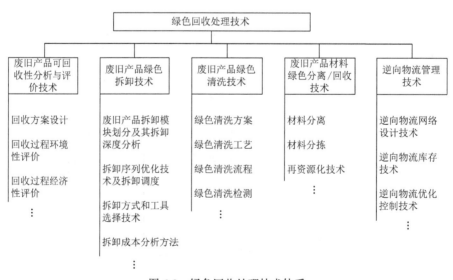

图 6-9　绿色回收处理技术体系

（5）绿色再制造技术。绿色再制造技术是使报废产品经过拆卸、清洗、检验，进行翻新修理和再装配后，恢复到或者接近于新产品的性能标准的一种资源再利用技术。绿色再制造技术的内容体系主要包括：再制造系统设计技术、再制造先进工艺技术、再制造质量控制技术和再制造生产计划与控制技术等，如图6-10所示。

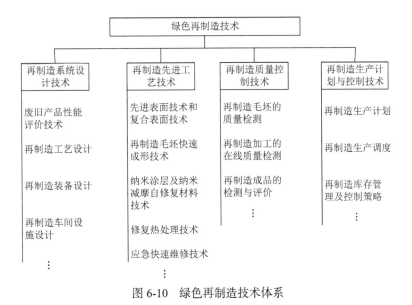

图 6-10　绿色再制造技术体系

3）绿色制造评估及监控技术层

绿色制造评估及监控技术是对绿色制造全过程进行数据采集、监视、综合评价及反馈控制的相关技术，是绿色制造技术成功实施的保障。主要包括：绿色制造评估技术、绿色制造数据采集技术和绿色制造过程监控技术等，如图6-11所示。

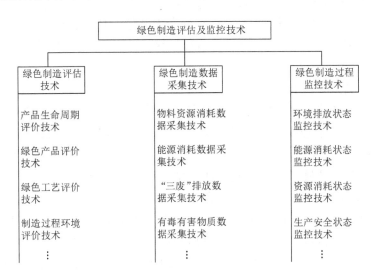

图 6-11　绿色制造评估及监控技术层

4）绿色制造支撑技术层

绿色制造支撑技术层对前三层提供基础支持，主要包括：绿色制造数据库和知识库、绿色制造规范及标准、信息化支持技术等，如图6-12所示。

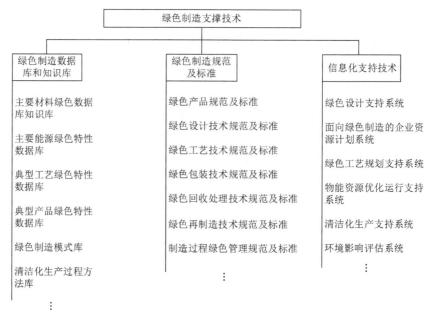

图 6-12　绿色制造支撑技术

3. 绿色制造的关键技术

绿色制造的关键技术主要包括绿色设计、绿色材料选择、绿色工艺规划、绿色包装、绿色回收处理等。

1）绿色设计技术

绿色设计又称面向环境的设计。绿色设计是指在产品及其生命周期全过程的设计中，充分考虑对资源和环境的影响，在充分考虑产品的功能、质量、开发周期和成本的同时，优化各有关设计因素，使得产品及其制造过程对环境的总体影响和资源消耗减到最小。

2）绿色材料选择技术

绿色材料选择技术又称面向环境的产品材料选择，是一个系统性和综合性很强的复杂问题。一是绿色材料尚无明确界限，实际中选用很难处理。二是选用材料，不能仅考虑产品的功能、质量、成本等方面要求，还必须考虑其绿色性，这些更增添了面向环境的产品材料选择的复杂性。绿色制造所选择的材料既要有良好的适用性能，又要与环境有较好的协调性。为此，设计时要注意改善产品的功能，简化结构，减少所用材料的种类；选用易加工的材料，低耗能、少污染的材料，可回收再利用的材料，如铝材料，若汽车车身改用轻型铝材制造，重量可减少40%，且节约了燃油量；采用天然可再生材料，如丰富的柳条、竹类、麻类木材等用于产品的外包装。

美国卡耐基梅隆大学 RoSy 提出了基于成本分析的绿色产品材料选择方法，它将环境因素融入材料的选择过程中，要求在满足工程（包括功能、几何、材料特性等方面的要求）和环境等需求的基础上，使零件的成本最低。

3）绿色工艺规划技术

大量的研究和实践表明，产品制造过程的工艺方案不一样，物料和能源的消耗将不一样，对环境的影响也不一样。绿色工艺规划就是要根据制造系统的实际，尽量研究和采用物料和能源消耗少、废弃物少、对环境污染小的工艺方案和工艺路线。

美国伯克利大学的 P.Sheng 等提出了一种环境友好性的零件工艺规划方法，这种工艺规划方法分为两个层次：基于单个特征的微规划，包括环境性微规划和制造微规划；基于零件的宏规划，包括环境性宏规划和制造宏规划。应用基于 Internet 的平台对从零件设计到工艺文件生成中的规划问题进行集成。在这种工艺规划方法中，对环境规划模块和传统的制造模块进行同等考虑，通过两者之间的平衡协调，得出优化的加工参数。

4）绿色包装技术

绿色包装技术的主要内容是面向环境的产品包装方案设计，就是从环境保护的角度，优化产品包装方案，使得资源消耗和废弃物产生最小。目前这方面的研究很广泛，但大致可以分为包装材料、包装结构和包装废弃物回收处理三个方面。当今世界主要工业国要求包装应做到的"3R1D"（reduce 减量化、reuse 回收重用、recycle 循环再生和 degradable 可降解）原则。

5）绿色回收处理技术

产品生命周期终结后，若不回收处理，将造成资源浪费并导致环境污染。目前的研究认为面向环境的产品回收处理问题是个系统工程问题，从产品设计开始就要充分考虑这个问题，并作系统分类处理。产品寿命终结后，可以有多种不同的处理方案，如再使用、再利用、废弃等，各种方案的处理成本和回收价值都不一样，需要对各种方案进行分析与评估，确定出最佳的回收处理方案，从而以最少的成本代价，获得最高的回收价值，即进行绿色产品回收处理方案设计。评价产品回收处理方案设计主要考察三方面：效益最大化、重新利用的零部件尽可能多、废弃部分尽可能少。

4. 绿色制造的支撑技术

1）绿色制造的数据库和知识库

研究绿色制造的数据库和知识库，为绿色设计、绿色材料选择、绿色工艺规划和回收处理方案设计提供数据支撑和知识支撑。绿色设计的目标就是如何将环境需求与其他需求有机地结合在一起。比较理想的方法是将 CAD 和环境信息集成起来，以便使设计人员在设计过程中像在传统设计中获得有关技术信息与成本信息一样能够获得所有有关的环境数据，这是绿色设计的前提条件。只有这样设计人员才能根据环境需求设计开发产品，获取设计决策所造成的环境影响的具体情况，并可将设计结果与给定的需求比较对设计方案进行评价。由此可见，为了满足绿色设计需求，必须建立相应的绿色设计数据库与知识库，并对其进行管理和维护。

2）制造系统环境影响评估系统

环境影响评估系统要对产品生命周期中的资源消耗和环境影响的情况进行评估，评估的主要内容包括：制造过程物料的消耗状况、制造过程能源的消耗状况、制造过程对环境的污染状况、产品使用过程对环境的污染状况、产品寿命终结后对环境的污染状况等。

制造系统中资源种类繁多，消耗情况复杂，因而制造过程对环境的污染状况多样、程度不一、极其复杂。如何测算和评估这些状况，如何评估绿色制造实施的状况和程度是一个十分复杂的问题。

因此，研究绿色制造的评估体系和评估系统是当前绿色制造的研究和绿色制造的实施均急需解决的问题。当然此问题涉及面广，问题复杂，尚有待于专门的系统研究。

3）绿色ERP管理模式和绿色供应链

在实施绿色制造的企业中，企业的经营和生产管理必须考虑资源消耗和环境影响及其相应的资源成本和环境处理成本，以提高企业的经济效益和环境效益。其中，面向绿色制造的整个产品生命周期的绿色MRP II/ERP管理模式及其绿色供应链是重要研究内容。

4）绿色制造的实施工具

研究绿色制造的支撑软件，包括计算机辅助绿色设计、绿色工艺规划系统、绿色制造的决策支持系统，ISO14000国际认证的支撑系统等。

6.1.4　绿色制造的研究现状及发展

1. 国内外研究现状

1）国外现状

国外不少国家的政府部门已推出了以保护环境为主题的"绿色计划"。1991年日本推出了"绿色行业计划"，加拿大政府已开始实施环境保护"绿色计划"。美国、英国、德国也推出类似计划。目前，在一些发达国家，除政府采取一系列环境保护措施外，广大消费者热衷于购买环境无害产品的绿色消费的新动向，促进了绿色制造的发展。产品的绿色标志制度相继建立，凡产品标有"绿色标志"图形的，表明该产品从生产到使用及回收的整个过程都符合环境保护的要求，对生态环境无害或危害极少，并利于资源的再生和回收，这为企业打开销路、参与国际市场竞争提供了条件。例如，德国水溶油漆自1981年开始被授予环境标志（绿色标志）以来，其贸易额已增加20%。德国目前已有60种类型3500个产品被授予环境标志，法国、瑞士、芬兰和澳大利亚等国于1991年对产品实施环境标志，日本于1992年对产品实施环境标志，新加坡和马来西亚也在1992年开始实施环境标志。目前已有20多个国家对产品实施环境标志，从而促进了这些国家"绿色产品"的发展，在国际市场竞争中取得更多的地位和份额。

2）国内现状

绿色制造自提出以来受到了国内各单位的高度重视，并展开了大量的研究。目前包括重庆大学、清华大学、合肥工业大学、机械科学研究院、上海交通大学、华中理工大学、同济大学等在内的许多单位在国家科学技术委员会、国家自然科学基金委员会和有关部门的支持下对绿色制造技术进行了广泛的研究探索。国家"863"项目和国家自然科学基金也支持了大量绿色制造方面的课题，有力地推动了该领域的研究工作。在近年来的研究工作中，已形成了一批专门从事绿色制造研究的科研队伍，发表了大量的研究论文，出版了多本绿色制造方面的专著，有关技术手册也收录了绿色设计与制造方面的技术。国家"863"现代集成制造系统网络 CIMSNET 已将绿色制造列为技术专题之一，跟踪报道绿色制造的研究动态。《中国机械工程》杂志曾于2000年第9期出版了绿色制造专辑论文。

机械科学研究院已完成了国家科学技术委员会"九五"攻关项目——清洁生产技术选择与数据库的建立、机械工业基金项目——绿色设计技术发展趋势及对策研究。围绕机械工业中九个行业对绿色技术需求和绿色设计技术自身发展趋势进行了调研，在国内首次提出适合机械工业的绿色设计技术发展体系，同时进行了车辆的拆卸和回收技术的研究。目前正在开展国家自然科学基金项目——"环境绿色技术评价体系的研究"。以环境保护绿色技术评价体系为研究载体，将环境技术验证（environmental technology verification，ETV）评价技术导入机械制造业的绿色设计、绿色制造，建立制造业的绿色概念、描述方法和 ETV 评价体系。

清华大学为创建绿色大学，已将绿色工程技术列为优先发展和支持项目，在美国"China Bridge"基金和国家自然科学基金会的支持下，已与美国得克萨斯理工大学先进制造实验室建立了关于绿色设计技术研究的国际合作关系，对全生命周期建模等绿色设计理论和方法进行系统研究，取得一定进展。

上海交通大学针对汽车开展可回收性绿色设计技术的研究，与 Ford 公司合作，研究中国轿车的回收工程问题；与中国再生资源开发公司华东分公司合作，撰写了"探讨中国汽车销售、维修、二手车交易及回收利用一条龙管理模式的可行性报告"；与法国柏林工业大学机床和制造技术研究所建立了合作关系，在废弃工业品回收方面展开了研究工作。

合肥工业大学开展了机械产品可回收设计理论和关键技术及回收指标评价体系的研究。重庆大学承担了国家自然科学基金和国家863／CIMS 主题资助的关于绿色制造技术的研究项目，主要研究可持续发展 CIMS（S－CIMS）的体系结构研究、清洁化生产系统和体系结构及实施策略、清洁化生产管理信息系统等。华中理工大学、浙江大学、北京航空航天大学等高院校也开展了绿色制造技术研究。国内已形成了一支从事绿色制造技术研究的专业队伍，为我国发展绿色制造技术奠定了基础。

2. 绿色制造发展趋势

当前，世界上掀起一股"绿色浪潮"，环境问题已经成为世界各国关注的热点，并列入世界议事日程，制造业将改变传统制造模式，推行绿色制造技术，发展相关的绿色材料、绿色能源和绿色设计数据库、知识库等基础技术，生产出保护环境、提高资源效率的绿色产品，如绿色汽车、绿色冰箱等，并用法律、法规规范企业行为。随着人们环保意识的增强，那些不推行绿色制造技术和不生产绿色产品的企业，将会在市场竞争中被淘汰，使发展绿色制造技术势在必行。

1）全球化——绿色制造的研究和应用将越来越体现全球化的特征和趋势

绿色制造的全球化特征体现在许多方面。

（1）制造业对环境的影响往往是超越空间的，人类需要团结起来，保护我们共同拥有的唯一的地球。

（2）ISO14000系列标准的陆续出台为绿色制造的全球化研究和应用奠定了很好的基础，但一些标准尚需进一步完善，许多标准还有待于研究和制定。

（3）随着近年来全球化市场的形成，绿色产品的市场竞争将是全球化的。

（4）近年来许多国家要求进口产品要进行绿色性认定，要有"绿色标志"。特别是有些国家以保护本国环境为由，制定了极为苛刻的产品环境指标来限制国际产品进入本国市场，即设置"绿色贸易壁垒"。绿色制造将为我国企业提高产品绿色性提供技术手段，从而为我国企业消除国际贸易壁垒进入国际市场提供有力的支撑。这也从另外一个角度说明了全球化的特点。

2）社会化——绿色制造的社会支撑系统需要形成

绿色制造的研究和实施需要全社会的共同努力和参与，以建立绿色制造所必需的社会支撑系统。

绿色制造涉及的社会支撑系统首先是立法和行政规定问题。当前，这方面的法律和行政规定对绿色制造行为还不能形成有利支持，对相反行为的惩罚力度不够。立法问题现在已越来越受到各个国家的重视。

政府可制定经济政策，用市场经济的机制对绿色制造实施导向。例如，制定有效的资源价格政策，利用经济手段对不可再生资源和虽可再生资源但开采后会对环境产生影响的资源（如树木）严加控制，使得企业和人们不得不尽可能减少直接使用这类资源，转而寻求开发替代资源。又如，城市的汽车废气污染是一个十分严重的问题，政府可以对每辆汽车年检时，测定废气排放水平，收取高额的污染废气排放费。这样，废气排放量大的汽车自然没有销路，市场机制将迫使汽车制造厂生产绿色汽车。

企业要真正有效地实施绿色制造，必须考虑产品寿命终结后的处理，这就可能导致企业、产品、用户三者之间的新型集成关系的形成。例如，有人就建议，需要回收处理的主要产品，如汽车、冰箱、空调、电视机等，用户只买了使用权，而企业拥有所有权，有责任进行产品报废后的回收处理。

无论是绿色制造涉及的立法和行政规定及需要制定的经济政策，还是绿色制造所需要建立的企业、产品、用户三者之间新型的集成关系，均是十分复杂的问题，其中又包含大量的相关技术问题，均有待于深入研究，以形成绿色制造所需要的社会支撑系统。这些也是绿色制造今后研究内容的重要组成部分。

3）集成化——将更加注重系统技术和集成技术的研究

绿色制造涉及产品生命周期全过程及企业生产经营活动的各个方面，因而是一个复杂的系统工程问题。因此，要真正有效地实施绿色制造，必须从系统的角度和集成的角度来考虑和研究绿色制造中的有关问题。

当前，绿色制造的集成功能目标体系、产品和工艺设计与材料选择系统的集成、用户需求与产品使用的集成、绿色制造的问题领域集成、绿色制造系统中的信息集成、绿色制造的过程集成等集成技术的研究将成为绿色制造的重要研究内容。

绿色制造的实施需要一个集成化的制造系统来进行。为此，提出了绿色集成制造系统的概念，并建立了一种绿色集成制造系统的体系框架：该系统包括管理信息系统、绿色设计系统、制造过程系统、质量保证系统、物能资源系统、环境影响评估系统等六个功能分系统，计算机通信网络系统和数据库/知识库系统等两个支持分系统及与外部的联系。

4）并行化——绿色并行工程将可能成为绿色产品开发的有效模式

绿色设计今后仍将是绿色制造中的关键技术。绿色设计今后的一个重要趋势就是与并行工程的结合，从而形成一种新的产品设计和开发模式绿色并行工程。

绿色并行工程又称为绿色并行设计，是现代绿色产品设计和开发的新模式。它是一个系统方法，以集成的、并行的方式设计产品及其生命周期全过程，力求使产品开发人员在设计一开始就考虑到产品整个生命周期中从概念形成到产品报废处理的所有因素，包括质量、成本、进度计划、用户要求、环境影响、资源消耗状况等。

5）智能化——人工智能和智能制造技术将在绿色制造研究中发挥重要作用

绿色并行工程涉及一系列关键技术，包括绿色并行工程的协同组织模式、协同支撑平台、绿色设计的数据库和知识库、设计过程的评价技术和方法、绿色并行设计的决策支持系统等。许多技术有待于今后的深入研究。

绿色制造的决策目标体系是现有制造系统 TQCS（即产品上市时间 T、产品质量 Q、产品成本 C 和为用户提供的服务 S）目标体系与环境影响 E 和资源消耗 R 的集成，即形成了 TQCSRE 的决策目标体系。要优化这些目标，是一个难以用一般数学方法处理的十分复杂的多目标优化问题，需要用人工智能方法来支撑处理。另外，在绿色产品评估指标体系及评估专家系统，均需要人工智能和智能制造技术。

基于知识系统、模糊系统和神经网络等的人工智能技术将在绿色制造研究开发中起到重要作用。例如，在制造过程中应用专家系统识别和量化产品设计、材料消耗和废弃物产生之间的关系；应用这些关系来比较产品的设计和制造对环境的影响；使用基于知识的原则来选择实用的材料等。

6）产业化——绿色制造的实施将导致一批新兴产业的形成

绿色制造将导致一批新兴产业的形成。除了目前大家已注意到的废弃物回收处理装备制造业和废弃物回收处理的服务产业外，另有两大类产业值得特别注意。

（1）绿色产品制造业。制造业不断研究、设计和开发各种绿色产品以取代传统的资源消耗和环境影响较大的产品，将使这方面的产业持续兴旺发展。

（2）实施绿色制造的软件产业。企业实施绿色制造，需要大量实施工具和软件产品，如绿色设计的支撑软件（计算机辅助绿色产品设计系统、绿色工艺规划系统、绿色制造的决策系统、产品生命周期评估系统、ISO14000国际认证的支撑系统等），将会推动一类新兴软件产业的形成。

▋6.2　绿色产品及其评价

6.2.1　绿色产品的基本概念

1. 绿色产品的概念及内涵

绿色产品或称为环境协调产品，是相对于传统产品而言。由于对产品"绿色程度"

的描述和量化特征还不十分明确，所以，目前还没有公认的权威定义。不过分析对比现有的不同定义，仍可对绿色产品有一个基本的认识。绿色产品的几种主要定义方式如下。

（1）绿色产品是指以环境和环境资源保护为核心概念而设计生产的，可以拆卸并分解的产品，其零部件经过翻新处理后，可以重新使用。

（2）刊登在美国《幸福》双周刊上一篇题为"为再生而制造产品"的文章认为：绿色产品是指将重点放在减少部件，使原材料合理化和使部件可以重新利用的产品。

（3）也有人把绿色产品看成是：一件产品在其使用寿命完结时，其部件可以翻新和重新利用，或能安全地把这些零部件处理掉，这样的产品被称为绿色产品。

（4）还有人把绿色产品归纳为从生产到使用，乃至回收的整个过程都符合特定的环境保护要求，对生态环境无害或危害极少，以及利用资源再生或回收循环再用的产品。

（5）按照 ISO14000标准，通俗地说，所谓绿色产品，就是指采用清洁的原材料，通过清洁的工艺，生产出来的清洁的产品。

综合上述定义，我们可以给绿色产品定义如下：绿色产品是指在其生命周期全过程（包括原材料、设计、制造、包装、运输、使用、回收、处理、再用）中，能经济性地实现节约资源和能源，对生态环境无害或危害极小，且对劳动者（生产者和使用者）具有良好保护性的产品。

绿色产品具有丰富的内涵，其主要表现在以下几个方面：①优良的环境友好性，即产品从生产到使用乃至废弃、回收、处理处置的各个环节都对环境无害或危害甚小。这就要求企业在生产过程中选用清洁的原料，清洁的工艺过程，生产出清洁的产品；用户在使用产品时不或很少产生环境污染，并且不对使用者造成危害；报废产品在回收处理过程中很少产生废弃物。②最大限度地利用材料资源。绿色产品应尽量减少材料使用量，减少使用材料的种类，特别是稀有昂贵材料及有毒、有害材料。这就要求设计产品时，在满足产品基本功能的条件下，尽量简化产品结构，合理选用材料，并使产品中零件材料能最大限度地再利用。③最大限度地节约能源，绿色产品在其生命周期的各个环节所消耗的能源应最少。资源及能源的节约利用本身也是很好的环境保护手段。

2. 绿色产品的基本特征

（1）技术先进性。技术先进性是绿色产品设计制造和赢得市场竞争的前提。绿色产品强调在产品整个寿命周期中采用先进技术，从技术上保证100%地实现用户要求的使用功能、性能和可靠性。

（2）环境保护性。绿色产品要求从生产到使用乃至废弃、回收、处理的各个环节都对环境无害或危害甚小。其评价应按当代国际社会公认的环保标准进行。它要求企业在生产过程选用清洁的原料、清洁的工艺过程进行清洁生产；从设计上应保证用户在使用该产品的全过程中不产生环境污染或只有允许的微小污染，并同时保证产品在报废、回收、处理过程中产生的废弃物最少。

（3）材料、资源利用最优性。绿色产品应尽量减少材料、资源的消耗量，尽量减少使用材料的种类，特别是稀有昂贵材料及有毒、有害材料的种类和用量。这就要求设计产品时，在满足产品基本功能的条件下，尽量简化产品结构，合理使用材料，并使产品中零件材料能最大限度地再利用。同时，还应保证在其生命周期的各个环节能源消耗最小。

（4）安全性。绿色产品首先必须是安全的产品，即它必须在结构设计、材料选择、生产制造和使用的各个环节上采用先进、有效的安全技术，实现产品安全本质化。确保用户或使用者在使用该绿色产品时的人身安全和健康。

（5）人机和谐性。现代社会要求的绿色产品必须进行科学的人类工效学和工业美学设计，使其具有良好的人机和谐性和美的外观特性，使用户（或操作者）在使用该产品时感觉舒适、轻松愉快，误操作率小；整个"人－机"系统具有最高综合工效。

（6）良好的可拆卸性。良好的可拆卸性在现代生产可持续发展中起着重要作用，已成为现代机械设计的重要分支，不具良好可拆卸性设计的产品不仅会造成大量可重复利用零部件的浪费，而且会因废弃物不好处理污染环境。因此，是否具有良好的可拆卸性是衡量一个产品绿色化程度的重要指标。

（7）经济性。绿色产品除应具有上述特征外，还必须具有良好的经济性，即不但要制造成本最低，更重要的是要让消费者想买、愿意买，而且要让用户买得起、用得起，以至报废时扔得起，即具有面向产品全生命周期的最小"全程成本"。

（8）多生命周期。从绿色产品的科学定义可以看出，绿色产品与传统概念的产品相比，是一种具有多生命周期属性的产品。普通产品生命周期是指产品从"摇篮到坟墓"（cradle-to-grave），即从产品设计、制造、销售、使用乃至废弃的所有阶段，而产品废弃后的一系列问题则一般很少考虑，其结果不言而喻，即不能满足绿色产品的要求。绿色产品生命周期应将其扩展成从"摇篮到再现"（cradle-to-reincarnation）的过程，即除了普通产品寿命周期阶段外，还应包括废弃（或淘汰）产品的回收、重用及处理处置阶段。由此可见，绿色产品生命周期包括以下五个过程，即：①绿色产品规划及设计开发过程；②绿色产品制造与生产过程；③产品使用过程；④产品维护与服务过程；⑤废弃淘汰产品的回收、重用及处理处置过程。

3. 绿色产品的分类

绿色产品可以从不同的角度进行分类。例如，可按与原产品区分的程度分为改良型、改进型，也可按对环保作用的大小，按"绿色"的深浅来划分。"绿色"是一个相对的概念，很难有一个严格的标准和范围界定，它的标准可以由社会习惯形成，社会团体制定或法律规定。但按国际惯例的话，一般来说，只有授予绿色标志的产品才算是正式的绿色产品。

由于各国确定的产品类别各不相同，规定的标准也有所差别。以下以德国为例，对该国的绿色产品分类进行简介：德国是世界上发展绿色产品最早的国家，德国的绿色产品共分为七个基本类型，下面列举这七个基本类型中的一些重点产品类别。

（1）可回收利用型包括经过翻新的轮胎、回收的玻璃容器、再生纸、可复用的运输周转箱（袋）、用再生塑料和废橡胶生产的产品、用再生玻璃生产的建筑材料、可复用的磁带盒和可再装上磁带盘、以再生石制的建筑材料等。

（2）低毒低害的物质包括非石棉阐衬、低污染油漆和涂料、粉末涂料、锌空气电池、不含农药的室内驱虫剂、不含汞和镉的锂电池、低污染灭火剂等。

（3）低排放型包括低排放的雾化燃烧炉、低排放燃气禁烧炉、低污染节约型燃气炉、凝汽式锅炉、低排放废式印刷机等。

（4）低噪声型包括低噪声割草机、低噪声摩托车、低噪声建筑机械、低噪声混合粉碎机、低噪声低烟尘城市汽车等。

（5）节水型包括节水型清洗槽、节水型水流控制器、节水型清洗机等。

（6）节能型包括燃气多段锅炉和循环水锅炉、太阳能产品及机械表、高隔热多型玻璃等。

（7）可生物降解型包括以土壤营养物和调节剂合成的混合肥料、易生物降解的润滑油、润滑脂等。

6.2.2　绿色产品的评价标准及方法

1. 绿色产品的评价标准

1）评价指标体系的制定原则

要建立正确客观的评价指标体系，需要分析影响产品绿色程度的各种因素及其特征，在指标体系的建立过程中，必须遵循科学性与层次性、综合性与可操作性、不相容性与系统性、定性指标与定量指标、静态指标与动态指标相统一等原则。具体体现在以下几个方面。

（1）综合性原则。指标体系应能全面反映被评价产品"绿色"程度的综合情况，应能从技术、经济和生态三方面进行评价，充分利用多学科知识、学科间的交叉和综合知识，以保证综合评价的全面性和可信度。

（2）科学性原则。力求客观、真实、准确地反映被评价产品的"绿色"属性。有些指标可能目前尚无法获取必要的数据，但与评价关系较大时仍可作为建议指标提出。

（3）系统性原则。要有反映产品资源属性、能源属性、经济属性及环境属性的各自指标，并注意从中抓住影响较大的主要因素，又要充分认识到与社会经济发展过程有不可分割的联系，有反映这几大属性之间的协调性指标。

（4）动态指标和静态指标相结合原则。产品的指标均受市场及用户需求等的制约，对产品的要求也将随着工业技术的发展和社会的发展而不断变化。在评价中，既要考虑到现有状态，又要充分考虑到未来的发展。

（5）定性指标与定量指标相结合原则。绿色产品评价指标应尽可能量化，但对某些指标（如环境政策指标、材料特性等）量化难度较大，此时也可采用定性指标来描述，以便从质和量的角度，对被评价对象做出科学的评价结论。

（6）可操作性原则。绿色产品的评价指标应有明确的含义，具有一定的现实统计作为基础，因而可以根据数量进行计算分析。同时指标项目要适量，内容应简洁在满足有效性的前提下，尽可能评价简便。

（7）不相容性原则。绿色产品的评价指标项目众多，应尽可能避免相同或含义相近的变量重复出现，做到简明、概括，并具有代表性。

（8）层次性原则。绿色产品的评价指标体系为产品设计人员、管理部门及消费者提供了设计决策、产品检查及绿色产品消费选择的依据。由于使用对象不同，应在不同层次采用不同指标。例如，对管理部门，需要知道的是产品总体指标的满足程度，显然这一层次的指标应着重于其整体性和综合性；而设计人员需要知道所选的具体方案满足特定要求或功能的程度，这时的指标应更细致、更明确。因此，在不同层次上应有不同的指标。

2）绿色产品评价指标体系

鉴别绿色产品的标准有三条。

（1）生产的生态性，即在材料选择与管理、生产制造、生产资源配置等过程中，要选择有利于环境保护的工艺路线，节约资源，减少能耗，且不污染环境。

（2）使用过程的生态性，即产品在使用过程中能耗低，不会对使用者造成不便和危害，也不会产生环境污染。

（3）处理处置的生态性，即产品在使用寿命完结或废弃淘汰时，其处理处置也要符合生态要求，如易于拆卸、回收重用或能够安全废弃并长期无虑、易于降解或销毁等。

绿色产品是一种相对、动态的概念。由于生活质量的提高、技术进步和严格的管理措施等，对产品的要求及相关标准等均会有所提高，绿色产品的内涵和外延均会产生变化。因此，真正意义上的绿色产品是一种相对和动态的概念。

针对绿色产品的三条标准，建立绿色产品评价指标体系，如图6-13所示。

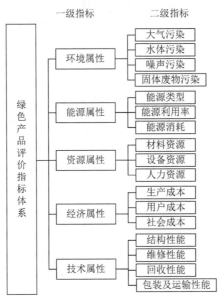

图 6-13　绿色产品评价指标体系

根据图6-13所示，一级评价指标有以下五个方面。

（1）环境属性。环境属性是指在产品的整个生命周期内不破坏生态环境，对当地环境乃至全球环境不产生污染或使污染为最小化。分为四个二级指标：大气污染、水体污染、噪声污染、固体废物污染。

（2）能源属性。能源属性表现为最高的能源利用率、最小的能耗及再生能源和绿色新能源的利用。分为三个二级指标：能源类型、能源利用率、能源消耗。

（3）资源属性。产品的资源包括材料资源、设备资源、人力资源和信息资源等。其目的是通过改变无限制的开发利用及粗放型的经营方式等手段，使产品的资源利用率最高。分为三个二级指标：材料资源、设备资源、人力资源。

（4）经济属性。经济属性是使绿色产品在其生命周期全程中具有最小的成本消耗。可从生产成本、用户成本及社会成本等几方面来考虑。分为三个二级指标：生产成本、用户成本、社会成本。

（5）技术属性。技术属性反映绿色产品的技术性能，包括：过程产品的结构性、维修性、回收处理及再利用阶段技术（如拆卸的可靠性、拆卸的方便性、回收利用技术的可靠性等）、包装运输性能等。分为四个二级指标：结构性能、维修性能、回收性能、包装及运输性能。

2. 生命周期评估方法

1）生命周期评估的定义

生命周期评估（life cycle assessment，LCA），是在确定和量化某个产品及其过程或相关活动的材料、能源、排放等环境负荷的基础上，评估其对环境的影响，并进而找出和确定改善环境影响的方法和机会。LCA 的内容包括产品、过程或相关活动的整个生命周期，包括原材料的获取、加工制造、运输和排放、使用/重用/维护、回收及最后的处理等生命周期阶段，如图6-14所示。

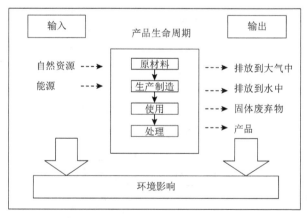

图 6-14　LCA 过程

2）LCA 的基本框架

LCA 包括四个阶段：目标和范围确定、清单分析、影响评估和结果解释。LCA 的基本框架如图6-15所示。

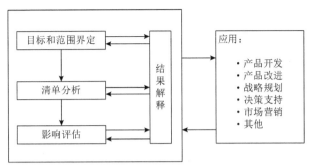

图 6-15　LCA 框架

（1）目标和范围确定，在进行 LCA 评估之前，必须明确地表述评估的目标和范围，作为评估过程所依赖的出发点和立足点。需要定义的 LCA 评估范围包括以下几个方面：产品系统功能的定义、产品系统功能单元的定义、产品系统的定义、产品系统边界的定义、系统输入输出的分配方法、采用的环境影响评估方法及其相应的解释方法、数据要求、评估中使用的假设、评估中存在的局限性、原始数据的数据质量要求、采用的审核方法、评估报告的类型与格式。

（2）清单分析，是对产品、工艺过程或活动等系统整个生命周期阶段资源和能源的使用及向环境排放的废弃物等进行定量分析的技术过程。清单分析开始于原材料获取，结束于产品的最终消费和回收处理。清单分析程序如图6-16所示。

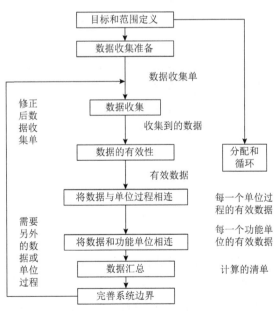

图 6-16　清单分析程序

（3）影响评估，是根据清单分析过程中列出的要素对环境影响进行定性和定量分析。环境影响的类型主要可划分为四大类，即直接对生物、人类有害和有毒性，对生活环境的破坏，对可再生资源循环体系的破坏，对不可再生资源的大量消耗。影响评估把清单分析的结果归到不同的环境影响类型,再根据不同环境影响类型的特征化系数加以量化,来进行分析和判断。

（4）结果解释，是将清单分析和影响评估的结果组合在一起，使清单分析结果与确定的目标和范围相一致，以便做出结论和建议影响评估完成后，应撰写和提高 LCA 研究报告。

3. 绿色产品评价系统

根据绿色品的特征，我们建立了以产品为中心的绿色产品评价系统，其结构框图如图6-17所示。该评价系统由以下几个模块组成。

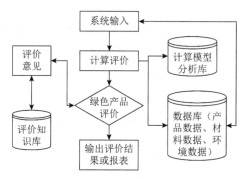

图 6-17　绿色产品评价系统框图

（1）系统输入模块，是用于确定评价类型、评价内容及输入有关数据等。

（2）计算评价模块，根据评价项目，选择相应评价模型，进行分析计算并给出评价结果。

（3）数据库模块，包括产品信息数据、材料信息数据、环境数据及政令法规数据，既有数值型数据也有文字型、规则型数据。

（4）知识库模块，包括系统决策所需的知识（如材料知识、结构知识、环境知识等）。

（5）输出模块，输出评价结果及所需报表。

6.2.3　绿色产品的认证

1. 绿色产品认证的发展

绿色标志，又称"环境标志""生态标志""蓝色天使"等，它是一种产品的证明性商标，受法律保护，是经过严格检查、检测、综合评定，并经国家专门委员会批准使用的标志。它是印刷或张贴在产品或其包装上的图形，表明该产品不但质量合格，而且在生产、使用、消费和处置等过程中也符合特定的环境保护要求。只有经过严格认证，获得绿色标志（或称环境标志）的产品才是绿色产品。

绿色标志实施已有近三十年的时间。1978年联邦德国最先开始绿色产品的认证。到现在为止，德国已经对国内市场上的75类4500种以上的产品颁发了环境标志。德国的环境标志称为"蓝色天使"（blue angel），上面的图案是一个张开双臂的小人，周围环绕着蓝色的橄榄枝。从1988年开始，加拿大、日本、法国等国也相继建立自己的绿色标志认证制度。丹麦、芬兰、冰岛、挪威和瑞典等北欧国家于1989年开始实行国家之间统一的北欧绿色标志。图6-18是具有广泛影响的几种绿色标志。

| （a）德国蓝色天使标志 | （b）加拿大环境标志 | （c）北欧委员会环境标志 |

| （d）中国环境标志 | （e）日本生态标志 | （f）英国生态标志 |

图 6-18　几种常见的绿色标志

美国虽然于1988年就出现了绿色标志，但均是地方组织实施，至今还没有国家统一的标志。新加坡、马来西亚、韩国等亚洲国家也已开展了绿色标志工作。目前，世界上已有20多个国家和地区实施或正在积极准备实施绿色标志计划，绿色标志产品种类已达几百种，产品近万种。目前，德国绿色标志产品已达7500多种，占其全国商品的30%；日本绿色标志产品有2500多种；加拿大绿色标志产品已发展到了800多种。绿色标志已在全球范围内刮起一股"绿色浪潮"的冲击波，显示出强大的生命力。

1993年10月23日，我国国家环境保护局宣布，在我国实行环境标志制度，并制定了严格的绿色标志产品标准。到1996年3月20日，经过严格的监测、认证，中国环境标志产品认证委员会宣布11个厂家生产的六类18种产品，为我国的第一批环境标志产品，其中有低氟氯烃家用制冷剂和无铅车用汽油，还有水性涂料、卫生纸、真丝绸和无汞镉铅充电电池等。绿色标志认证可以根据国际惯例保护我国的环境利益，同时也有利于促进企业提高产品在国际市场上的竞争力，因为越来越多的事实证明：谁拥有绿色产品，谁就拥有市场。1988年青岛电冰总厂专门组织一个技术班子，研究将电冰箱氟氯烃的用量减少一半。这种冰箱很快就荣获"欧洲绿色标志"，打开了销往欧洲的道路，仅出口到德国的数量就达5万多台，在数量上居亚洲国家之首。

2. 我国绿色标志的认证

中国的绿色标志（环境标志），如图6-18所示，它是由青山、绿水、太阳及十个环组成。标志图形的中心结构表示人类赖以生存的环境；外围的十个环紧密结合，环环紧扣，表示公众参与，共同保护环境；同时十个环的"环"字与环境的"环"同字，其寓意为"全民联合起来，共同保护人类赖以生存的环境"。1994年5月正式成立了"中国环境标志产品认证委员会"，它是代表国家对环境标志产品实施认证的唯一合法机构，为我国环境标志产品认证提供了组织保证。同时，《中国环境标志产品认证委员会章程（试行）》《环境标志产品认证管理办法（试行）》《中国环境标志产品认证书和环境标志使用管理规定（试行）》《环境标志产品种类建议》《环境标志产品认证申请书》《中国环境标志产品认证收费实施细则》等一系列工作文件出台，从而揭开了中国环境标志产品计划的序幕。

6.2.4 典型的绿色产品

1. 绿色汽车

绿色汽车也叫环保汽车、清洁汽车或者绿色环保汽车。具体地讲，理想的绿色环保汽车是指这种汽车从生产、使用到报废整个过程中，不对环境产生任何污染，即无污染物排放，无噪声，报废车辆的材料可回收再利用，不造成二次污染。

绿色汽车对汽车生产基地、汽车能源、汽车尾气的要求，对汽车从成产、销售到废品回收的整个过程的要求，以及对环境、生产技术、安全等方面的要求，都有一定的国际标准。

绿色汽车的特点如下。

（1）可以回收利用。目前，环保脚步走得最快的德国已规定：汽车厂商必须建立废旧汽车回收中心。宝马公司已把一辆汽车上可回收零部件所占的比例提高到80%，并把目标规定为95%。

（2）动力源的改进。电动汽车是目前"绿色汽车"开发的重头戏。美国把开发电动汽车作为振兴汽车工业的着力点，为电动汽车的开发研究及产业化奠定基础。

（3）对环境污染要减少到最小。壳牌公司开发出一种新型汽油，它含有一种被称为含氧剂的化学物质，使汽油能充分燃烧，大大减少了有害气体的排放。

目前出现的绿色汽车大致可分为以下几种。

（1）电动汽车。低耗、低污染、高效率的优势使其在人们面前展现了良好的发展前景。

（2）天然气汽车。排污大大低于以汽油为燃料的汽车，成本也比较低，作为产天然气大国的我国来说，这是一种理想的清洁能源汽车。

（3）氢能源汽车。氢能源汽车采用氢能源作为燃料。氢燃料电池的原理是利用电分解水时的逆反应，使氢气与空气中的氧气产生化学反应，产生水和电，从而实现高效率的低温发电，且余热的回收与再利用也简单易行。

（4）甲醇汽车。目前正进行关键技术的研究，在保证其可靠性的前提下，在煤少油少的地区值得推广。

（5）太阳能汽车。太阳能汽车节约能源，无污染，是最为典型的绿色汽车。目前我国太阳能汽车的储备电能、电压等数据和设计水平，已接近或超过了发达国家水平，是一种有望普及推广的新型交通工具。

世界各国特别是西方的发达国家对开发绿色汽车技术非常重视，他们开发和推广的以电动汽车、多种代用燃料汽车为主要内容的绿色汽车工程正在世界广泛应用。世界各大汽车公司，如通用、福特、克莱斯勒、奔驰、雪铁龙、宝马、丰田、本田等，都在争相研制各种新型无污染的环保汽车，力图使自己生产的汽车达到或接近"零污染"标准。来自雅典、巴塞罗那、佛罗伦萨、里斯本、斯德哥尔摩和牛津等六个城市的市长提出的"绿色汽车区"的构想，提出要开发研究绿色汽车。他们曾在英国举行的欧盟交通及环境会议上宣布，从 2001 年开始，其所在城市市中心将只对低废气排放的汽车敞开绿灯，污染严重的汽车将禁止通行。世界各国对"绿色汽车"的研究主要是对蓄电池电动汽车、燃料电池汽车、太阳能电动汽车的研究，代用燃料汽车开发的基本设想是使用汽油和柴油以外的燃料，如天然气、醇类、氢等，所以汽车的安全、舒适、环保、节能是近半个世纪以来汽车工业发展所面临的重要课题，这也是 21 世纪汽车工业发展的基点和追求的目标。

我国科学技术部在电动汽车关键技术、关键零部件、纯电动汽车整车开发和示范运行方面做了很大努力，并取得了明显的进步。在电动汽车重大项目中，国家的目标是建立一个"三横三纵"的研究开发模式："三横"是指纯电动汽车、混合动力汽车和燃料电池汽车的整车；"三纵"是指电池、电机和控制系统的关键零部件。纯电动汽车在科学技术"九五"研发的基础上，在2004年推出小批量产品，并在特定区域中进行商业化示范运行。混合动力汽车的重点是开发大型客车，提高公共交通和城市间长途客车的燃油经济性，2005年完成产品开发，2006年投放市场。

2. 绿色电脑

什么样的电脑才能被称为绿色电脑呢？目前，最通用的是美国 EPA 颁布的一个标准，该标准认为"绿色电脑"必须：电脑在休眠态（指处在等候命令，而没有进行工作）时，电脑主机（不包括显示器）、显示器和打印机，每个单独的耗电量要小于30W，总耗电量要小于90W。绿色电脑一般都具备"自动休眠功能"，当键盘、鼠标或其他输入设备在一段时间内没有任何输入信号，电脑主机、显示器等便可自动进入低功耗的休眠状态。一旦有了信号输入，电脑再"从沉睡中苏醒"，立即投入工作。

绿色电脑有以下特征。

（1）能大幅度地节能。科学家经过多方研究，规定未来的桌上型电脑和监视器的耗电功率应该分别低于30W和15W。用彩色液晶显示屏取代 CNT 显示屏，可以节电60%～80%。最新研制的绿色电脑需要能量少，实际耗电量仅为现在个人电脑的四分之一。

（2）回收简便可行，利用率高。由于绿色电脑的机身采用的再生塑料，在电脑不能使用而被废弃后仍然可以制作成其他物品。

（3）在制造绿色电脑的各种元器件的过程中，采用清洁工艺，尽量减少废弃物的排放。例如，循环使用工业用水，以减少废水的排放等，不会对环境造成污染。

（4）在整机结构设计上符合人体工程学原理，使操作者在使用过程中不易引起严重的手、眼、脑疲劳。

绿色电脑最早出现于美国。20世纪90年代初期，美国 EPA 推出一项"能源之星"计划，其主要目的是希望微机在待机状态时耗电量低于60W，其中主机和监视器各低于30W。凡是符合此项要求的微机，均可在机器的外壳贴上"能源之星"的标志。

新加坡一家生产线路板的工厂，研制出一种取代氟、氯化合物的新溶剂，其清洗线路板效果比传统液体更出色，不仅提高了工作效率，还降低了成本。

德国的几家计算机工厂对设备和工艺流程进行了改造，使每台微机产生的废弃物由3200g 降至1100g，其中85%可以再利用或作燃料。硅集成电路片产生的无尘环境是靠大功率风扇吹向极细的过滤器而得到的，其耗电约占芯片的60%。

3. 绿色冰箱

绿色冰箱，就是不再将氟利昂等破坏臭氧层的化学气体作制冷剂的电冰箱。这样，就避免了氟利昂对地球大气臭氧层造成破坏。为此，在绿色电冰箱中，要选用不会破坏臭氧层的化学气体来代替氟利昂。最好的办法是另辟蹊径，干脆将制冷剂和压缩机、冷凝器、蒸发器等统统不要，应用半导体制冷器来制造电冰箱。

应用半导体制冷器的绿色电冰箱，不但彻底根治了氟利昂破坏臭氧层的源头，而且具有制冷快、体积小、没有机械和管道、无噪声、可靠性高等优点，能方便地实现制冷和制热，有着十分广阔的发展前景。

德国费隆家用器材公司生产的一种绿色冰箱，制冷剂不用氟利昂，而改用丁烷和丙烷混合气体制冷，是一种"干净制冷剂"冰箱。美国惠尼普公司研制出一种不用氟利昂的绿色冰箱，制冷剂用 R_{b4d}，使用模糊逻辑计算机自动除霜，箱门具有特殊的隔热功能，能耗降低30%。由于各项性能指标优良，它荣获了美国冰箱设计大赛奖。英国科技人员发明了一种太阳能冰箱，箱体内安装了9片面积为0.9m×0.6m 的光电板，通过太阳能的照射能发出12V2A 的电流，为冰箱制冷提供能量。它设计独特，不产生污染，很有发展前途。

6.3　绿色设计技术

6.3.1　绿色设计的概念

1. 绿色设计的概念及其特点

1）绿色设计的概念

绿色设计（green design），也称为生态设计（ecological design），又称为面向环境的设计（design for environment），即在产品的设计阶段，就将环境因素和防止污染的措施考虑到产品设计中，将产品的环境属性和资源属性，如可拆卸性、可回收性、可制造性等作为设计的目标，并行地考虑并保证产品的功能、质量、寿命和经济性。绿色设计要求在产品设计时，选择与环境友好的材料、机械结构和制造工艺，在适用过程中能耗最低，不产生或少产生毒副作用；在产品生命终结时，要便于产品的拆卸、回收和再利用，所剩废气物最少。图6-19为绿色设计示意图。

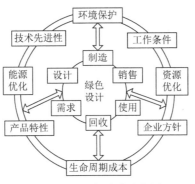

图 6-19　绿色设计示意图

产品能否达到绿色标准要求，其决定因素是该产品在设计时是否采用绿色设计。绿色设计是要求在产品的整个生命周期内（设计、制造、运输、销售、使用或消费、废弃处理），着重考虑产品的环境属性（自然资源的利用、对环境和人的影响、可拆卸性、可回收性、可重复利用性等），并将其作为设计目标，在满足环境目标要求的同时，并行地考虑并保证产品应有的基本功能、使用寿命、经济性和质量等。

绿色设计的目的是克服传统设计的不足，使所设计的产品满足绿色产品的要求。它包含产品从概念形成到生产制造、使用乃至废弃后的回收、重用及处理处置的各个阶段，即涉及产品整个生命周期，是从摇篮到再现的整个过程。也就是说，要从根本上防止污染，节约资源和能源，关键在于设计与制造，不能等产品产生了不良的环境后果再采取防治措施（现行的末端处理即是如此），要预先设法防止产品及工艺对环境产生的副作用，然后再制造。这就是绿色设计的基本思想。

2）绿色设计的特点

（1）设计目标。设计目标中除考虑功能、性能、质量、成本等方面外，还必须考虑产品在整个生命周期过程中与环境和人的友好性。

（2）设计技术。除常规设计方法外，还必须考虑可拆卸设计、可回收设计、模块化设计等新的设计思想和方法。

（3）设计评价。全面考虑从原材料提炼、材料加工、部件制造、产品装配、产品包装、产品运输、产品使用、产品废弃后的回收、重用和处理等整个生命周期中对环境造成的总负荷为最小。

（4）设计流程。设计流程是并行闭环设计。绿色设计中产品废弃后并不是作为垃圾排入环境，而是考虑通过重用、修理、再加工、回收等手段重新应用于新产品的制造过程，从而使理想的绿色产品可以接近实现对环境的零排放。

（5）设计目的。兼顾需求和环境。

3）绿色设计流程

绿色设计流程如图6-20所示，绿色设计起始于企业的绿色设计需求，企业根据可持续发展战略，借助于生命周期分析方法、绿色质量功能配置（quality function deployment for environment，QFDE）、发明问题解决理论 TRIZ（俄文拼写为 Teoriya Resheniya Izobreatatelskikh Zadatch 的缩写，在欧美国家缩写为 theory of inventive problem solving，TIPS）等方法，将市场需求、用户要求及环境需求等转换为产品的结构功能特性需求（绿色设计需求），并生成产品总体设计方案；在产品总体设计方案的基础上，运用生命周期设计、并行工程及模块化设计等方法对产品功能、材料选择、结构及包装等进行详细设计，在设计过程中充分考虑产品全生命周期中的绿色属性，得到产品详细设计方案；通过对产品详细设计方案的分析评估，在生命周期分析的基础上评估产品设计方案的技术性能、环境性能、资源性能、能源性能及经济性，进行设计需求与产品设计方案的差异性分析，若不能满足设计需求，则需要进行产品的再设计，直到满足设计要求为止。

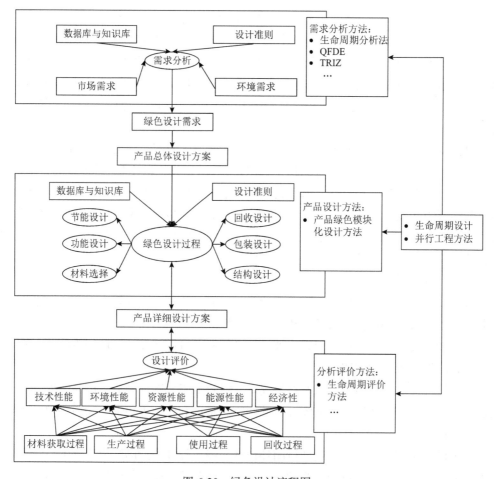

图 6-20　绿色设计流程图

2. 绿色设计与传统设计的比较

在传统的产品设计中, 设计仅涉及产品寿命周期的市场分析、产品设计、工艺设计、制造 (CAD / CAPP / CAM)、销售及售后服务等几个阶段, 而且设计也多是从企业自身的发展和经济利益出发, 仅仅考虑如何满足用户要求, 满足产品的基本属性 (如基本功能、质量、寿命、成本等), 而不考虑或很少考虑环境属性, 其设计指导原则是只要产品易于制造, 并且具有要求的功能、性能即可, 而较少或基本没有考虑资源再生利用及产品对生态环境的影响。这样设计生产制造出来的产品, 在其使用寿命结束后回收利用率低, 资源、能源浪费严重, 特别是其中的有毒有害物质, 会严重污染生态环境, 影响生产发展的持续性。

而绿色产品设计则不同, 它包括概念设计、功能结构设计、生产制造设计、使用直至废弃后的回收、再利用及处理等内容, 进行产品的全生命周期设计, 是从 "摇篮到再现" 的过程。它要求设计人员在设计中应用并行工程的思想, 把资源利用合理化, 降低能源, 易于拆卸, 使之可再生利用和保护生态环境, 与保证产品的功能、质量、使用寿命和成本的各要求列为同等的设计目标, 并保证在生产中能够顺利实施。绿色产品设计可使资源、能源得到最大限度的利用, 减轻或消除废弃产品对环境所造成的污染, 是可持续发展的具体表现。

绿色设计与传统设计的比较见表6-1, 由表6-1可见, 绿色设计与传统设计的根本区别在于: 绿色设计要求设计人员在设计构思阶段就要把降低能耗、易于拆卸、再生利用和保护生态环境与保证产品的性能、质量、寿命、成本的要求列为同等的设计目标, 并保证在生产过程中能够顺利实施。

表 6-1　绿色设计与传统设计的比较

比较因素	传统设计	绿色设计
设计依据	依据用户对产品提出的功能、性能、质量及成本要求来设计	依据环境效益和生态环境指标与产品功能、性能、质量及成本要求来设计
设计人员	设计人员很少或没有考虑到有效的资源再生利用及对生态环境的影响	要求设计人员在产品构思及设计阶段, 必须考虑降低能耗、资源重复利用和保护生态环境
设计技术或工艺	在制造和使用过程中很少考虑产品回收, 仅考虑有限的贵重金属材料回收	在产品制造和使用过程中可拆卸、易回收, 不产生毒副作用及保证产生最少的废弃物
设计目的	以需求为主要设计目的	为需求和环境而设计, 满足可持续发展的要求
产品	普通产品	绿色产品或绿色标志产品

3. 绿色设计的原则

一般来说, 绿色设计必须遵循以下原则。

1) 资源最佳利用原则

资源最佳利用原则包括三个方面的内容: 一是选用资源时, 应从可持续发展的观念出发，考虑资源的再生能力和跨时段配置问题，不能因资源的不合理使用而加剧枯竭危机，尽可能用可再生资源；二是尽可能保证所选用的资源在产品的整个生产周期中得到最大限度的利用；三是在保证产品功能质量的前提下尽量简化产品结构并使产品的零部件具有最大限度的可拆卸性和可回收再利用性。

2）能源消耗最小原则

能源消耗最小原则包括两个方面的内容：一是在选用能源类型时，应尽可能选用太阳能、风能等清洁型可再生能源，而不是汽油等不可再生二次能源，这样可有效地缓解能源危机；二是力求设计上产品整个生命周期循环中能耗最小，并减少能源的浪费，避免这些浪费的能源可能转化为振动、噪声、热辐射及电磁波等。

3）"零污染"原则

绿色设计应彻底抛弃传统的"先污染，后处理"的末端治理环境的方式，而要实施"预防为主，治理为辅"的环境保护策略，在设计时就必须充分考虑如何消除污染源，从根本上防止污染。

4）"零损害"原则

绿色设计应该确保产品在生命周期内对劳动者（生产者和使用者）具有良好的保护功能，在设计上不仅要从产品制造和使用环境及产品的质量和可靠性等方面考虑如何确保生产者和使用者的安全，而且要使产品符合人机工程学和美学等有关原理，以免对人们的身心健康造成危害。总之，绿色设计力求损害为零。

5）技术先进原则

为使设计体现绿色的特定效果，就必须采用最先进的技术，并加以创造性的应用，以获得最佳的生态经济效益。

6）生态经济效益最佳原则

绿色设计不仅要考虑产品所创造的经济效益，而且要从可持续发展的观点出发，考虑产品在生命周期内的环境行为对生态环境和社会所造成的影响而带来的环境生态效益和社会效益的损失。也就是说，要使绿色产品生产者不仅能取得好的环境效益，而且能取得好的经济效益，即取得最佳的生态经济效益（eco-efficiency）。

4. 绿色设计的内容及关键技术

1）绿色设计的内容

绿色设计主要包括六个方面内容（图6-21）：①面向环境的产品结构设计；②面向环境的产品材料选择；③面向环境的制造环境设计或重组；④面向环境的工艺设计；⑤面向环境的包装设计；⑥面向环境的回收处理设计。

2）绿色设计的关键技术

绿色设计的关键技术包括以下几个方面：绿色产品评价体系模型的建立；绿色设计的材料选择与管理；产品的可拆卸性设计；产品的可回收性设计；绿色产品的成本分析；绿色产品设计数据库，包括产品生命周期中与环境、经济、技术、对象等有关的一切数据和知识。

（1）绿色产品评价体系模型的建立。准确全面地描述绿色产品，建立系统的绿色产品评价模型是绿色设计的关键。例如，针对冰箱产品，已提出了绿色产品的评价指标体系、评价标准制定原则，利用模糊评价法对冰箱的"绿色程度"进行了评价，并开发了相应的评价工具。

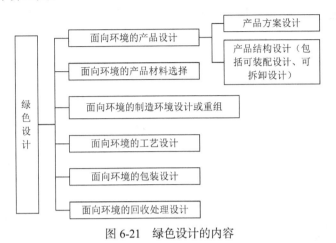

图 6-21　绿色设计的内容

（2）绿色设计的材料选择与管理。绿色设计要求产品设计人员改变传统的选材程序和步骤，选材时不仅要考虑产品的使用条件和性能，而且应考虑环境约束准则，同时必须了解材料对环境的影响，选用无毒、无污染材料及易回收、可重用、节能型、易降解材料，同时减少产品中所用材料的品种。绿色设计对材料的要求也为材料科学的发展提出了新的挑战，即能提供或生产出适合绿色产品设计的绿色材料。

除合理选材外，同时还应加强材料管理。绿色产品设计的材料管理包括两方面内容：一方面不能把含有有害成分与无害成分的材料混放在一起；另一方面，达到寿命周期的产品，有用部分要充分回收利用，不可用部分要采用一定的工艺方法进行处理，使其对环境的影响降低到最低限度。

（3）产品的可回收性设计。可回收性设计是指，在产品设计初期充分考虑其零件材料的回收可能性、回收价值大小、回收处理方法、回收处理结构工艺性等与回收性有关的一系列问题，最终达到零件材料资源、能源的最大利用，并对环境污染为最小的一种设计思想和方法。可回收性设计包括以下几方面的主要内容：①可回收材料及其标志；②可回收工艺与方法；③可回收性经济评价；④可回收性结构设计。

（4）产品的可拆卸性设计。传统设计方法一般只考虑零部件的装配性，很少考虑产品的拆卸性。而绿色设计则要求把可拆卸性作为产品结构设计的一项评价准则，使产品在报废以后其零部件能够高效地不加破坏地拆卸下来，从而有利于零件的重新利用或进行材料循环再生，达到既节省又保护环境的目的。因此，产品的可拆卸性设计成为绿色设计的重要内容之一，引起了许多研究人员的重视，并进行了深入的研究。

近来，可拆卸性设计的研究集中在以下几个方面：总的设计原则的建立；面向可拆卸性设计的软件工具的开发；拆卸和再循环的经济性和环境后果分析；拆卸深度的研究；拆卸顺序优化及其与经济效益最大化的关系分析；起源于面向装配分析的再设计与可拆卸性设计的兼容性分析等。这方面的成果已在应用中取得了显著的效益，如德国的巴伐利亚汽车制造厂等将可拆卸性设计应用于 Z1 赛车的车门和缓冲杆的制造中；卡内基梅隆大学开发了一个 Restar 的软件工具来分析拆卸任务；依兰根大学也开发了 Recyclinggraph 的软件对经济的拆卸步骤的数量和优化的回收策略进行辅助决策。

（5）绿色产品的成本分析。绿色产品的成本分析与传统的成本分析不同。由于在产品设计初期，就必须考虑产品的回收、再利用等性能，所以成本分析时，就必须考虑污染物的替代、产品拆卸、重复利用成本、特殊产品相应的环境成本等。对企业来说，是否支出环保费用，也会形成产品成本上的差异；同样的环境项目，在各国或地区间的实际费用，也会形成企业间成本的差异。因此，在每一设计决策时都应进行绿色产品成本分析，以便设计出的产品"绿色程度"高且总体成本低。

（6）绿色产品设计数据库。绿色产品设计数据库是一个庞大复杂的数据库。该数据库对绿色产品的设计过程起着举足轻重的作用。它应包括产品寿命周期中与环境、经济等有关的一切数据，如材料成分、各种材料对环境的影响值、材料自然降解周期、人工降解时间、费用、制造、装配、销售、使用过程中所产生的附加物数量及对环境的影响值，环境评估准则所需的各种判断标准等。

5. 绿色设计的步骤

绿色设计必须遵循一定的系统化设计程序，其中包括：环境规章评价，环境污染鉴别，环境问题的提出，减少污染、满足用户要求的替代方案，替代方案的技术与商业评估等。绿色设计人员应该考虑这样的问题：制造过程中可能产生的废弃物是什么，有毒成分的可能替代物是什么，报废产品如何管理，设计对产品回收性有什么影响，零件材料对环境有何影响，用户怎样使用产品，等等。

图6-22是绿色设计的实施步骤，主要包括建立绿色设计小组、搜集绿色设计信息、绿色产品方案设计及绿色设计决策。

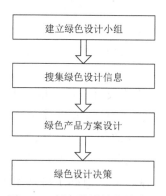

图 6-22　绿色设计的实施步骤

（1）建立绿色设计小组。绿色设计的主要任务就是在通过成立绿色工作小组

（green team work，GTW）或类似机构、组织，来观察企业目前的绿色设计表现，决定未来企业的绿色设计需求，评价现有绿色设计与未来设计需求的目标差距，推动绿色设计，改善及掌握最新的绿色设计信息。绿色设计小组可根据企业的规模成立专门的部门或工作小组，负责推动绿色设计业务的开展。

（2）搜集绿色设计信息。绿色设计信息是关于绿色产品的科技水平、材料、法规、市场需求及其竞争力方面的信息，只有通过搜集绿色信息，企业才能掌握绿色商机。绿色信息的搜集要兼顾内部及外在因素的评价与分析。内部因素包括绿色市场趋势、减废技术、环保政策、环保法规、绿色制造的成本等。外在因素则包括驱动环境的绿色消费者、绿色供应商、竞争对象、政府、技术发展等。这些信息的搜集与分析，是为了拟定以环保为导向的企业设计策略与发展方向。

（3）绿色产品方案设计。根据搜集的绿色信息可提出各种具体可行的绿色概念方案。概念方案可以是一个或多个。对概念方案的评估是在设计、制造、包装、运输、消费、废弃、处理等综合流程中，以废弃物的减量化、最小化、资源化为设计的目标，并根据每一方案的技术可行性与市场配合性做整合性的评估，最后确定出具体可行的最终设计方案。

（4）绿色设计决策。企业把环境保护纳入其决策要素之中，在产品设计过程中，对最终可行的设计方案，进行产品生命周期分析。该产品所有与环境有关的生活条件、废弃物、土壤污染、水质污染、空气污染、噪声、能源消耗、资源消耗及生态影响等均纳入评估过程，经过综合评估并做适度的修正后，进行详细的绿色设计，产生最终设计的绿色产品。

6.3.2 绿色设计的方法

通过上述分析可见，绿色设计涉及机械制造学科、材料学科、管理学科、社会学科、环境学科等诸多学科的内容，具有较强的多学科交叉特性。显而易见，单凭现有的某一种设计方法是难以适应绿色设计要求的。绿色设计是设计方法集成和设计过程集成，是一种综合了模块化设计、并行工程设计、生命周期设计的一种发展中的系统设计方法，是集产品的质量、功能、寿命和环境为一体的设计系统。下面介绍几种主要的绿色设计方法。

1. 生命周期设计方法

1）产品生命周期设计的概念

产品生命周期设计的各个环节可用图6-23来描述。

从图6-23可以看出，一个产品的生命周期包括以下各个环节：市场需求分析、设计开发、生产制造、销售、使用及废弃后的回收处理。在设计过程中，设计方案的选择是根据某种评价函数来进行，这种评价函数必须包含图6-23中外圈所示的各项因素，即产品的基本属性、环境属性、劳动保护、资源有效利用、可制造性、企业策略和生命周期成本。

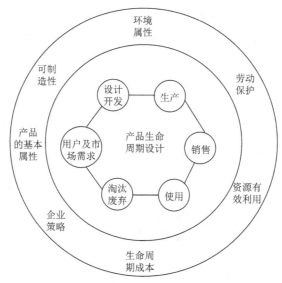

图 6-23　产品生命周期设计轮图

产品的基本属性是指产品应具有的功能、质量、成本、服务及寿命。环境属性是指在产品生命周期内的任何一个阶段都不会造成环境污染。劳动保护或职业保健是指在生命周期设计中，分析评价产品生命周期内各阶段的工作条件对劳动安全和人体健康的影响，并采取适当措施减少或消除这种影响。资源有效利用在这里通常是指材料资源和能源，由于材料和能源生产过程中会产生严重的环境污染，如煤炭发电会排放出大量的 CO_2 和 SO_2、原材料的提取冶炼会排放大量的烟尘和产生辐射等，所以必须节约能源和原材料，实现其最佳有效的利用。可制造性是指产品可制造性能的好坏，如制造工艺性、装配工艺性、拆卸工艺性等。企业策略是指企业为迎合市场及用户需求而制定的本企业的若干特殊政策，如绿色产品战略、绿色设计准则、企业绿色形象等。生命周期成本不同于传统产品的成本概念，它不仅包括设计成本、生产成本及某些附加成本，也包括使用成本及废弃淘汰产品的拆卸回收、处理处置成本等。

2）生命周期设计程序

生命周期设计的程序如图6-24所示。首先，进行产品需求分析，主要是对产品设计范围和目的进行分析，除了进行产品基本性能要求分析之外，着重分析产品的环境要求和法规要求。通过产品需求分析确定产品设计要求后便可以对产品的设计、制造工艺、使用及废弃处理等生命周期不同阶段进行整体规划设计，并对各阶段的设计过程各结果进行协调，从而达到资源优化利用，减小或消除环境污染的目的。

2. 并行工程设计方法

为了在设计过程中考虑产品的整个生命周期，在设计观念、方法和组织方面必然产生根本性的变革。从这个意义上讲，设计就是将产品整个生命周期内适应挑战性要求而提出的所有商业属性和技术属性汇集起来的过程。对设计的这种理解使设计跨出了只是满足某种技术要求的概念范围，它同时强调了产品设计的商业效果。并行工程正是实现这一目标的有效途径。

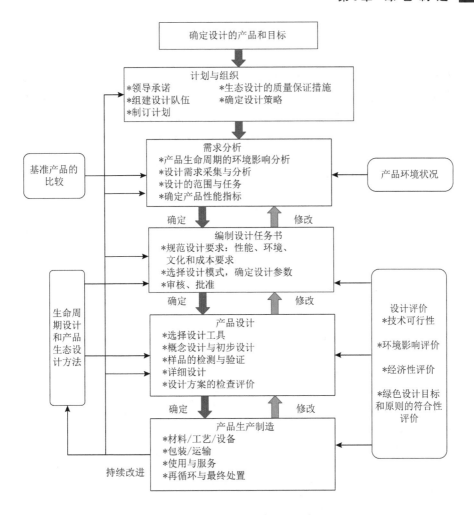

图 6-24　生命周期设计过程示意图

1）绿色设计对并行工程的需求

并行工程是现代产品开发的一种模式和系统方法。它以集成、并行的方式设计产品及其相关过程，力求使产品开发人员在设计一开始就考虑到产品生命周期全过程的所有因素（包括质量、成本、进度计划和用户的要求等），以使得产品达到最优化。并行工程对绿色设计有着特殊的意义，也就是说，绿色设计相比于一般产品设计而言，对并行工程有着更加迫切的需求。

（1）设计目标的复杂性。绿色设计的产品既要具有基本的性能和功能，又要满足环境要求。即在设计过程中不仅要注重产品的 TQCS（time，quality，cost，service）属性，还要注重产品的 E（environment）属性。

（2）涉及问题的复杂性。绿色设计比一般产品设计涉及的问题更多，问题的复杂程度也更高（如涉及资源消耗情况、绿色性评估等问题）。

（3）设计人员的多样性。绿色设计比一般产品设计涉及的人员更多，对设计人员的要求也更高（如设计人员必须有较强的环境意识和一定的环保知识）。

2）并行绿色设计的流程

并行绿色设计与传统设计相比，实现了各个环节之间的信息交流与反馈，在每一次决策中都能从优化产品生命周期的角度考虑问题，从而消除了产品设计过程的反复修改。而且在设计过程中将产品寿命终结后的拆卸、分离、回收、处理处置等环节都考虑进去，使得设计的产品从概念形成到寿命终结后的回收处理形成一个闭环过程，满足了产品生命周期全过程的绿色要求，图6-25为并行绿色设计的流程图。

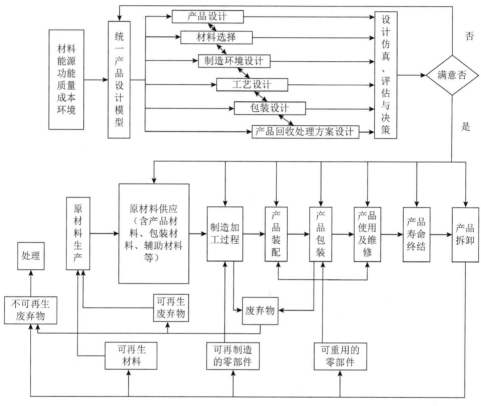

图6-25　并行绿色设计的流程

3. 模块化绿色设计方法

1）模块化设计的基本概念

模块化设计就是在对一定范围内的不同功能或相同功能不同性能、不同规格的产品进行功能分析的基础上，划分并设计出一系列功能模块，通过模块的选择和组合可以构成不同的产品，以满足市场的不同需求。模块化设计既可以很好地解决产品品种规格、设计制造周期和生产成本之间的矛盾，又可为产品快速更新换代、提高产品质量、方便维修、产品废弃后的拆卸回收、增强产品的竞争力提供必要条件。产品模块化对绿色设计具有重要意义。这主要表现在以下几个方面。

（1）模块化设计能够满足绿色产品的快速开发要求。按模块化设计开发的产品结构是由便于装配、易于拆卸和维护、有利于回收及重用等模块单元组成的，简化了产品结构，并能快速组合成用户和市场需求的产品。

（2）模块化设计可将产品中对环境或对人体有害的部分、使用寿命相近的部分等集成在同一模块中，便于拆卸回收和维护更换等。同时，产品由相对独立的模块组成，因此，便于维修，必要时可更换模块，而不致影响生产。

（3）模块化设计可以简化产品结构。按传统的观点，产品由部件组成，部件由组件构成，组件由零件构成，因而要生产一种产品，就得制造大量的专用零件。而按模块化的观点，产品由模块构成，模块即为构成产品的单元，从而减少了零部件数量，简化了产品结构。

模块化设计可根据绿色设计的不同目标要求来进行。例如，在模块化设计时，若以可重用性为主，则需要考虑两个主要因素：期望的零（部）件寿命及其重用性能。考虑零（部）件寿命时，可将长寿命的零（部）件集成在相同模块中，以便产品维护和回收后的重用；当考虑可重用性时，应将具有相同重用性零（部）件（回收价值与回收成本之比）集成在同一模块中。

模块化设计能较为经济地用于多品种小批量生产，更适合于绿色产品的结构设计，如可拆卸结构设计等。

2）模块化设计过程

模块化绿色设计过程如图6-26所示。

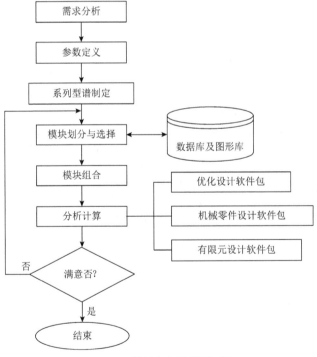

图 6-26 模块化绿色设计过程

（1）需求分析。全过程首先应从用户或市场对产品的需求开始，如需求量、价格、使用寿命、功能、升级性能等具体要求，以及采用绿色设计的可行性。通过分析，若该产品采用绿色设计可行性通过，即认为在满足广义环境属性的前提下上述对产品的要求均可满足，即可进行下一步。

（2）参数定义。参数分为尺寸参数、运动参数及动力参数三类。参数定义范围过高，会造成资源和能源的浪费，不符合绿色设计的思想；若范围过窄则不满足用户要求。因此，参数应合理定义。一般应先定义主参数，并使参数在能满足用户需求的前提下绿色化程度尽可能高。

（3）系列型谱制定。系列型谱制定的要点为合理确定模块化设计的产品种类和规格型号。型谱若过大，产品规格众多，市场适应能力增强，模块通用程度大，环境属性好，但工作量加大，造成成本上升，人力资源能耗大，总体看来绿色效果不理想；若型谱过小，上述问题又向反方向发展，也不符合广义的绿色设计。

（4）模块划分与选择。这是模块化方法的核心内容，一般按产品的功能，将其分为基本功能、辅助功能、特殊功能、适应功能及其他功能等，并借此划分相应的模块，如图6-27所示。通过划分模块，不仅利于产品报废后的零部件的回收，还使设计过程清晰可靠，并在大型系统中易实现设计人员之间的并行设计，使每个人的工作量降低。但这并不意味着模块分割越细越好，因为当模块数量增加，每个模块成本变小的同时，模块之间接口的工作量及成本急剧增加。图6-28为总成本曲线，从中可见，两个极端都不符合绿色设计的思想，因此，应在此阶段找出该系统最适合的模块数 M，并将有关数据输入数据库，以备下次类似情况直接调用。

图 6-27　模块的划分

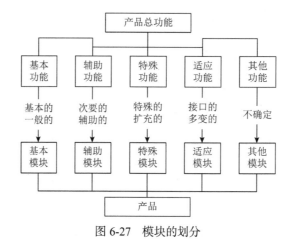

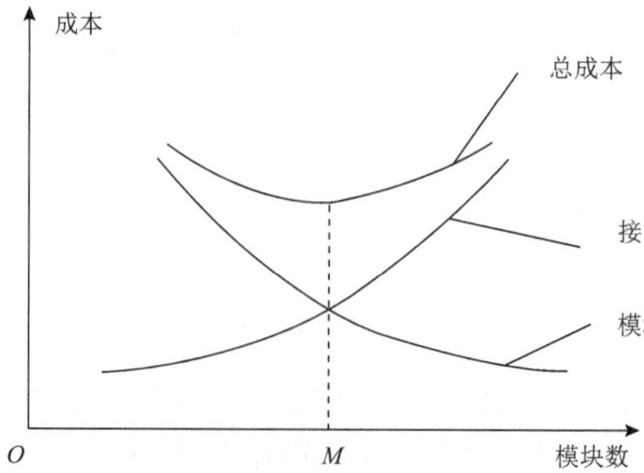

图 6-28　总成本曲线

（5）模块组合。当模块划分完成并选定时，应将其按照某种方法组合成系统，如直接组合、集装式组合、改装后组合等，但组合时应考虑拆卸的简便易行、不损伤零部件、耗时耗能小等绿色思想。

（6）分析计算。最后，用各种方法，如机械零件设计软件包、有限元设计软件包、优化设计软件包等工具来对已经设计好的产品进行分析校验，若不符合要求则需要回到模块选择上进行修改，将模块重新整合，直至产品符合要求为止。

6.3.3　可拆卸设计

可拆卸性设计是绿色产品设计的主要内容之一，它要求在产品设计的初级阶段将可拆卸性作为结构设计的一个目标，使产品的连接结构易于拆卸，制造工艺性好，维护方便，并在产品废弃后使可复用部分可充分有效地再利用，达到节约资源和能源、保护环境的目的。例如，西门子公司的咖啡壶、施乐公司的复印机、柯达公司的照相机、美国的个人计算机、日本的激光打印机、德国的机车和加拿大的电话机等都是可拆卸结构。

实现可拆卸性设计的方法有两种：一种是基于"典型图谱"的可拆卸性设计；另一种则是计算机辅助可拆卸性设计（computer aided design for disassembly）。

1. 基于"典型图谱"的可拆卸性设计

基于"典型图谱"的可拆卸性设计方法是以成组技术为基础的模块化设计，即利用成组技术，将连接结构的可拆卸特征，按产品类型、连接方式等进行分类编码，以形成典型的可拆卸结构图谱，供新产品设计时查阅参考。设计开始时，应先检索典型可拆卸结构图谱，从而尽量减少新产品设计的工作量和不必要的重复，同时保证了产品具有良好的可拆卸性能，即在合理继承的基础上进行创新，实现可拆卸性结构设计的合理化和标准化。

典型可拆卸结构图谱可采用模块化的方法来构造，就是将零部件的连接结构抽象成一组既有相同形式或连接要素，又具有不同性能或用途但能互换的基本连接单元。将这些基本单元与零部件基体组合在一起，就可得到相对独立、拆卸性能好的零部件结构。

该方法包括建造模块和综合模块两方面的内容。建造模块是根据连接形式、结合特征、应用要求等分析，合理地划分并建造出一组模块；综合模块就是将模块与模块合理地组合，以达到设计要求。

基于"典型图谱"的可拆卸性设计方法可在实现产品功能的前提下，保证产品具有良好的可拆卸性能，并减少连接结构种类，便于生产组织和简化工艺。

2. 计算机辅助可拆卸性设计

计算机辅助可拆卸性设计就是将基于"典型图谱"的可拆卸性设计过程由计算机辅助完成，并对设计决策给出相应的评价及修改建议。计算机辅助可拆卸性设计流程图，如图6-29所示，它包括以下几个模块。

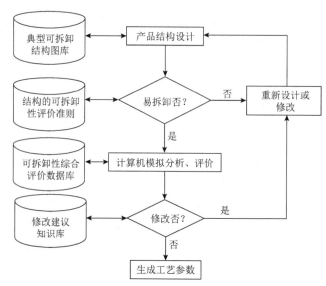

图 6-29　计算机辅助可拆卸性设计流程图

（1）产品结构设计模块。当零部件有连接要求时，需进行可拆卸性设计，连接部分的结构可检索典型可拆卸结构图库，选择恰当的连接结构进行设计。

（2）结构可拆卸性评价模块。根据可拆卸性评价准则评判设计结构是否满足要求，若不满足，则进行修改或重新设计。

（3）模拟分析模块。对设计结果进行模拟分析，并显示拆卸过程的时间、成本、效果等，其评判依据来自综合评价数据库。

（4）模拟评价模块。对模拟结果进行综合评价，对不满意的结构给出修改建议，直至符合综合评价要求。

（5）工艺参数生成模块。对所设计的可拆卸性良好的产品进行工艺设计，生成工艺参数，并形成工艺文件。

6.4 绿色生产技术

6.4.1 绿色工艺规划

1. 绿色工艺规划的定义

工艺规划是生产技术准备的第一步，也是连接产品设计与制造之间的桥梁，所设计的工艺规程是进行工装设计制造和决定零件加工方法、加工路线、加工操作的主要依据。工艺规划是改善产品质量、提高劳动生产率、降低加工成本、缩短生产周期并优化利用资源、减少环境废物排放、改善劳动条件的一个重要途径。

绿色工艺规划是一种通过对工艺路线、工艺方法、工艺装备、工艺参数、工艺方案等进行优化决策和规划，从而改善工艺过程及其各个环节的环境友好性，使得产品制造过程经济效益和社会效益协调优化的规划方法。环境友好性包括两方面的内容，即资源消耗、环境影响。其中资源消耗包括原材料消耗、能量消耗、刀具消耗、切削液消耗、其他辅助原材料消耗等；环境影响包括大气污染排放、废液污染排放、固体废弃物的污染排放和物理性污染排放及职业健康与安全危害。绿色工艺规划不是对传统工艺规划的一种否定，而是对传统工艺规划的一种补充和发展，甚至是一种使得产品制造过程具有更好环境友好性的辅助手段。

2. 绿色工艺规划的体系结构内涵

为了对绿色工艺规划有一个较为全面和完整的认识，建立了其体系结构，由工艺输入、规划过程、工艺输出、技术途径、目标追求等部分构成，如图6-30所示。结合体系结构，对绿色工艺规划特征内涵描述如下。

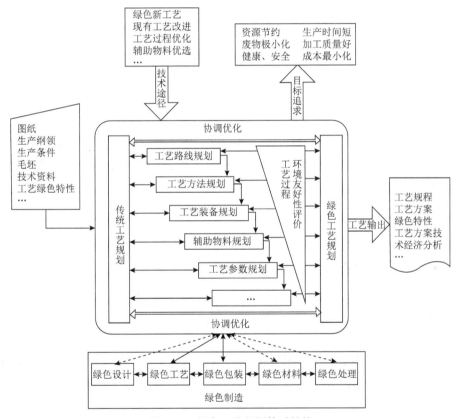

图 6-30　绿色工艺规划体系结构

（1）绿色制造包含绿色设计、绿色工艺、绿色包装、绿色材料和绿色处理"五绿"关键技术。其中绿色工艺规划属绿色生产技术领域，是针对生产过程的一种面向绿色制造优化方法，也与其他关键技术有着密切的联系。例如，可能根据绿色工艺规划要求提出产品零件结构的改进，使得其生产过程具有更好的环境友好性。

（2）绿色工艺规划包括工艺路线规划、工艺方法规划、工艺装备规划、辅助物料规划、工艺参数规划等内容。区别于传统工艺规划，绿色工艺规划需要对每项工艺规划内容进行环境友好性评价。绿色工艺规划根据工艺输入，如图纸、生产纲领、生产条件（车间制造能力、工艺装备、工人技术水平等）、毛坯、技术资料、工艺绿色特性等，对工艺路线、工艺方法、工艺装备（如机械加工中的机床、夹具、刀具等）、辅助物料（如机械加工中的切削液等）、工艺尺寸、工艺参数等进行规划，然后对以上工艺各项内容进行环境友好性评价，根据评价结果，运用绿色工艺规划原则和方法进行绿色性改进，并将结果反馈，重新规划和协调，最后输出符合绿色制造要求的工艺规程及其他工艺文档。

（3）绿色工艺规划的工艺输入区别于传统工艺的一个主要点在于要求提供现有工艺的绿色特性分析知识和数据，而不仅是工艺技术知识和数据。传统工艺规划的输出主要是工艺规程和技术经济分析报告，绿色工艺规划则要求提供工艺方案的绿色性评价报告。

（4）传统工艺规划的目标是使得制造出的零件满足"优质、高产、低成本"的要求；绿色工艺规划则要求在满足以上三个目标的同时，满足"低耗、清洁、健康"等三个目标的要求，因此更为复杂，同时更加体现了以人为本的现代化生产理念。

（5）绿色工艺规划技术途径一般包括采用绿色新工艺、现有工艺改进、工艺过程优化、辅助物料优选等。

（6）绿色工艺规划与计算机辅助工艺规划有着本质的区别。后者并没有发展工艺规划的内涵本质，主要是通过计算机等信息化手段使得工艺规划过程更加规范、快速和脱离人经验的局限性。而前者在多方面发展了工艺规划的内涵，目的是通过工艺规划改善制造过程的环境友好性。

6.4.2　绿色加工工艺技术

1. 绿色加工工艺技术的概念

绿色加工工艺技术是以传统的工艺技术为基础，并结合材料科学、表面技术、控制技术等新技术的先进制造工艺技术。其目标是对资源的合理利用，节约成本，降低对环境造成的污染。

根据这个目标可将绿色加工工艺划分为三种类型：节约资源的工艺技术、节省能源的工艺技术、环保型工艺技术。

（1）节约资源的工艺技术是指在生产过程中简化工艺系统组成、节省原材料消耗的工艺技术。它的实现可从设计和工艺两方面着手。在设计方面，通过减少零件数量、减轻零件重量、采用优化设计等方法使原材料的利用率达到最高；在工艺方面，可通过优化毛坯制造技术、优化下料技术、少无切屑加工技术、干式加工技术、新型特种加工技术等方法减小材料消耗。

（2）节省能源的工艺技术是指在生产过程中，降低能量损耗的工艺技术。目前采用的方法主要有减磨、降耗或采用低能耗工艺等。

（3）环保型工艺技术是指通过一定的工艺技术，使生产过程中产生的废液、废气、废渣、噪声等对环境和操作者有影响或危害的物质尽可能减少或完全消除。目前最有效的方法是在工艺设计阶段全面考虑，积极预防污染的产生，同时增加末端治理技术。

全球不可再生资源的大量利用，为人类以后的生存提出严峻的挑战。这就是可持续发展的问题，所以节约资源的工艺技术显得尤为重要。

2. 绿色加工工艺技术开发策略

绿色加工工艺技术开发策略如图6-31所示。首先从技术、生态、经济和法律等方面严格并全面地分析现有制造工艺之后，然后通过优化/改进现有工艺、开发替代工艺技术（在不降低产品质量条件下）及开发新型工艺技术等途径进行绿色工艺开发。

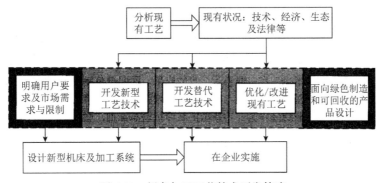

图 6-31 绿色加工工艺技术开发策略

1）优化／改进现有工艺

对现有工艺的优化和改进的方法主要有以下几种。

（1）合理安排工艺路线，提高工艺的资源环境特性。大量的研究和实践表明，产品制造工艺方案不一样，物料和能源的消耗将不一样，对环境的影响也不一样。合理地对制造工艺路线进行规划，是提高产品制造过程的资源环境特性的重要途径。

（2）减少加工余量。若机件的毛坯粗糙，机加工余量较大，不仅消耗较多的原材料，而且生产效率低下。因此，有条件的地区可组织专业化毛坯制造，提高毛坯精度；另外，可采用先进的制造技术，如高速切削。随着切削速度的提高，则切削力下降，且加工时间短，工件变形小，可以保证加工质量。在航空工业上，特别是铝的薄壁件加工目前已经可以切除出厚度为0.1mm，高为几十mm的成形曲面。

（3）优化工艺参数。很多制造工艺，如车、铣、刨等，加工过程中的能耗、切削液的使用量等跟工艺参数（如刀具种类、刀具几何参数、切削用量等）有很大关系。通过对这些参数的合理优化可以改善工艺的资源环境特性。另外，零件特征的几何形状和加工余量的大小，对加工工艺也有影响。

（4）合理选择切削液或减少切削液的用量。切削和磨削是目前获得产品尺寸和形状的主要手段，在机械加工业中得到广泛应用，而切削液是切削和磨削过程中造成环境污染和人体伤害的主要源头。因此，在保证加工质量和效率的前提下，选用环境性好的切削液或减少切削液的种类（以便于处理）等对改善加工过程中的环境性有着重要的意义。

（5）选用新型刀具材料。减少刀具尤其是复杂、贵重刀具材料的磨耗是降低材料消耗的另一重要途径，对此可采用新型刀具材料，发展涂层刀具。

2）开发替代工艺技术

企业工艺设备和工艺路线的落后是造成我国企业制造工艺污染大的主要原因。因此，用污染小、技术成熟的现代工艺取代污染大、技术落后的传统工艺是改善当前我国制造工艺环境友好性的重要途径。例如，一家大型电子设备制造厂家起初用溶剂基清洗系统清洗印刷线路板，溶剂基对环境污染大。后来公司发现用水基清洗系统代替溶剂基系统，不但减少了清洗工艺对环境的污染，同时发现，清洗操作条件和工作量维持原状，而在水溶液清洗系统中清洗效率提高了6倍。

3）开发新型工艺技术

目前，出现了一些节约资源和具有良好环境特性的绿色加工工艺技术（图6-32），如干切削技术、冷扩展技术、金属粉末注射成形工艺、"汽束"喷雾冷却技术、刀具涂层技术、RPM 等。新型工艺技术往往能给制造工艺带来耳目一新的改变，大大改善其环境友好性。

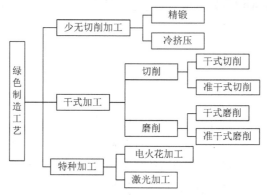

图 6-32　绿色加工工艺技术

绿色加工工艺采用的主要新技术有以下几种。

（1）少无切削技术。随着新技术、新工艺的发展，精铸、冷挤压等成型技术和工程塑料在机械制造中的应用日趋成熟，从近似成形向净成形仿形发展。有些成形件不需要机械加工，就可直接使用，不仅可以节约传统毛坯制造时的能耗、物耗，亦大大减少了产品的制造周期和生产费用。

（2）节水制造技术。水是宝贵的资源，在机械制造中起着重要作用。但由于我国北方缺水，从绿色可持续发展的角度，应积极探讨节水制造的新工艺。干式切削就是一例，它可消除在机加工时使用切削液所带来的负面效应，是理性的机械加工绿色工艺。它的应用不局限于铸铁的干铣削，也可扩展到机加工的其他方面，但要有其特定的边界条件，如要求刀具具有较高的耐热性、耐磨性和良好的化学稳定性，机床则要求高速切削，有冷风、吸尘等装置。

（3）回收利用技术。绿色设计与制造非常看重机械产品废弃后回收利用，它使传统的物料运行模式从开放式变为部分闭环式，因此，回收利用技术也是绿色工艺技术研究的重点内容之一。

此外，加强生产企业管理人员和生产人员的环境意识教育，改变以前仅抓成本、抓质量、抓效率的观念，在加工过程中规范操作，避免一些不必要的资源浪费和环境污染也是十分必要的。

3. 干式加工技术

1）干式切削技术

干切削加工方法有很多种，如干车削、干铣削、干钻削、干式螺纹加工、干式齿轮加工等。其中干车削是研究和应用最多的一种加工方法。美国 Leistritz 公司在加工丝杠时，先是在软的工件上加工出螺纹，再把有螺纹的工件淬硬，然后逐件精磨，加工一根丝杠需要近170个工时。为了提高生产效率，该公司采用 GE 超硬磨料公司的 PCBN 刀具进行旋风铣削加工，钢坯在精加工丝杠螺纹之前被淬硬，以硬旋风铣削取代软车削和精磨工序，明显提高了金属切除率，加工时间缩短为1.75h，提高效率近100倍。

2）干式磨削技术

在磨削加工时，采用油基磨削液会产生油气、烟雾，使生产环境恶劣，而且磨削液的后期处理成本太高，要改善这种情况，可以采用干磨削方式来加工。

在干磨削加工中，现在采用的一种较为有效的方式是强冷风磨削。强冷风磨削是通过热交换器，把压缩空气用液氮（-190℃）冷却到-110℃，然后经喷嘴喷到磨削点上（由于温度下降，原来空气中的水分会冻结在管道中，所以需使用空气干燥装置），由于压缩空气温度很低，所以在磨削点上很少有火花出现，也几乎没有热量产生，工件变形极小，可得到10μm 以内的椭圆度。

目前，采用 CBN 砂轮的强冷风磨削技术在实际应用中有很好的效果。CBN 砂轮的磨削比约为30 000，在加工过程中砂轮几乎不磨损，所以在磨屑中也没有砂轮的粉末，设置在磨削点下方的真空泵吸入的磨屑的纯度很高，易于直接再次回收利用。由于在加工中不采用磨削液，所以磨削效率也更高。

3）准干式加工

干式加工并不是简单的取消切削液就可以实现，它对刀具材料、机床结构、工艺技术等均有较高的要求，所以目前它的应用范围还比较有限，而完全采用湿加工又有资源浪费和环境保护等方面的问题，如果将干、湿加工的优点结合，既能够达到加工要求，又能够使切削液的费用降到最低，达到与干切削相同的要求，这种切削方式称为准干式切削。准干式切削是一种介于湿式切削和纯干式切削之间的一种切削方式。一般湿式切削时切削液消耗量可能在5L/min 以上，而准干式切削时切削液消耗量可能在50mL/h以下。

"汽束"喷雾冷却切削就是目前应用较多的一种准干式切削方式。在切削时采用一定压力（0.3～1MPa）的压缩空气使微量切削液（50～125mL/h）雾化，并以高速喷向切削区，使在该区域高温下呈雾化状态的切削液很快汽化。由于液体在汽化时会吸收大量热量，可使切削区域内的热量大幅度下降，使工件变形很小，所产生的切屑通过重力作用落入切削区域下方的收集区内。

实验表明，当机床调整到最佳状态时，每工时所消耗的切削液在50～125mL/h，刀具、工件和切屑都是干燥的。清洁干净的切屑还可以回收再利用，既不污染环境又可以节约资源。2.6风冷却切削技术干式加工是绿色制造工艺研究的重点，但是在一定条件下，没有任何冷却措施的干式加工还很难实现，还需要对刀具进行冷却和润滑。在这种情况下，可以采用风冷却切削技术。

风冷却切削技术是将从空气供给源来的空气经过除湿器将水分除去后，送入空气冷却器冷却至-30℃，再经绝热管由风嘴将冷风送至切削部位，同时向加工点喷少量的无害植物油，以防锈并且有一定润滑作用。在风嘴的对面设有集尘装置以收集废屑和风尘，通过集尘器内的过滤器将切屑滤去。

6.4.3　清洁生产

1. 清洁生产的概念及内涵

1）清洁生产的概念

1996年联合国环境规划署（United Nations Environment Programs，UNEP）对清洁生产（cleaner production）定义为：清洁生产是关于产品的生产过程的一种新的、创造性的思维方式。清洁生产意味着对生产过程、产品和服务持续运用整体预防的环境战略以期增加生态效率并减降人类和环境的风险。对于产品，清洁生产意味着减少和减低产品从原材料使用到最终处置的全生命周期的不利影响。对于生产过程，清洁生产意味着节约原材料和能源，取消使用有毒原材料，在生产过程排放废物之前减降废物的数量和毒性，将环境因素纳入设计和所提供的服务中。

在上述清洁生产概念中包含了四层含义：一是清洁生产的目标是节省能源、降低原材料消耗、减少污染物的产生量和排放量；二是清洁生产的基本手段是改进工艺技术、强化企业管理，最大限度地提高资源、能源的利用水平和改变产品体系，更新设计观念，争取废物最少排放及将环境因素纳入服务中去；三是清洁生产的方法是排污审计，即通过审计发现排污部位、排污原因，并筛选消除或减少污染物的措施及产品生命周期分析；四是清洁生产的终极目标是保护人类与环境，提高企业自身的经济效益。

《中国21世纪议程》对清洁生产做出如下定义："清洁生产是指既可满足人们的需要又可合理使用自然资源和能源并保护环境的实用生产方法和措施，其实质是一种物料和能耗最少的人类生产活动的规划和管理，将废物减量化、资源化和无害化，或消灭于生产过程之中。同时对人体和环境无害的绿色产品的生产亦将随着可持续发展进程的深入而日益成为今后产品生产的主导方向。"

清洁生产的目标是节省能源、降低材料消耗，减少污染物的产生量和排放量，其最终目的是保护人类和环境，提高企业的经济效益，即用清洁的能源、原材料、清洁的工艺及无污染、少污染的生产方式，科学的严格管理措施，生产清洁的产品。因此，清洁生产包含清洁的能源、清洁的生产过程和清洁的产品这三个方面的内容。

2）清洁生产的内涵

清洁生产是从全方位、多角度的途径去实现"清洁的生产"的，与末端治理相比，它具有十分丰富的内涵，主要表现在以下几个方面。

（1）用无污染、少污染的产品替代毒性大、污染重的产品。

（2）用无污染、少污染的能源和原材料替代毒性大、污染重的能源和原材料。

（3）用消耗少、效率高、无污染、少污染的工艺和设备替代消耗高、效率低、产污量大、污染重的工艺和设备。

（4）最大限度地利用能源和原材料，实现物料最大限度的厂内循环。

（5）强化企业管理，减少跑、冒、滴、漏和物料流失。

（6）对必须排放的污染物，采用低费用、高效能的净化处理设备和"三废"综合利用的措施进行最终的处理和处置。

清洁生产除强调"预防"外，还体现了以下两层含义：①可持续性，清洁生产是一个相对的、不断的持续进行的过程；②防止污染物转移，将气、水、土地等环境介质作为一个整体，避免末端治理中污染物在不同介质之间进行转移。

清洁生产一经提出后，在世界范围内得到许多国家和组织的积极推进和实践，其最大的生命力在于可取得环境效益和经济效益的"双赢"，它是实现经济与环境协调发展的唯一途径。

2. 清洁生产的内容和实施程序

1）清洁生产的内容

清洁生产包含的内容如图6-33所示。可以看出清洁化生产将可持续发展思想、系统集成的思想和对环境采取以预防为主、治理为辅的思想融于产品生命周期的各个阶段，以生产出具有"绿色"特性的产品。清洁化生产主要包括四项内容：绿色产品的生命循环设计与分析、绿色产品的清洁化制造过程、绿色产品的清洁化使用过程、绿色产品的回收处理及再利用过程。其中前两项是产品在上市前的清洁化生产内容，后两项为产品上市后的清洁化生产的内容。

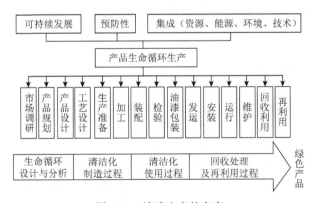

图 6-33　清洁生产的内容

清洁生产是一个系统工程，是对生产过程及产品的整个生命周期采取污染预防的综合措施。一项清洁生产技术要能够实施，首先必须技术上可行；其次要达到节能、降耗、减污的目标，满足环境保护法规的要求；最后是经济上能够获利，充分体现经济效益、环境效益、社会效益的高度统一。它要求人们综合地考虑和分析问题，以发展经济和保护环境一体化的原则为出发点，既要了解有关的环境保护法律法规的要求，又要熟悉部门和行业本身的特点及生产、消费等情况。对于每个实施清洁生产的企业来说，对具体情况、具体问题需要进行具体分析。它涉及产品的研发、设计、使用和最终处理全过程。工业生产千差万别，生产工艺繁简不一，因此应该从各行业的特点出发，在产品设计、原材料选择、工艺流程、工艺参数、生产设备、操作规范等方面分析生产过程中减少污染物产生的可能性，寻找清洁生产的机会和潜力，促进清洁生产的实施。

2）清洁生产的实施程序

企业在进行技术改造过程中，应当采取以下清洁生产措施。

（1）采用无毒、无害或者低毒、低害的原料，替代毒性大、危害严重的原料。

（2）采用资源利用率高、污染物产生量少的工艺和设备，替代资源利用率低、污染物产生量多的工艺和设备。

（3）对生产过程中产生的废物、废水和余热等进行综合利用或者循环使用。

（4）采用能够达到国家或者地方规定的污染物排放标准和污染物排放总量控制指标的污染防治技术。

清洁生产是一个系统工程，一方面它提倡通过工艺改造、设备更新、废弃物回收利用等途径，实现"节能、降耗、减污、增效"，从而降低生产成本，提高企业的综合效益；另一方面它强调提高企业的管理水平，提高包括管理人员、工程技术人员、操作工人在内的所有员工在经济观念、环境意识、参与管理意识、技术水平、职业道德等方面的素质。同时，清洁生产还可有效改善操作工人的劳动环境和操作条件，减轻生产过程对员工健康的影响，为企业树立良好的社会形象，促使公众对其产品的支持，提高企业的市场竞争力。

清洁生产实施程序包括以下四个方面：①产品设计与原材料选择；②工艺改革和设备更新，提供工序原材料和能源的利用率，减少生产过程中的浪费和污染物的排放；③建立闭合圈，实现废物的循环利用；④实施科学的环境管理体系，如 ISO14000环境管理体系等。企业实施清洁生产的程序如图6-34所示。

3. 开展清洁生产的意义

清洁生产是一种新的创造性理念，这种理念将整体预防的环境战略持续应用于生产过程、产品和服务中，以提高生态效率和减少人类及环境的风险。清洁生产是环境保护战略由被动反应向主动行动的一种转变。20世纪80年代以后，随着经济建设的快速发展，全球性的环境污染和生态破坏日益加剧，资源和能源的短缺制约着经济的发展，人们也逐渐认识到仅仅依靠开发有效的污染治理技术对所产生的污染进行末端治理所实现的环境效益是非常有限的。关心产品和生产过程对环境的影响，依靠改进生产工艺和加强管理等措施来消除污染可能更为有效，因此清洁生产的概念和实践也随之出现了，并以其旺盛的生命力在世界范围内迅速推广。

首先，清洁生产体现的是预防为主的环境战略。传统的末端治理与生产过程相脱节，先污染，再去治理，这是发达国家曾经走过的道路；清洁生产要求从产品设计开始，到选择原料、工艺路线和设备及废物利用、运行管理的各个环节，通过不断地加强管理和技术进步，提高资源利用率，减少乃至消除污染物的产生，体现了预防为主的思想。

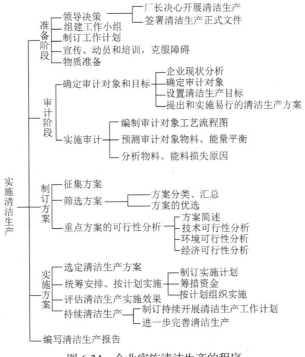

图 6-34 企业实施清洁生产的程序

其次，清洁生产体现的是集约型的增长方式。清洁生产要求改变以牺牲环境为代价的、传统的粗放型的经济发展模式，走内涵发展道路。要实现这一目标，企业必须大力调整产品结构，革新生产工艺，优化生产过程，提高技术装备水平，加强科学管理，提高人员素质，实现节能、降耗、减污、增效，合理、高效配置资源，最大限度地提高资源利用率。

最后，清洁生产体现了环境效益与经济效益的统一。传统的末端治理，投入多、运行成本高、治理难度大，只有环境效益，没有经济效益；清洁生产的最终结果是企业管理水平、生产工艺技术水平得到提高，资源得到充分利用，环境从根本上得到改善。清洁生产与传统的末端治理的最大不同是找到了环境效益与经济效益相统一的结合点，能够调动企业防治工业污染的积极性。

4. 清洁生产的发展与应用

自1989年，联合国开始在全球范围内推行清洁生产以来，全球先后有8个国家建立了清洁生产中心，推动着各国清洁生产不断向深度和广度拓展。1989年5月 UNEP 工业与环境规划活动中心（UNEP IE/PAC）根据 UNEP 理事会会议的决议，制定了《清洁生产计划》，在全球范围内推进清洁生产。该计划的主要内容之一为组建两类工作组：一类为制革、造纸、纺织、金属表面加工等行业清洁生产工作组；另一类则是组建清洁生产政策及战略、数据网络、教育等业务工作组。该计划还强调要面向政界、工业界、学术界人士，提高他们的清洁生产意识，教育公众，推进清洁生产的行动。1992年6月在巴西里约热内卢召开的"联合国环境与发展大会"上，通过了《21世纪议程》，号召工业提高能效，开展清洁技术，更新替代对环境有害的产品和原料，推动实现工业可持续发展。中国政府亦积极响应，于1994年提出了《中国21世纪议程》，将清洁生产列为"重点项目"之一。

1998年 UNEP 在韩国汉城第五次国际清洁生产高级研讨会上，出台了《国际清洁生产宣言》，目的是提高公共部门和私有部门中关键决策者对清洁生产战略的理解及该战略在他们中间的形象，它也将激励对清洁生产咨询服务的更广泛的需求。《国际清洁生产宣言》是对作为一种环境管理战略的清洁生产公开的承诺。

20世纪90年代初，经济合作和开发组织（Organization for Economic Co-operation and Development，OECD）在许多国家采取不同措施鼓励采用清洁生产技术。例如，在德国，将70%投资用于清洁工艺的工厂可以申请减税。在英国，税收优惠政策是导致风力发电增长的原因。自1995年以来，OECD 国家的政府开始把它们的环境战略针对产品而不是工艺，以此为出发点，引进生命周期分析，以确定在产品生命周期（包括制造、运输、使用和处置）中的哪一个阶段有可能削减或替代原材料投入最有效并以最低费用消除污染物和废物。这一战略刺激和引导生产商和制造商及政府政策制定者去寻找更富有想象力的途径来实现清洁生产和产品。

美国、澳大利亚、荷兰、丹麦等发达国家在清洁生产立法、组织机构建设、科学研究、信息交换、示范项目和推广等领域已取得明显成就。特别是进入21世纪后，发达国家清洁生产政策有两个重要的倾向：其一是着眼点从清洁生产技术逐渐转向清洁产品的整个生命周期；其二是从大型企业在获得财政支持和其他种类对工业的支持方面拥有优先权转变为更重视扶持中小企业进行清洁生产，包括提供财政补贴、项目支持、技术服务和信息等措施。

■6.5　绿色包装技术

6.5.1　绿色包装的概念

1. 绿色包装的来源

绿色包装发源于1987年联合国环境与发展委员会发表的《我们共同的未来》，到1992年6月联合国环境与发展大会通过了《里约环境与发展宣言》《21世纪议程》，随即在全世界范围内掀起了一个以保护生态环境为核心的绿色浪潮。绿色包装（green package）有人称其为"环境之友包装"（environmental friendly package）或生态包装（ecological package）。

2. 绿色包装的定义

绿色包装是对生态环境和人体健康无害，能循环复用和再生利用，可促进国民经济持续发展的包装。也就是说，包装产品从原材料选择、产品制造、使用、回收和废弃的整个过程均应符合生态环境保护的要求。它包括节省资源、能源、减量、避免废弃物产生，易回收复用，再循环利用，可焚烧或降解等生态环境保护要求的内容。绿色包装的内容随着科技的进步，还将有新的内涵。

绿色包装一般应具有以下五个方面。

（1）实行包装减量化（reduce）。包装在满足保护、方便、销售等功能的条件下，应是用量最少。

（2）包装应易于重复利用（reuse），或易于回收再生（recycle）。通过生产再生制品、焚烧利用热能、堆肥化改善土壤等措施，达到再利用的目的。

（3）包装废弃物可以降解腐化（degradable）。其最终不形成永久垃圾，进而达到改良土壤的目的。reduce、reuse、recycle 和 degradable 即当今世界公认的发展绿色包装的 3R1D 原则。

（4）包装材料对人体和生物应无毒无害。包装材料中不应含有有毒性的元素、病菌、重金属；或这些含有量应控制在有关标准以下。

（5）包装制品从原材料采集、材料加工、制造产品、产品使用、废弃物回收再生，直到其最终处理的生命全过程均不应对人体及环境造成公害。

3. 绿色包装的分级

绿色包装分为 A 级和 AA 级。

A 级绿色包装是指废弃物能够循环复用、再生利用或降解腐化，含有毒物质在规定限量范围内的适度包装。

AA 级绿色包装是指废弃物能够循环复用、再生利用或降解腐化，且在产品整个生命周期中对人体及环境不造成公害，含有毒物质在规定限量范围内的适度包装。

上述分级主要是考虑首先要解决包装使用后的废弃物问题，这是当前世界各国保护环境关注过程中的污染，这是一个过去、现在、将来需继续解决的问题。LCA 固然是全面评价包装环境性能的方法，也是比较包装材料环境性能优劣的方法，但在解决问题时应有轻重先后之分。

4. 绿色包装法规

1981年，丹麦政府鉴于饮料容器空瓶的增多带来的不良影响，首先推出了《包装容器回收利用法》。由于这一法律的实施影响了欧共体内部各国货物自由流动协议，影响了成员国的利益。于是一场"丹麦瓶"的官司打到了欧洲法庭。1988年，欧洲法庭判丹麦获胜。欧共体为缓解争端，1990年6月召开都柏林会议，提出"充分保护环境"的思想，制定了《废弃物运输法》，规定包装废弃物不得运往他国，各国应对废弃物承担责任。

1994年12月，欧共体发布《包装及包装废弃物指令》。《都柏林宣言》之后，西欧各国先后制定了相关法律法规。与欧洲相呼应，美国、加拿大、日本、新加坡、韩国、中国香港、菲律宾、巴西等国家和地区也制定了包装法律法规。

我国自1979年以来，先后颁布了《中华人民共和国环境保护法》《固体废弃物防治法》《水污染防治法》《大气污染防治法》等四部专项法和八部资源法，有30多项环保法规明文规定了包装废弃物的管理条款。

6.5.2　绿色包装设计

1. 绿色包装设计的概念

传统的包装设计理论和方法是以人为中心，以保护商品为目的，以满足人的需求和解决包装问题为出发点，而无视后继的包装产品的生产和使用过程中的资源和能源消耗及对环境的影响，特别是忽略包装废弃物对环境的影响。而绿色包装设计（green packaging design）就是针对传统设计理论中的不足提出的一种全新的设计理念。它是将保护资源和环境的战略集成到生态学和经济性都能承受的新产品设计中。因此受到普遍认同，也符合 ISO14000环境保护标准体系。绿色包装设计就是在包装产品的生命周期内，着重考虑产品的环境属性（可回收性、可自然降解性、可重复利用性等），并将其作为设计目标，在满足环境目标要求的同时，保证包装的应有功能（包装质量、成本、保质期等）。绿色包装设计包含生态设计、环境设计等新的现代设计理念。绿色包装设计面向商品全生命周期，是从设计到产品的使用及包装材料的废弃回收的全过程。从根本上防止环境污染，节约资源和能源，保护环境和人类的健康，实现可持续发展。绿色设计源于传统设计方法，又高于传统设计方法。强调在包装产品的开发阶段按照全生命周期的观点，对包装材料、包装方法及技术、包装工艺及生产过程、产品储存、运输及使用，特别是使用后的包装废弃物进行系统的分析与评价，消除对环境潜在的负面影响。将"3R"引入包装产品的开发阶段，提出实现无废弃物设计。但是，现阶段"完全的绿色包装设计"是不可能的，因为绿色包装设计涉及产品的生命周期内的每一个环节和阶段，即使设计时考虑非常全面。但由于新材料、生产工艺及技术、包装设备等的限制，在某些环节或多或少还会存在非绿色的现象，如塑料类包装材料、发泡缓冲类包装材料等还没有绿色的可降解的材料来替代。但通过绿色设计可以将包装产品非绿色现象降低。

绿色包装设计与传统包装设计相比有如下特点。

（1）拓展了包装产品的生命周期。传统包装产品的生命周期是从"产品制造到产品使用"的过程，而绿色包装设计是将包装产品的生命周期延伸到了"产品设计到使用后的回收及利用"。拓展了生命周期后，便于我们在设计过程中从全局的总体的角度分析、理解、解决与包装产品有关的环境问题、材料可降解性和再生利用及废弃物的管理问题等，便于包装设计过程的整体优化。

（2）绿色包装设计是并行闭环设计。传统包装设计是串行开环设计过程，而绿色包装设计要求产品生命周期的各个阶段必须被并行考虑，并建立有效的反馈机制，即实现各个阶段的闭路循环。

（3）绿色包装设计有利于保护资源、保护环境、维护生态平衡、实现可持续发展。

（4）绿色包装设计可以从源头上减少包装废弃物的产生，特别是不可降解的包装材料，消灭"白色污染"，有利于实现包装废弃物的回收和综合利用。

（5）绿色包装设计可以在包装艺术设计与包装产品设计、环境保护技术与包装产品设计、价值设计与包装产品设计等不同的层次上进行动态设计,确保包装设计的真正绿色和最优。

2. 绿色包装结构设计原则

（1）避免过分包装。"过分包装"现象目前很严重，如包装层次过多、喧宾夺主（包装成本超过产品成本），这样不但造成资源浪费和环境污染，而且增加了产品成本。一般情况下产品包装层次为1～2层，常见的为两层，即内包装和外包装，有的中间夹一层，也有用一层包装的。在进行包装设计时应考虑避免"过分包装"，如减少包装体积、重量，减少包装层数，采用薄形化包装等。

（2）"化零为整"包装。对一些产品尽量散装或加大包装容积，对产品进行"化零为整"包装。一些发达国家的散装水泥推广非常快，如日本、美国等水泥的散装率已分别达94%和92%，西欧大多数国家也达到60%～90%。据统计，每用一万 t 散装水泥可节约袋纸60t，造纸用木材330m^3，电力7万 kW·h，煤炭111.5t，减少水泥损失500t，综合经济效益32.1万元。而目前我国水泥散装率只有10%左右。

（3）设计可循环重用包装。例如，某厂的机床以前采用木材包装，消耗大量的来自大自然的木材，对环境直接造成影响；后来改成水泥板包装结构，每次机床产品运到用户后，可方便地拆卸回收水泥板，反复重复使用。另外，批发运输的包装常常用可重用容器，如各种大小的箱子、钢丝框、木箱、瓶子、塑料盒等是其代表形式。

（4）设计可拆卸性包装结构。设计可拆卸性包装结构有利于减少包装回收利用的工作量，降低回收成本，提高回收价值。

（5）设计多功能包装。日本出现了一些多功能包装。例如，可把包装制成展销陈列柜、储存柜、玩具等，延长了包装的生命周期。

另外，通过改善产品结构使其适应包装设计，也有助于简化包装。在实际的包装结构设计中，应根据具体情况，设计合理的包装结构，减少包装材料的消耗和对环境的污染。

6.5.3　绿色包装材料

1. 绿色包装材料应具备的性能

作为包装材料，无论是绿色包装材料还是非绿色包装材料，它们在应具备的性能方面可以说大部分是共性的基本性能，如保护性、加工操作性、外观装饰性、节省费用性、易回收处理性等，但绿色包装特有的性能是对人体健康及生态环境均无害，既可以回收再利用，又可以自然风化回归自然。

（1）保护性。对内装物具有良好的保护性，既能防潮、防水、防腐蚀，又有耐热、耐寒、耐油、耐光、高阻隔性，以防止内装物的变质，保持原有的本质和气味。而且，材料需具备一定的机械强度，以保持内装物的形状及使用功能。

（2）加工操作性。主要指材料易加工的性能，即材料自身的刚性、平整性、热合性、韧性等，以及在包装时的方便性，好包、好装、好封合的性能，并适应包装机械的操作。

（3）外观装饰性。指材料是否易于进一步变化和整饰，即在色彩上、造型上、装饰上是否能方便地操作和适应。包括材料的印刷适性、光泽度、透明度及抗吸尘性等。

（4）节省费用性。材料的性能价格比合理，能经济合适地用于包装，并能够节省人力、能源和机械设备费用。

（5）材料的优质、轻量性。指材料在能很好地履行保护、运输、销售功能的同时，能够轻量化，这样既节省资源又经济，同时减少废弃物的数量。

（6）易回收处理性。指材料废弃物易回收处理，易再生利用，既节省资源，又节省能源，还有利于环境保护。

经济（绿色包装）材料最突出的性能，是在易回收处理和再生的基础上，还能自然风化融于自然。更为突出的是它从原料到加工过程直到产品均不产生环境污染，均对人体健康无害，甚至在包装、储存和使用的过程中无任何潜在的危害，对内装物无微量的污染、不失味、不变质。

2. 绿色包装材料的分类

目前用于包装的四大支柱材料中，纸是由天然植物纤维制造而成，所以易于自然风化、分解。金属、玻璃可以回收再造。而只有普通塑料有一定的特殊性，很难自然风化，又很难回收处理，是造成"白色污染"的来源。所以，现在全球性大力发展、研究的新型绿色包装材料（可降解材料），都是针对难以处理的"白色污染"源而提出的。因此，绿色包装材料按照环境保护要求及材料用毕后的归属大致可分为三大类。

（1）可回收处理再造的材料。包括纸张、纸板材料、模塑纸浆材料、金属材料、玻璃材料，通常的线型高分子材料（塑料、纤维），也包括可降解的高分子材料。

（2）可自然风化回归自然的材料。包括：纸制品材料（纸张、纸板、模塑纸浆材料）；可降解的各种材料（光降解、生物降解、氧降解、光／氧降解、水降解）及生物合成材料、草、麦秆填充、贝壳填充、天然纤维填充材料等；可食性材料。

（3）准绿色包装材料，即可回收焚烧、不污染大气且可能量再生的材料。包括部分不能回收处理再造的线型高分子、网状高分子材料、部分复合型材料（塑—金属）、（塑—塑）、（塑—纸）等。

3. 绿色包装材料

1）可回收处理材料

（1）可降解塑料。目前国际上流行的"可降解新型塑料"具有废弃后自行分解消失、不污染环境的优良品质。德国发明了一种由淀粉做的、遇到流质不溶化的包装杯，可以盛装奶制品，这项发明为德国节省40亿只塑料瓶，其废弃后也容易分解掉。美国研究出一种以淀粉和合成纤维为原料的塑料袋，它可在大自然中分解成水和 CO_2。荷兰和意大利等国已立法规定某些塑料包装材料必须采用可降解塑料，有害环境的包装一律不得投放市场。

（2）纸包装。由于纸制品包装使用后可再次回收利用，少量废弃物在大自然环境中可以自然分解，对自然环境没有不利影响，所以世界公认纸、纸板及纸制品是绿色产品，符合环境保护的要求，对治理由塑料造成的白色污染能起到积极的替代作用。目前，国内外正在研究和开发的纸包装材料有纸包装薄膜、一次性纸制品容器、利用自然资源开发的纸包装材料、可食性纸制品等。

目前许多企业已考虑使用中型、重型的瓦楞纸箱或白色板箱来包装，并使用各种防潮保鲜纸张代替塑料薄膜来进行包装。美国已有一半以上的塑料包装改用新型纸张包装。我国的上海嘉宝包装公司引进先进设备研制成纸浆模型，这种产品采用天然植物纤维，如芦苇浆、蔗渣浆、木浆等原料，经科学配方，模压成型而制成。这种纸浆模型是替代泡沫餐具的最理想的产品。

（3）玻璃包装。如果不含有金属、陶瓷等其他物质，玻璃几乎可以全部回收利用，某一颜色的玻璃中其他颜色玻璃碎片的含量有最大限值：①绿色玻璃中其他颜色玻璃的最大含量不超过15%。②白色玻璃中其他颜色玻璃的最大含量不超过3%，其中棕色玻璃的最大含量不超过2%，绿色玻璃的最大含量不超过1%。③棕色玻璃中其他颜色玻璃的最大含量不超过8%。为此，必须加强不同颜色玻璃的分类收集，在一些发达国家，白色玻璃和彩色玻璃分别用不同的容器收集。由于玻璃包装具有可视性强、易于回收复用优点，它已成为饮料等产品传统包装的主要容器。

（4）竹包装。竹包装具有无毒、无污染、易回收等特点。竹包装是指竹胶板箱、丝捆竹板箱等。中国是世界上木材缺乏的国家，但中国的竹林总面积和竹资源蓄积量分别居世界首位和第二位。中国具有浓郁传统文化气息的竹包装受到欧美及日本等国家和地区的青睐。

2）可重复使用、可降解材料

（1）可重复使用、再生。包装的重复再用，如推行啤酒、饮料、酱油、醋等包装采用玻璃瓶，反复使用。瑞典等国家实行聚酯 PET 饮料瓶和 PC 奶瓶的重复再用达20次以上，荷兰 Wellman 公司与美国 Holmson 公司对 PET 容器进行100%的回收。聚酯瓶在回收之后，可用两种方法再生，物理方法是指直接彻底净化粉碎，无任何污染物残留，经处理后的塑料再直接用于再生包装容器；化学方法是指将回收的 PET 粉碎洗涤之后，用解聚剂甲醇、乙二醇或二甘醇等在碱性催化剂作用下使 PET 全部解聚成单体或部分解聚成低聚物，纯化后再将单体或低聚物重新聚合成再生 PET 树脂包装材料。

（2）可食用。几十年来，大家熟知的糖果包装上使用的糯米纸及包装冰淇淋的玉米烘烤包装杯都是典型的可食性包装。人工合成可食性包装膜中比较成熟的是20世纪70年代已工业化的普鲁兰树脂，它是无味、无臭、非结晶、无定形的白色粉末，是一种非离子性、非还原性的稳定多糖。由于它是由 a-葡萄糖甙构成的多聚葡萄糖（右旋糖酐-70），在水中容易溶解，可作黏性、中性、非离子性的不胶化水溶液。

5%～10%的水溶液，经干燥或热压能制成厚度为0.01mm 的薄膜，它透明、无色、无臭、无毒，具有韧性、高抗油性、能食用，可做食品包装。其光泽、强度、耐折性能都比高链淀粉制得的薄膜好。

最近，武汉市的科研人员研制成一种新型的内包装材料可食性包装膜。该产品是由苕干、土豆、碎米等原料经发酵转化成多糖，然后将多糖延成薄膜。该膜是由葡萄糖连接而成的高分子物质，具可食性、可降解性、无色透明、隔氧性好等特点。作为食品包装膜，其直角撕裂强度、机械强度、透光性等均可达到塑料包装优等膜标准。该膜制成袋后，装奶粉和色拉油不漏油，并可与奶粉共溶于水一起食用。

（3）可降解的包装。可降解材料是指在特定时间特定环境下，其化学结构发生变化的一种塑料。可降解塑料包装材料既具有传统塑料的功能和特性，又可以在完成使用寿命之后，通过阳光中紫外光的作用或土壤和水中的微生物作用，在自然环境中分解和还原，最终以无毒形式重新进入生态环境中。可降解塑料主要分为合成光降解塑料、添加光敏剂的光降解塑料和生物降解塑料，以及多种降解塑料复合在一起的多功能降解塑料。也有按降解塑料的环境条件分为光降解塑料、生物降解塑料（完全生物降解塑料、部分生物降解塑料）、化学降解塑料（氧气降解塑料、水降解塑料），以及上述三种降解塑料组成的复合降解材料。

思考与练习题

1. 叙述绿色制造的定义及内涵。
2. 绿色制造主要包括哪些技术？
3. 何谓绿色产品？绿色产品有何特征？绿色产品如何认证？
4. 绿色产品的评价指标有哪些？如何进行绿色产品的评价？
5. 叙述绿色设计的概念、主要内容及其步骤。
6. 绿色设计有几种方法？各种方法的原理及步骤。
7. 干式加工技术的原理及其类型是什么？
8. 清洁生产的概念及其内涵？
9. 绿色包装的概念及其设计原则？
10. 绿色材料的选择原则是什么？有几种绿色材料？

➢拓展学习材料

6-1 绿色设计方法、应用

第7章

工业 4.0 系统

7.1 工业 4.0 系统概述

7.1.1 工业 4.0 的基本概念

工业4.0（industry 4.0）是德国政府提出的一个高科技战略计划。该项目由德国联邦教育局及研究部和联邦经济技术部联合资助，投资预计达2亿欧元。旨在提升制造业的智能化水平，建立具有适应性、资源效率及人因工程学的智慧工厂，在商业流程及价值流程中整合客户及商业伙伴。其技术基础是网络实体系统及物联网。

工业4.0是以智能制造为主导的第四次工业革命，或革命性的生产方法，包含了由集中式控制向分散式增强型控制的基本模式转变，目标是建立一个高度灵活的个性化和数字化的产品与服务的生产模式，旨在通过充分利用信息通信技术和网络空间虚拟系统——CPS相结合的手段，将制造业向智能化转型。在这种模式中，传统的行业界限将消失，并会产生各种新的活动领域和合作形式。创造新价值的过程正在发生改变，产业链分工将被重组。

工业4.0有一个关键点，就是"原材料（物质）"="信息"。具体来讲，就是工厂内采购来的原材料，被"贴上"一个标签：这是给 A 客户生产的××产品，××项工艺中的原材料。准确来说，是智能工厂中使用了含有信息的"原材料"，实现了"原材料（物质）"="信息"，制造业终将成为信息产业的一部分，所以工业4.0将成为最后一次工业革命。

7.1.2 工业 4.0 的特点

工业4.0的五大特点：互联、数据、集成、创新和转型，如图7-1所示。

（1）互联：互联工业4.0的核心是连接，要把设备、生产线、工厂、供应商、产品和客户紧密地联系在一起。

（2）数据：工业4.0连接产品数据、设备数据、研发数据、工业链数据、运营数据、管理数据、销售数据、消费者数据。

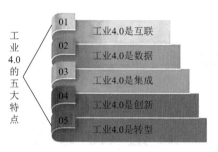

图 7-1 工业 4.0 的五大特点

（3）集成：工业4.0将无处不在的传感器、嵌入式中端系统、智能控制系统、通信设施通过 CPS 形成一个智能网络。通过这个智能网络，使人与人、人与机器、机器与机器及服务与服务之间，能够形成一个互联，从而实现横向、纵向和端到端的高度集成。

（4）创新：工业4.0的实施过程是制造业创新发展的过程，制造技术、产品、模式、业态、组织等方面的创新，将会层出不穷，从技术创新到产品创新，到模式创新，再到业态创新，最后到组织创新。

（5）转型：对于中国的传统制造业而言，转型实际上是从传统的工厂，从2.0、3.0的工厂转型到4.0的工厂，整个生产形态上，从大规模生产，转向个性化定制。实际上整个生产的过程更加柔性化、个性化、定制化。这是工业4.0一个非常重要的特征。

7.1.3 工业 4.0 的战略要点

德国工业4.0战略的要点可以概括为：建设一个网络、研究四大主题、实现三项集成、实施八项计划。如图7-2所示。

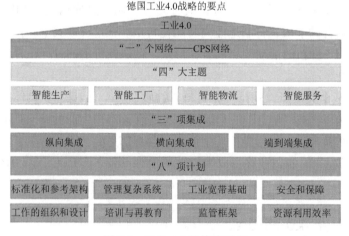

图 7-2 工业 4.0 的战略要点

（1）建设一个网络：CPS 网络。CPS 是将物理设备连接到互联网上，让物理设备具有计算、通信、精确控制、远程协调和自治等五大功能，从而实现虚拟网络世界与现实物理世界的融合。CPS 可以将资源、信息、物体及人紧密联系在一起，从而创造物联网及相关服务，并将生产工厂转变为一个智能环境。这是实现工业4.0的基础。

（2）研究四大主题：①智能工厂，重点研究智能化生产系统及过程，以及网络化分布式生产设施的实现。②智能生产，主要涉及整个企业的生产物流管理、人机互动及 3D 技术在工业生产过程中的应用等。该计划将特别注重吸引中小企业参与，力图使中小企业成为新一代智能化生产技术的使用者和受益者，同时成为先进工业生产技术的创造者和供应者。③智能物流，主要通过互联网、物联网、物流网，整合物流资源，充分发挥现有物流资源供应方的效率，而需求方，则能够快速获得服务匹配，得到物流支持。④智能服务，在未来的智能服务世界，所有的机器、系统、工厂均可容易地与互联网数字平台形成有效对接，以此实现平台集成，用户在任何位置均可访问现场数据。

（3）实现三项集成：横向集成、纵向集成与端对端的集成。工业4.0将无处不在的传感器、嵌入式终端系统、智能控制系统、通信设施通过 CPS 形成一个智能网络，使人与人、人与机器、机器与机器及服务与服务之间能够互联，从而实现横向、纵向和端对端的高度集成。

（4）实施八项计划：这是工业4.0得以实现的基本保障。一是标准化和参考架构。需要开发出一套单一的共同标准，不同公司间的网络连接和集成才会成为可能。二是管理复杂系统。适当的计划和解释性模型可以为管理日趋复杂的产品与制造系统提供基础。三是工业宽带基础。可靠、全面、高品质的通信网络是工业4.0的一个关键要求。四是安全和保障。在确保生产设施和产品本身不能对人与环境构成威胁的同时，要防止生产设施和产品滥用及未经授权的获取。五是工作的组织和设计。随着工作内容、流程和环境的变化，对管理工作提出了新的要求。六是培训与再教育。有必要通过建立终身学习和持续职业发展计划，帮助工人应对来自工作和技能的新要求。七是监管框架。创新带来的诸如企业数据、责任、个人数据及贸易限制等新问题，需要包括准则、示范合同、协议、审计等适当手段加以监管。八是资源利用效率。需要考虑和权衡在原材料与能源上的大量消耗给环境及安全供应带来的诸多风险。

7.1.4　工业时代的发展历程

工业时代的发展历程经历了四个阶段（图7-3所示）：第一次工业革命，蒸汽时代，生产方式进入机械化；第二次工业革命，电器时代，生产方式进入自动化；第三次科技革命，信息时代，生产方式变为电子化；如今，计算机和互联网发展已达到空前的高度，同时也意味着我们即将迎来下一次伟大变革——第四次工业革命（工业4.0），智能时代，生产方式智能化。

（1）工业1.0——机械化，以蒸汽机为标志，用蒸汽动力动力驱动机器取代人力，从此手工业从农业分离出来，正式进化为工业。

（2）工业2.0——电气化，以电力的广泛应用为标志，用电力驱动机器取代蒸汽动力，从此零部件生产与产品装配实现分工，工业进入大规模生产时代。

（3）工业3.0——自动化，以 PLC（可编程逻辑控制器）和 PC 的应用为标志，从此机器不但接管了人的大部分体力劳动，同时接管了一部分脑力劳动，工业生产能力也自此超越了人类的消费能力，人类进入了产能过剩时代。

（4）工业4.0——智能化，是指利用CPS将生产中的供应，制造，销售信息数据化、智慧化，最后达到快速、有效、个人化的产品供应。

纵观四次工业革命，人类进行的所有活动，如社会进步、政治改革、时代变迁、技术发展，这一切的一切都围绕生产力和生产方式的推动而推动，而我们所要寻求的"互联网＋"背后的真相，是生产力的不断提高和演变。因为，生产力与生产方式的改善与发展，是人类永恒不变的主题。

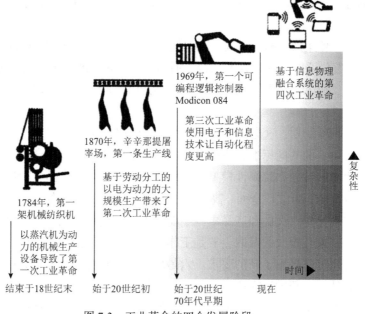

图7-3　工业革命的四个发展阶段

7.2　工业4.0的内涵

工业4.0的内涵包括制造业向智能化方向转变的四大主题：智能工厂、智能生产、智能物流和智能服务。

7.2.1　智能工厂

智能工厂是研究智能化生产系统及过程，它的出现是现代工厂信息化发展所达到的更高和更新的状态，是把数字化工厂作为基础，并在此基础上通过互联网技术和设备监控技术来对信息管理和服务进行强化，并对生产销售流程进行全面掌控，对生产过程的可控性进行全面提高，减少生产线上人工干预。同时，对生产线信息数据进行实时采集，从而合理安排生产计划与生产调度，并且利用绿色智能手段与智能系统等新兴技术的应用，来构建一个具有高效节能、绿色环保和环境舒适等优势，而且具有人性化特点的工厂。智能工厂的核心架构为"一个网络"与"三个集成"。

1. 一个网络

CPS 是将物理设备连接到互联网上，让物理设备具有计算、通信、精确控制、远程协调和自治等五大功能，从而实现虚拟网络世界与现实物理世界的融合，将网络空间的高级计算能力有效地运用于现实世界中，从而在生产制造过程中，与设计、开发、生产有关的所有数据将通过传感器采集和分析，形成可自律操作的智能生产系统。

（1）CPS 可以将系统资源、信息、物体及人紧密联系在一起，从而创造物联网及相关服务，并将生产工厂转变为一个智能环境。

（2）CPS 将提供全面、快捷、安全可靠的服务和应用业务流程。

（3）CPS 能支持移动终端设备和业务网络中的协同制造、服务、分析和预测流程等。

工业4.0蓝图中，连接一切的 CPS 是实现智能工厂、智能生产的基础，工业4.0蓝图给了一个 CPS 网络的概念模型（图7-4），在这个模型中，我们看到了"服务"的概念，传感器服务、控制服务、通信服务、校验服务、信息服务等，所有的服务形成了一个服务库，每个服务完成不同的功能，服务与服务之间相互连接，构成一个柔性的智能生产网络，每个服务来自不同的系统，产品信息服务来自 PDM 系统、生产计划服务来自 ERP 系统、订单服务来自数据库管理系统，生产装配指令服务来自制造执行系统（manufacturing execution system，MES）、生产加工服务由设备完成，因此，整个 CPS 网络系统就是一个服务连接的网络，即是"物联网"的概念，通过"服务"的抽象，屏蔽了各个信息系统及物理设备的差异性，在服务层面具有共通性，因而更容易实现连接。

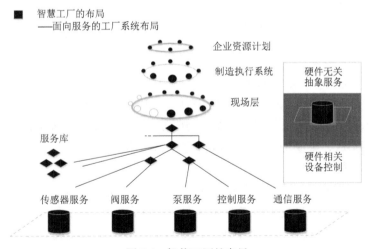

图 7-4　智能工厂的布局

服务的概念即是面向服务的体系结构（service-oriented architecture，SOA）的核心，SOA 即是解决异构系统、设备、网络相互连接的技术方法，通过 SOA 中的企业服务总线（enterprise service bus，ESB）可建立起一个企业的"同声翻译平台"，让企业中的异构系统、生产设备、人、客户相互联通，让这些生产要素协同工作而又保持各自的个性化特征，各要素按照自己的方式工作，通过 ESB 这个同声翻译平台接收信息、指令，同时将自己的状态、信息发送到 ESB 平台、传递给其他生产要素，从而实现智能的感知和协作。

CPS 网络模型是一个理想的参考架构，在 CPS 网络模型中并没有给出怎么解决异构系统及设备间的连通性问题的技术实现方法和路径。我们都知道，对于具体的企业来说，要实现工业4.0的蓝图目标，有很多实际的困难要解决，企业的信息系统都是在不同的时期建立起来的，采用了不同的技术路线，由不同的厂商提供，技术协议不同，不能直接联通，需要点对点的写接口程序才能联通。对于生产设备，差异性就更大了，老式的设备没有通信接口、仪表都是模拟的，新式设备的通信协议及接口也是五花八门的，如RS232、RS485、以太网等，即使有相同的接口形式，其数据格式和规则可能也不一样，如果要将这些设备连接起来，一些老设备需要加装传感器、可编程逻辑控制器、射频识别技术等，构建一个工业总线，将这些新老设备通过各种接口接入到工业总线中，使其相互联通、采集设备的数据。搞工业自动化系统的人都知道，工业自动化系统一般都遵循一个行业的标准协议——OPC，这是一个比较底层的协议，一般大家熟知的数据采集与监视控制系统、集散控制系统都是这类性质的工业自动化网络，即"物联网"。工业自动化系统的运行方式与管理信息网络的运行方式完全不一样，数据生成的频率要高得多，一般以秒为单位生成数据，数据存储的方式也不一样，数据一般是以 KEY/VALUE 的方式收集和存储，俗称列存储方式，而管理信息系统，如 ERP、PDM 等系统的组织存储方式是以行的形式存在的，数据交换的协议以 SQL、webservice、FTP、MQ、HTTP 等更高级的协议通信。所以要实现工业网络与管理信息网络的相互联通，从底层网络协议上容易实现，但是要实现数据的交换还不是那么容易，所以工业4.0中才提出了 CPS 网络的参考架构，力图实现"连接一切"的目标。

2. 三个集成

工业4.0中的三项集成包括：横向集成、纵向集成与端对端的集成。工业4.0将无处不在的传感器、嵌入式终端系统、智能控制系统、通信设施通过 CPS 形成一个智能网络，使人与人、人与机器、机器与机器及服务与服务之间能够互联，从而实现横向、纵向和端对端的高度集成，集成是实现工业4.0的重点也是难点。

1）纵向集成

纵向集成不是一个新话题，企业信息化发展经历了部门需求、单体应用到协同应用的一个历程，伴随着信息技术与工业融合发展常讲常新，换句话说，企业信息化在各个部门发展阶段的里程碑，就是企业内部信息流、资金流和物流的集成。该项集成是在哪一个层次、哪一个环节、哪一个水平上的集成？如是生产环节上的集成（如研发设计内部信息集成）、跨环节的集成（如研发设计与制造环节的集成），还是产品全生命周期的集成（如产品研发、设计、计划、工艺到生产、服务的全生命周期的信息集成）。简单点说，纵向集成就是解决企业内部信息孤岛的集成，工业4.0所要追求的就是在企业内部实现所有环节信息无缝链接，这是所有智能化的基础。纵向集成主要解决企业内部的集成，即解决信息孤岛的问题，解决信息网络与物理设备之间的联通问题。

2）横向集成

在市场竞争牵引和信息技术创新驱动下，每一个企业都是在追求生产过中的信息流、资金流、物流无缝链接与有机协同，在过去这一目标主要集中在企业内部，但现在远远不够了，企业要实现新的目标：从企业内部的信息集成向产业链信息集成，从企业内部协同研发体系到企业间的研发网络，从企业内部的供应链管理到企业间的协同供应链管理，从企业内部的价值链重构向企业间的价值链重构。横向集成是企业之间通过价值链及信息网络所实现的一种资源整合，为实现各企业间的无缝合作，提供实时产品与服务，推动企业间研产供销、经营管理与生产控制、业务与财务全流程的无缝衔接和综合集成，实现产品开发、生产制造、经营管理等在不同的企业间的信息共享和业务协同。

横向集成主要实现企业与企业之间、企业与售出产品之间（如车联网）的协同，将企业内部的业务信息向企业以外的供应商、经销商、用户进行延伸，实现人与人、人与系统、人与设备之间的集成，从而形成一个智能的虚拟企业网络。制造业普遍存在的工程变更协同流程就是这样一个典型的横向集成应用场景。

3）端到端的集成

端对端集成是指贯穿整个价值链的工程化数字集成，是在所有终端数字化的前提下实现的基于价值链与不同公司之间的一种整合，这将最大限度地实现个性化定制。具体来讲，所谓端到端就是围绕产品全生命周期，从一个端头（点）到另外一个端头（点），中间是连贯的，不会出现局部流程、片段流程，没有断点。从企业层面来看，ERP 系统、PDM 系统、组织、设备、生产线、供应商、经销商、用户、产品使用现场（汽车、工程机械使用现场）等围绕整个产品生命周期价值链上的管理和服务都是整个 CPS 网络需要连接的端头（点）（图7-5）。从某种意义上来讲，端到端的集成是一个新理念，各界对于端到端集成有不同的理解。

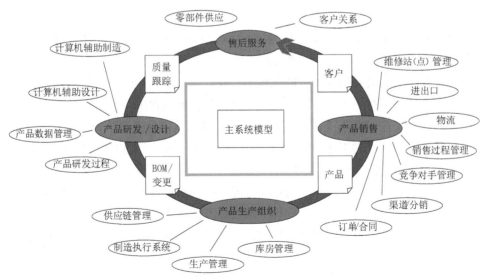

图 7-5　端到端的制造业业务场景模型

端到端集成就是把所有该连接的端头（点）都集成互联起来，通过价值链上不同企业资源的整合，实现从产品设计、生产制造、物流配送、使用维护的产品全生命周期的管理和服务，它以产品价值链创造集成供应商（一级、二级、三级……）、制造商（研发、设计、加工、配送）、分销商（一级、二级、三级……）及客户信息流、物流和资金流，在为客户提供更有价值的产品和服务同时，重构产业链各环节的价值体系。

由于整个产业生态圈中的每一个端头所讲的语言（通信协议）都不一样，数据采集格式、采集频率也不一样，要让这些异构的端头都连接起来，实现互联互通、相互感知，就需要一个能够做到"同声翻译"的平台，这个同声翻译平台就是 ESB，在这样一个平台上实现"书同文、车同轨"。这样就解决了集成的最大障碍，实现互联互通就容易了。端到端的集成既可以是内部的纵向集成内容，也可以是外部的企业与企业之间的横向集成内容，关注点在流程的整合上。例如，提供用户订单的全程跟踪协同流程，将用户、企业、第三方物流、售后服务等产品全生命周期服务的端到端集成。

目前我国大部分制造企业在信息化建设的过程中，形成了很多信息孤岛，信息孤岛之间的信息很难及时、准确、有效地传递。企业在信息化过程中建立系统的最终目的是为了解决业务问题，从业务的角度，企业一定能够找到各个数字业务领域或者说和各个学科之间的关系——产品生命周期管理（product lifecycle management，PLM）关系集成模型。只要实现了对这种关系的管理，从底层技术的角度，要实现端到端的整体协同的流程就不会有太大的问题，这是一种很好的实现方法。

从业务场景模型中，我们可以看出：①业务场景模型中间是一个主系统模型，实现了与各个信息系统的关联；②制造业的四个大环节中随时有信息的交换，随时需要协同；③不可能有哪一个 IT 厂商能够提供所有的 IT 系统，以支撑整个制造业的业务。

7.2.2 智能生产

德国政府提出的工业4.0的概念作为其高科技战略计划，由德国联邦教育局及研究部和联邦经济技术部联合出资近2亿欧元来资助。德国政府之所以在工业发展方面大力投资，实际上是为了提升制造业的智能化水平，并且建立适应性极强、资源利用率极高和能耗最小化的环保型智慧工厂，进而在商业流程及价值流程中整合客户及商业伙伴。因此，简单来说，工业4.0实际上是以智能生产为主导的第四次工业革命。

以智能生产为主导的工业4.0，实际上是全球性的重要变革趋势。智能生产在工业产品制造中涉及生产物流管理、人际互动及3D技术在工业生产中的应用，并且形成高度灵活、个性化和网络化的产业链。这也正是智能生产的侧重点所在。然而，在智能生产的整个过程中，从原材料购进的那一刻起，就已经开始形成了价值流程，可以说，价值流程贯穿于智能生产中的所有流程和步骤，直到终端产品离开仓库为止，都存在着价值流程的身影。

首先，要通过智能生产在价值流程中实现客户资源整合。作为未来工业制造业向智能化方向转变的四大主题之一，智能生产将会在未来全球人类生活的方方面面产生巨大而深远的影响，然而也会给个体企业之间带来巨大的竞争。要想留住自己的客户，使其成为自己长期经营的对象，企业就必须在智能生产过程中对客户进行整合。

对客户资源的整合，最简单的方式莫过于对客户信息资源进行整合。智能生产过程中，对成品必然要从原材料加工开始就智能化地写入相关信息，这样在产品成型以后不但能够满足用户需求，也便于产品直接和精准地运送到用户手中。事实上，给产品写入的信息不但包含用户对产品需求的显性信息，也包含用户诸如身份、爱好和地址等隐性信息。生产商可以通过收集这些信息来建立客户档案，进而根据不同的类别将这些信息进行分类与整理，实现客户资源整合。

其次，通过智能生产在价值流程中实现商业伙伴的整合（图7-6）。德国工业4.0计划是把吸引中小企业来参与，作为重要目标，力图让中小企业成为工业4.0时代智能化生产计划的真正使用者和受益者，同时使其成为工业4.0时代拥有先进工业生产技术的创造者和供应者。然而，在众多具有极大竞争力的企业中，如何才能实现商业伙伴的整合是每个企业所需要解决的问题。

图 7-6　工业 4.0 下智能生产中商业伙伴整合

1. 对复杂生产系统进行管理

随着科技发展日新月异，制造业的生产系统正日益复杂化，适当地对其进行规划，是实现对复杂生产系统进行有效管理的基础。

2. 建立综合工业基础宽带设施

综合性和高质量的通信网络毫无疑问是工业4.0时代智能生产的关键所在。无论是国内企业与企业之间的合作，还是国与国之间的合作，都要加强宽带网络基础设施的大规模拓展。

3. 做好安全、保密工作

能否做好安全和保密工作，是智能生产能否顺利和成功进行的关键。智能生产中，设备和产品中所包含的合作商的信息是需要加强保护的，这样可以防止合作商业伙伴的信息在未授权的情况下被他人乱用，给商业伙伴带来不必要的经济损失。此外，对员工的职业生涯与职业守则也要进行深度强化，才能确保安全和保密工作做到位。

4. 建立强有力的规章制度

在工业4.0时代，全新的智能化生产流程和水平必定要求有更加强有力的规章制度来进行法律规范。这些规章制度包括：合作商业伙伴的信息保护、贸易限制和责任问题等。

"智能生产"的侧重点在于将人机互动、智能物流管理、3D打印等先进技术应用于整个工业生产过程，从而形成高度灵活、个性化、网络化的产业链。在工业4.0的战略蓝图中，把智能生产描绘成工厂可以为单件小批量的单个客户提供个性化生产服务，而不是只能按照固定的生产流程生产。所谓"智能"是具备"智慧"的能力，智慧首先要具备足够的知识，对自己的了解、对外界事物的了解，都可以称为知识。而将具备的知识进行关联和联想，形成一个知识网络，对周边事物能够感知和关联，找出知识点之间的关联关系及事物之间的潜在联系，具备思考的能力，这即是"智慧"的概念。在工业4.0战略中提到的连接万物，感知环境中的人、机器设备、产品、用户、信息，是将生产环境中的一切事物、物体、人的静态信息及动态信息进行融合和感知、传递交换，从而达到协同工作的场景，实现智能生产、智能工厂的目标。

在生产现场，要实现智能生产，还需要业务规则的驱动，如事件管理机制、生产优化排程等都属于业务规则类的系统。通过事件管理机制，可以实时地拾取生产现场、用户使用现场等一些特别事件，这些事件如果不及时处理，有可能演变为一个损失很大的事故，通过这些事件的预先定义，一旦发生，就可以通过数据驱动对应的处理流程，协调各个部门、人员做相应的协同处理，防患于未然。这才是真正的智能生产，让一切连接，让一切透明。所有的系统、设备都是按照数据驱动的流程、规则协作运行，真正实现数据驱动流程、流程驱动业务、流程驱动设备。而业务规则可以根据市场需要、用户订单和个性化需要随时变更，以达到智能地驱动生产，实现产品的个性化服务。

工业4.0战略中智能工厂、智能生产的实现是一个美好的愿景，制造业发展的趋势，需要经过一个艰苦的实现过程，不是一朝一夕能够达成的目标。尤其中国的企业大部分兼有工业1.0、2.0、3.0、4.0的痕迹，要一步跨越到工业4.0的步伐需要克服很多障碍，需要一个整体的规划。先摸清楚自己的状态，看看处于哪个阶段，然后按照CPS、三个集成的内容，分阶段分批实现。信息化发展水平好的企业，单体系统的建设基本完成，这个时候可以建设CPS网络，实现三个集成中的纵向集成，先解决内部信息孤岛的问题、协同流程的问题，当内部的集成达到一定高度以后，就可以扩展到横向的集成，将CPS网络延伸到外部互联网，打通内外部的协同，实现B2C，B2B。进一步，将CPS网络延伸到生产设备，实现物与物、人与物、系统与物的相连，实现端到端的集成。实现"智能工厂"和"智能生产"的标志是生产流程智能化，生产设备动态适应个性化的产品需求是实现工业4.0的关键。

7.2.3 智能物流

随着智能技术的不断发展，智能物流的应用与创新，已经成为工业4.0时代的必然发展趋势。智能物流是物流的智能化，智能物流在现代物流的基础上，结合物联网、计算机技术、互联网、自动控制和智能决策等技术，使物流系统上具有自我思维、自我感知、自我学习、自我检测、自我推断、自我决策和自我修复等一系列智能化的能力。智能物流的未来发展将会体现出四个特点：智能化、一体化和层次化、柔性化及社会化。在物流作业过程中的大量运筹与决策的智能化；以物流管理为核心，实现物流过程中运输、存储、包装、装卸等环节的一体化和智能物流系统的层次化；智能物流的发展会更加突出"以顾客为中心"的理念，根据消费者需求变化来灵活调节生产工艺；智能物流的发展将会促进区域经济的发展和世界资源优化配置，实现社会化。

2012 年，我国智能物流作为物联网发展战略规划的课题之一，被国家发展和改革委员会提出来。自此，智能物流成为物流领域的应用目标。然而，在物流领域，物联网只是发展物流的一种手段，而智能化才是物流发展的目标。物联网时代的"智能化"还只属于"自动化+信息化"，并不是真正的智能化。互联网的出现，才使智能化物流真正成为现实。智能物流主要通过互联网和物联网来实现物流资源的整合，最大限度地发挥现有物流资源供应方的货运效率，而需求方则能更加快捷地实现服务匹配，从而使得货物能够得到快速的物流支持。然而，我国目前在物流资源整合方面还面临着诸多问题，这也是我国亟待解决的难题。实现智能物流系统的主要技术有自动识别技术、数据挖掘技术、人工智能技术及空间信息技术等，如图7-7所示。

图 7-7　智能物流系统相关技术

1. 自动识别技术

自动识别技术是以计算机、光、机、电、通信等技术的发展为基础的一种高度自动化的数据采集技术。它通过应用一定的识别装置，自动地获取被识别物体的相关信息，并提供给后台的处理系统来完成相关后续处理的一种技术。它能够帮助人们快速而又准确地进行海量数据的自动采集和输入，在运输、仓储、配送等方面已得到广泛的应用。经过近三十年的发展，自动识别技术已经发展成为由条码识别技术、智能卡识别技术、光字符识别技术、射频识别技术、生物识别技术等组成的综合技术，并正在向集成应用的方向发展。条码识别技术是目前使用最广泛的自动识别技术，它是利用光电扫描设备识读条码符号，从而实现信息自动录入。条码是由一组按特定规则排列的条、空及对应字符组成的表示一定信息的符号。不同的码制，条码符号的组成规则不同。较常使用的码制有 EAN/UPC 条码、128 条码、ITF-14条码、交叉二五条码、三九条码、库德巴条码等。射频识别技术是近几年发展起来的现代自动识别技术，它是利用感应、无线电波或微波技术的读写器设备对射频标签进行非接触式识读，达到对数据自动采集的目的。它可以识别高速运动物体，也可以同时识读多个对象，具有抗恶劣环境、保密性强等特点。生物识别技术是利用人类自身生理或行为特征进行身份认定的一种技术。生物特征包括手形、指纹、脸形、虹膜、视网膜、脉搏、耳郭等，行为特征包括签字、声音等。由于人体特征具有不可复制的特性，这一技术的安全性较传统意义上的身份验证机制有很大的提高。人们已经发展了虹膜识别技术、视网膜识别技术、面部识别技术、签名识别技术、声音识别技术、指纹识别技术等六种生物识别技术。

2. 数据挖掘技术

数据仓库出现在20世纪80年代中期，它是一个面向主题的、集成的、非易失的、时变的数据集合，数据仓库的目标是把来源不同的、结构相异的数据经加工后在数据仓库中存储、提取和维护，它支持全面的、大量的复杂数据的分析处理和高层次的决策支持。数据仓库使用户拥有任意提取数据的自由，而不干扰业务数据库的正常运行。数据挖掘是从大量的、不完全的、有噪声的、模糊的及随机的实际应用数据中，挖掘出隐含的、未知的、对决策有潜在价值的知识和规则的过程。一般分为描述型数据挖掘和预测型数据挖掘两种。描述型数据挖掘包括数据总结、聚类及关联分析等，预测型数据挖掘包括分类、回归及时间序列分析等。其目的是通过对数据的统计、分析、综合、归纳和推理，揭示事件间的相互关系，预测未来的发展趋势，为企业的决策者提供决策依据。

3. 人工智能技术

人工智能就是探索研究用各种机器模拟人类智能的途径，使人类的智能得以物化与延伸的一门学科。它借鉴仿生学思想，用数学语言抽象描述知识，用以模仿生物体系和人类的智能机制，主要的方法有神经网络、进化计算和粒度计算三种。神经网络是在生物神经网络研究的基础上模拟人类的形象直觉思维，根据生物神经元和神经网络的特点，通过简化、归纳，提炼总结出来的一类并行处理网络。神经网络的主要功能主要有联想记忆、分类聚类和优化计算等。虽然神经网络具有结构复杂、可解释性差、训练时间长等缺点，但由于其对噪声数据的高承受能力和低错误率的优点，以及各种网络训练算法（如网络剪枝算法和规则提取算法）的不断提出与完善，神经网络在数据挖掘中的应用越来越为广大使用者所青睐。进化计算是模拟生物进化理论而发展起来的一种通用问题求解的方法。因为它来源于自然界的生物进化，所以它具有自然界生物所共有的极强的适应性特点，这使得它能够解决那些难以用传统方法来解决的复杂问题。它采用了多点并行搜索的方式，通过选择、交叉和变异等进化操作，反复迭代，在个体的适应度值的指导下，使得每代进化的结果都优于上一代，如此逐代进化，直至产生全局最优解或全局近优解。其中最具代表性的就是 GA，它是基于自然界的生物遗传进化机理而演化出来的一种自适应优化算法。粒度计算是新近兴起的人工智能研究领域的一个方向。粒度计算是一把大伞，它覆盖了所有有关粒度的理论、方法论、技术和工具的研究。粗略地说，粒度计算是模糊信息粒度理论的超集，而粗糙集理论和区间计算是粒度数学的子集。人们不仅能在不同粒度的世界上进行问题的求解，而且能够很快地从一个粒度世界跳到另一个粒度世界，往返自如，毫无困难。这种处理不同粒度世界的能力，正是人类问题求解的强有力的表现。

4. 地理信息系统技术

地理信息系统（geographic information system，GIS）是打造智能物流的关键技术与工具，使用 GIS 可以构建物流一张图，将订单信息、网点信息、送货信息、车辆信息、客户信息等数据都在一张图中进行管理，实现快速智能分单、网点合理布局、送货路线合理规划、包裹监控与管理。

GIS 技术可以帮助物流企业实现基于地图的服务，包括：①网点标注，将物流企业的网点及网点信息（如地址、电话、提送货等信息）标注到地图上，便于用户和企业管理者快速查询。②片区划分，从"地理空间"的角度管理大数据，为物流业务系统提供业务区划管理基础服务，如划分物流分单责任区等，并与网点进行关联。③快速分单，使用 GIS 地址匹配技术，搜索定位区划单元，将地址快速分派到区域及网点，并根据该物流区划单元的属性找到责任人以实现"最后一公里"配送。④车辆监控管理系统，从货物出库到到达客户手中全程监控，减少货物丢失；合理调度车辆，提高车辆利用率；各种报警设置，保证货物司机车辆安全，节省企业资源。⑤物流配送路线规划辅助系统，用于辅助物流配送规划，合理规划路线，保证货物快速到达，节省企业资源，提高用户满意度。⑥数据统计与服务，将物流企业的数据信息在地图上可视化直观显示，通过科学的业务模型、GIS 专业算法和空间挖掘分析，洞察通过其他方式无法了解的趋势和内在关系，从而为企业的各种商业行为（如制定市场营销策略、规划物流路线、合理选址分析、预测发展趋势等）构建良好的基础，使商业决策系统更加智能和精准，从而帮助物流企业获取更大的市场契机。

在物流的互联网时代，自动化技术与装备在工业 4.0 时代的发展趋势都是互联网化，从而使得物流技术装备了智慧的大脑，实现了物流作业智慧化和智能化。提高物流效率的最重要的条件就是实现智能物流的网络化，并且建立物流网络体系，包括物流设施网络、信息网络和业务经营网络。在工业 4.0 时代，智能物流企业间的资源整合中，互联网是最有效的整合手段。跨国智能物流企业为了实现竞争优势及全球范围内优化物流资源，也要求其自身能够为用户提供更加网络化和国际化的物流服务。在互联网技术的支持与保障下，自动化技术与装备实现了物流企业之间、功能小组之间、人员之间、用户之间的一对一、一对多、多对一和多对多等不同形态的协同方式，因此可以更好地将各个节点的优势资源得以整合，从而为用户提供更加优良和快捷的物流服务。

在工业 4.0 下，智能物流主要包括以下九大应用。

（1）订单处理传递自动化。在系统上扩充一些功能，增加移动终端连接，大部分公司订单审核处理（查钱、查货、拼车）都可以实现自动化，减少人工干预，比人工更及时准确。

（2）在途跟踪自动化。从此告别电话跟踪，物流互联网平台有这个功能才是一个真正意义上的产业互联网平台。

（3）在途异常报警。对超速、长时间驾驶、异常停车、长时间堵车、偏离路线都可以实现实时异常报警，这一点实现已经不存在技术障碍。

（4）路况、库况。通过具体车辆的轨迹、时间和大量车辆的行驶速度、位置变化来智能判断库况、路况，对后续运营安排做出影响，从而提高效率。

（5）车库联动。车有位置信息，库有位置信息，通过订单把车与库连接起来，车的位置自动提前驱动仓库作业，这样大幅降低车等单、人等车、车等人等浪费。

（6）车车联动。通过车车联动，可以实现大车转小车，或者小车转大车的自动联动，一个车驱动另外一个车何时何地汇合进行转驳，减少无效装卸和无效等待。

（7）车单联动。在库存水平比较低的情况下，过早进行车单匹配是不经济的。根据车的时空变化来匹配订单，有利于在同样库存水平下提高供货保障性。

（8）运输计划合理化。通过人工先进行运输计划编制，再寻找运力，这种以货找车没有考虑运力资源状况的运输计划编制方式，会影响交货及时性和运输成本。互联网可以实时掌握运力情况，作为运输计划编制的影响因素，不管是系统自动优化还是提供人工参考，都会使运输计划更趋合理。

（9）运输路径动态优化。把不同重量、不同车型在不同路径上所花的成本、时间和收货人的作业时间，都作为变量进入运输路径优化，会更为科学。

7.2.4 智能服务

德国国家工程院发布"德国工业4.0"后续规划报告《智能服务世界2025》的精简版《智能服务世界》。该报告聚焦"工业4.0"制造的智能服务全价值链，展望了智能服务世界的概况，阐述了智能服务平台的层级架构、实现智能服务世界应关注的重点、发展智能服务所需的外部环境，并提出了发展智能服务的相关建议。工业4.0作为第四代工业革命的愿景，其主要特征包括高度柔性制造环境下的大规模定制，以及工业流程的自我配置、优化与诊断。智能产品从出厂之际开始到使用过程中如滚雪球般产生越来越多的数据，这些海量数据（大数据）实际上构成了21世纪最重要的原材料。这些大数据被不断地分析、解释、关联与补充，以便将其提炼为智能数据，而智能数据则用来控制、支撑与强化智能产品与服务，以及成为生成新型商业模式的基础知识。在大数据支持下，智能服务根据不同客户的特定需求提供特定服务。

在智能服务世界，未来会采用"即插即用"的方式，所有的机器、系统、工厂均可非常容易地与互联网数字平台形成有效对接，以此实现平台集成，用户在任何位置均可访问现场数据。上述数字平台适用于机械制造商、用户和服务提供商，并以此构成新数字生态体系的基础设施。在智能工厂里，车间员工不仅是机器操作员，也是创造型领导者与决策者。同时，数字技术又创造新的岗位，而智能服务则可以帮助智能人才有效管理复杂的新环境。智能服务主要特征包括：①以用户为中心，跨企业、跨部门；②数据驱动；③以用户为中心，跨企业、跨部门；④极度敏捷，主要体现在发布周期越来越短；⑤数据、算法增加了附加值；⑥横向商业模式对收益不再有正面效应；⑦市场领导者需要具有算法、平台、市场与数字生态系统越来越多的要素。

智能服务世界的主要类型有以下几种。

（1）利用相关数据可有效预测并规避潜在的干扰或目标冲突。在全自动化市场中，工厂自动发布寻求解决方案的指令，顾客发布复杂智能服务订单，而机器和服务提供商则在自动化市场获得新的商业机会。

（2）智能服务商提供远程或现场全自动化智能服务配送，重要的是这些智能服务具有可预见性，在问题尚未发生之前即已配送。在智能服务世界里，分析、诊断、建议报告将会及时自动产生，这为提供更高水准的工作提供了可能性。机器、系统及工厂不断地给数字平台反馈运行数据，以此实现价值链的自我优化。远程访问将人类经验和认知能力转换为现场实际流程。

（3）形成新商业模式。例如，将产能、制造数据作为可选择性服务或绩效合同，并带来制造模式创新，以及基于产品数据的商业模式创新。

（4）工业流程更加透明。新的金融和保险概念应运而生，如"一切皆服务""付费即用""客户/系统专项保险政策"等。

（5）系统的培训与可持续的职业发展。

（6）在技术层面建立具有自动保护机制的智能服务综合安全管理系统。

（7）社会的广泛共识。隐私与 IT 安全之间的疑云将逐渐消散。

智能服务是以用户为中心，只要用户提出需求、请求，无论何时何地，智能服务商均可为其配置正确的产品和服务以满足他们的需求，如图7-8所示。另外，智能服务提供商需深度了解用户的潜在偏好与需求，通过智能关联海量数据（即智能数据）将其转化为智能服务。为了实现这种功能，服务商需要通过网络搜集、分析用户信息，从而明晰他们的生态系统与情景语境，建立数据驱动的商业模型。此外，采用智能服务商业模式远比传统的商业模式的边际成本低得多。

图 7-8　智能服务的商业模式

7.3　工业 4.0 的关键技术

在新兴信息技术领域，我们可以看到工业云、工业大数据、3D 打印、机器人等技术无一不在影响着当今制造业的发展，推动着制造业变革。2014年，全球制造业有很多前沿信息技术的发展，让人们越来越强烈地感受到智能化、数字化的魅力所在。以3D 打印为例，在航天领域，英国一团队用3D 打印技术制造出一枚重3kg 的火箭，用装满氦的巨型气球把火箭提升到2万 m 高空，装置在火箭里的全球定位系统启动火箭引擎，火箭喷射速度达到1610km/h。之后，火箭上的自动驾驶系统引导火箭返回地球。在汽车领域，2014年第一辆3D 打印汽车也终于面世，这辆由美国 Local Motors 公司设计制造的"Strati"的小巧两座家用汽车，由3D打印出的40个零部件组装而成，整个制造过程只需44个小时，相较传统汽车2万多个零部件来说可谓十分简洁。新兴信息技术的发展存在一个普遍的共性，就是这些最热门的技术都是工业4.0体系下的重要技术支撑，它们的高速发展将意味着人类开始迈入一个由数字化、网络化、智能化控制人类物理活动的时代。下面我们主要从工业4.0的九大技术支柱（包括工业物联网、工业云计算、工业大数据、工业机器人、3D打印、知识工作自动化、工业网络安全、虚拟现实和人工智能）来分别介绍，如图7-9所示。

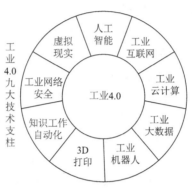

图 7-9   工业 4.0 的九大技术支柱

7.3.1   工业物联网

1. 基本概念

最初在1999年提出，即通过射频识别（射频识别+互联网）、红外感应器、全球定位系统、激光扫描器、气体感应器等信息传感设备，按约定的协议，把任何物品与互联网连接起来，进行信息交换和通信，以实现智能化识别、定位、跟踪、监控和管理的一种网络。简而言之，物联网就是"物物相连的互联网"。中国物联网校企联盟将物联网的定义为当下几乎所有技术与计算机、互联网技术的结合，实现物体与物体之间，环境与状态信息的实时共享及智能化的收集、传递、处理、执行。广义上说，当下涉及信息技术的应用，都可以纳入物联网的范畴。

物联网是新一代信息技术的重要组成部分，也是"信息化"时代的重要发展阶段。其英文名称是"Internet of Things"（IoT）。它有两层意思：其一，物联网的核心和基础仍然是互联网，是在互联网基础上的延伸和扩展的网络；其二，其用户端延伸和扩展到了任何物品与物品之间，进行信息交换和通信，也就是物物相息。物联网通过智能感知、识别技术与普适计算等通信感知技术，广泛应用于网络的融合中，也因此被称为继计算机、互联网之后世界信息产业发展的第三次浪潮。物联网是互联网的应用拓展，与其说物联网是网络，不如说物联网是业务和应用。因此，应用创新是物联网发展的核心，以用户体验为核心的创新2.0是物联网发展的灵魂。物联网在制造业中的应用具体可见图7-10。

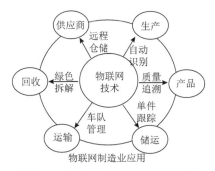

图 7-10 物联网在制造业中的应用

2. 关键技术

在物联网应用中有以下三项关键技术。

（1）传感器技术：这也是计算机应用中的关键技术。大家都知道，到目前为止绝大部分计算机处理的都是数字信号。自从有计算机以来就需要传感器把模拟信号转换成数字信号，计算机才能处理。

（2）射频识别标签：这也是一种传感器技术，射频识别技术是融合了无线射频技术和嵌入式技术为一体的综合技术，射频识别在自动识别、物品物流管理有着广阔的应用前景。

（3）嵌入式系统技术：这是综合了计算机软硬件、传感器技术、集成电路技术、电子应用技术为一体的复杂技术。经过几十年的演变，以嵌入式系统为特征的智能终端产品随处可见：小到人们身边的 MP3，大到航天航空的卫星系统。嵌入式系统正在改变着人们的生活，推动着工业生产及国防工业的发展。如果把物联网用人体做一个简单比喻，传感器相当于人的眼睛、鼻子、皮肤等感官，网络就是神经系统用来传递信息，嵌入式系统则是人的大脑，在接收到信息后要进行分类处理。这个例子很形象地描述了传感器、嵌入式系统在物联网中的位置与作用。

7.3.2　云计算

1. 基本概念

云计算（cloud computing）是基于互联网的相关服务的增加、使用和交付模式，通常涉及通过互联网来提供动态易扩展且经常是虚拟化的资源。云是网络、互联网的一种比喻说法。过去在图中往往用云来表示电信网，后来也用来抽象表示互联网和底层基础设施。因此，云计算甚至可以让你体验每秒 10 万亿次的运算能力，拥有这么强大的计算能力可以模拟核爆炸、预测气候变化和市场发展趋势。用户通过电脑、笔记本、手机等方式接入数据中心，按自己的需求进行运算。目前对于云计算的解释众说纷纭，但现阶段广为接受的是美国国家标准与技术研究院的定义：云计算是一种按使用量付费的模式，这种模式提供可用的、便捷的、按需的网络访问，进入可配置的计算资源共享池（资源包括网络、服务器、存储、应用软件、服务），这些资源能够被快速提供，只需投入很少的管理工作，或与服务供应商进行很少的交互。

2. 关键技术

（1）虚拟化技术：云计算的虚拟化技术不同于传统的单一虚拟化，它是涵盖整个 IT 架构的，包括资源、网络、应用和桌面在内的全系统虚拟化，它的优势在于能够把所有硬件设备、软件应用和数据隔离开来，打破硬件配置、软件部署和数据分布的界限，实现 IT 架构的动态化，实现资源集中管理，使应用能够动态地使用虚拟资源和物理资源，提高系统适应需求和环境的能力。

对于信息系统仿真，云计算虚拟化技术的应用意义并不仅仅在于提高资源利用率并降低成本，更大的意义是提供强大的计算能力。众所周知，信息系统仿真系统是一种具有超大计算量的复杂系统，计算能力对于系统运行效率、精度和可靠性影响很大，而虚拟化技术可以将大量分散的、没有得到充分利用的计算能力，整合到高负荷的计算机或服务器上，实现全网资源统一调度使用，从而在存储、传输、运算等多个计算方面达到高效。

（2）分布式资源管理技术：信息系统仿真系统在大多数情况下会处在多节点并发执行环境中，要保证系统状态的正确性，必须保证分布数据的一致性。为了分布的一致性问题，计算机界的很多公司和研究人员提出了各种各样的协议，这些协议就是一些需要遵循的规则，也就是说，在云计算出现之前，解决分布的一致性问题是靠众多协议的。但对于大规模甚至超大规模的分布式系统来说，无法保证各个分系统、子系统都使用同样的协议，也就无法保证分布的一致性问题得到解决。云计算中的分布式资源管理技术圆满解决了这一问题。Google 公司的 Chubby 是最著名的分布式资源管理系统，该系统实现了 Chubby 服务锁机制，使得分布一致性问题的解决不再仅仅依赖一个协议或者是一个算法，而是有了一个统一的服务（service）。

（3）并行编程技术：云计算采用并行编程模式。在并行编程模式下，并发处理、容错、数据分布、负载均衡等细节都被抽象到一个函数库中，通过统一接口，用户大尺度的计算任务被自动并发和分布执行，即将一个任务自动分成多个子任务，并行地处理海量数据。

（4）海量数据管理技术：云计算需要对分布的海量数据进行处理、分析，因此，数据管理技术必需能够高效地管理大量的数据。云计算系统中的数据管理技术主要是 Google 的 BT sT～lO 数据管理技术和 Hadoop 团队开发的开源数据管理模块 HBase。由于云数据存储管理形式不同于传统的关系数据库管理系统（relational database management system，RDBMS）数据管理方式，如何在规模巨大的分布式数据中找到特定的数据，也是云计算数据管理技术所必须解决的问题。同时，管理形式的不同造成传统的 SQL 数据库接口无法直接移植到云管理系统中来，目前一些研究关注为云数据管理提供 RDBMS 和 SQL 的接口，如基于 Hadoap 的子项目 HBase 和 Hive 等。

（5）云计算平台管理技术：云计算资源规模庞大，服务器数量众多并分布在不同的地点，同时运行着数百种应用，如何有效地管理这些服务器，保证整个系统提供不间断的服务是巨大的挑战。云计算系统的平台管理技术能够使大量的服务器协同工作，方便地进行业务部署和开通，快速发现和恢复系统故障，通过自动化、智能化的手段实现大规模系统的可靠运营。

7.3.3 工业大数据

1. 基本概念

大数据，指的是所涉及的资料量规模巨大到无法通过目前主流软件工具，在合理时间内达到撷取、管理、处理并整理成为帮助企业经营决策更积极目的的资讯。麦肯锡全球研究所对大数据给出的定义是：一种规模大到在获取、存储、管理、分析方面大大超出了传统数据库软件工具能力范围的数据集合，具有海量的数据规模、快速的数据流转、多样的数据类型和价值密度低四大特征。大数据技术的核心就是大数据分析。一般地，人们将大数据分析定义为一组能够高效存储和处理海量数据并有效达成多种分析目标的工具及技术的集合。通俗地讲，大数据分析技术就是大数据的收集、存储、分析和可视化的技术，是一套能够解决大数据的4V（海量、高速、多变、低密度）问题，分析出高价值（value）的信息的工具集合。

2. 关键技术

大数据处理关键技术一般包括：大数据采集、大数据预处理、大数据存储及管理、大数据分析及挖掘、大数据展现和应用。

1）大数据采集技术

数据是指通过射频识别射频数据、传感器数据、社交网络交互数据及移动互联网数据等方式获得的各种类型的结构化、半结构化（或称之为弱结构化）及非结构化的海量数据，是大数据知识服务模型的根本。重点要突破分布式高速高可靠数据爬取或采集、高速数据全映像等大数据收集技术；突破高速数据解析、转换与装载等大数据整合技术；设计质量评估模型，开发数据质量技术。

大数据采集一般分为：①大数据智能感知层，主要包括数据传感体系、网络通信体系、传感适配体系、智能识别体系及软硬件资源接入系统，实现对结构化、半结构化、非结构化的海量数据的智能化识别、定位、跟踪、接入、传输、信号转换、监控、初步处理和管理等。必须着重攻克针对大数据源的智能识别、感知、适配、传输、接入等技术。②基础支撑层，提供大数据服务平台所需的虚拟服务器，结构化、半结构化及非结构化数据的数据库及物联网络资源等基础支撑环境。重点攻克分布式虚拟存储技术，大数据获取、存储、组织、分析和决策操作的可视化接口技术，大数据的网络传输与压缩技术，大数据隐私保护技术等。

2）大数据预处理技术

主要完成对已接收数据的辨析、抽取、清洗等操作。抽取：因获取的数据可能具有多种结构和类型，数据抽取过程可以帮助我们将这些复杂的数据转化为单一的或者便于处理的构型，以达到快速分析处理的目的。清洗：对于大数据，并不全是有价值的，有些数据并不是我们所关心的内容，而另一些数据则是完全错误的干扰项，因此要对数据通过过滤"去噪"从而提取出有效数据。

3）大数据存储及管理技术

大数据存储与管理要用存储器把采集到的数据存储起来，建立相应的数据库，并进行管理和调用。重点解决复杂结构化、半结构化和非结构化大数据管理与处理技术。主要解决大数据的可存储、可表示、可处理、可靠性及有效传输等几个关键问题。开发可靠的分布式文件系统（distributed file system）、能效优化的存储、计算融入存储、大数据的去冗余及高效低成本的大数据存储技术；突破分布式非关系型大数据管理与处理技术、异构数据的数据融合技术、数据组织技术，研究大数据建模技术；突破大数据索引技术；突破大数据移动、备份、复制等技术；开发大数据可视化技术。

开发新型数据库技术，数据库分为关系型数据库、非关系型数据库及数据库缓存系统。其中，非关系型数据库主要指的是 NoSQL 数据库，分为键值数据库、列存数据库、图存数据库及文档数据库等类型。关系型数据库包含传统关系数据库系统及 NewSQL 数据库。

开发大数据安全技术。改进数据销毁、透明加解密、分布式访问控制、数据审计等技术；突破隐私保护和推理控制、数据真伪识别和取证、数据持有完整性验证等技术。

4）大数据分析及挖掘技术

大数据分析技术：改进已有数据挖掘和机器学习技术；开发数据网络挖掘、特异群组挖掘、图挖掘等新型数据挖掘技术；突破基于对象的数据连接、相似性连接等大数据融合技术；突破用户兴趣分析、网络行为分析、情感语义分析等面向领域的大数据挖掘技术。数据挖掘就是从大量的、不完全的、有噪声的、模糊的、随机的实际应用数据中，提取隐含在其中的、人们事先不知道的但又是潜在有用的信息和知识的过程。数据挖掘涉及的技术方法很多，有多种分类法。根据挖掘任务可分为分类或预测模型发现、数据总结、聚类、关联规则发现、序列模式发现、依赖关系或依赖模型发现、异常和趋势发现等；根据挖掘对象可分为关系数据库、面向对象数据库、空间数据库、时态数据库、文本数据源、多媒体数据库、异质数据库、遗产数据库及环球网 Web；根据挖掘方法可粗分为机器学习方法、统计方法、神经网络方法和数据库方法。机器学习中，可细分为归纳学习方法（决策树、规则归纳等）、基于范例学习、GA 等。统计方法中，可细分为回归分析（多元回归、自回归等）、判别分析（贝叶斯判别、费歇尔判别、非参数判别等）、聚类分析（系统聚类、动态聚类等）、探索性分析（主元分析法、相关分析法等）等。神经网络方法中，可细分为前向神经网络（BP 算法等）、自组织神经网络（自组织特征映射、竞争学习等）等。数据库方法主要是多维数据分析或联机分析处理（online analytical processing，OLAP）方法，另外还有面向属性的归纳方法。

从挖掘任务和挖掘方法的角度，着重突破：①可视化分析。数据可视化无论对于普通用户或是数据分析专家，都是最基本的功能。数据图像化可以让数据自己说话，让用户直观地感受到结果。②数据挖掘算法。图像化是将机器语言翻译给人看，而数据挖掘就是机器的母语。分割、集群、孤立点分析还有各种各样五花八门的算法让我们精炼数据，挖掘价值。这些算法一定要能够应付大数据的量，同时具有很高的处理速度。③预测性分析。预测性分析可以让分析师根据图像化分析和数据挖掘的结果做出一些前瞻性判断。④语义引擎。语义引擎需要设计足够的人工智能以足以从数据中主动地提取信息。语言处理技术包括机器翻译、情感分析、舆情分析、智能输入、问答系统等。⑤数据质量和数据管理。数据质量与管理是管理的最佳实践，透过标准化流程和机器对数据进行处理可以确保获得一个预设质量的分析结果。

5）大数据展现与应用技术

大数据技术能够将隐藏于海量数据中的信息和知识挖掘出来，为人类的社会经济活动提供依据，从而提高各个领域的运行效率，大大提高整个社会经济的集约化程度。在我国，大数据将重点应用于以下三大领域：商业智能、政府决策、公共服务。例如，商业智能技术、政府决策技术、电信数据信息处理与挖掘技术、电网数据信息处理与挖掘技术、气象信息分析技术、环境监测技术、警务云应用系统（道路监控、视频监控、网络监控、智能交通、反电信诈骗、指挥调度等公安信息系统）、大规模基因序列分析比对技术、Web 信息挖掘技术、多媒体数据并行化处理技术、影视制作渲染技术，以及其他各种行业的云计算和海量数据处理应用技术等。

7.3.4 工业机器人

1. 基本概念

机器人（robot）是自动执行工作的机器装置。它既可以接受人类指挥，又可以运行预先编排的程序，也可以根据以人工智能技术制定的原则纲领行动。它的任务是协助或取代人类工作的工作，如生产业、建筑业，或是危险的工作。它是高级整合控制论、机械电子、计算机、材料和仿生学的产物。在工业、医学、农业、建筑业甚至军事等领域中均有重要用途。现在，国际上对机器人的概念已经逐渐趋近一致。一般说来，人们都可以接受这种说法，即机器人是靠自身动力和控制能力来实现各种功能的一种机器。联合国标准化组织采纳了美国机器人协会给机器人下的定义："一种可编程和多功能的，用来搬运材料、零件、工具的操作机；或是为了执行不同的任务而具有可改变和可编程动作的专门系统。"

2. 关键技术

（1）开放性模块化的控制系统体系结构：采用分布式微处理器计算机结构，分为机器人控制器、运动控制器、光电隔离 I/O 控制板、传感器处理板和编程示教盒等。机器人控制器和编程示教盒通过串口/CAN 总线进行通信。机器人控制器的主计算机完成机器人的运动规划、插补和位置伺服及主控逻辑、数字 I/O、传感器处理等功能，而编程示教盒完成信息的显示和按键的输入。

（2）模块化、层次化的控制器软件系统：软件系统建立在基于开源的实时多任务操作系统 Linux 上，采用分层和模块化结构设计，以实现软件系统的开放性。整个控制器软件系统分为三个层次：硬件驱动层、核心层和应用层。三个层次分别面对不同的功能需求，对应不同层次的开发，系统中各个层次内部由若干个功能相对对立的模块组成，这些功能模块相互协作共同实现该层次所提供的功能。

（3）机器人的故障诊断与安全维护技术：通过各种信息，对机器人故障进行诊断，并进行相应维护，是保证机器人安全性的关键技术。

（4）网络化机器人控制器技术：目前机器人的应用工程由单台机器人工作站向机器人生产线发展，机器人控制器的联网技术变得越来越重要。控制器上具有串口、现场总线及以太网的联网功能。可用于机器人控制器之间和机器人控制器同上位机的通信，便于对机器人生产线进行监控、诊断和管理。

7.3.5　3D 打印

1. 基本概念

3D 打印（3D printing，3DP）即快速成型技术的一种，它是一种以数字模型文件为基础，运用粉末状金属或塑料等可黏合材料，通过逐层打印的方式来构造物体的技术。3D 打印通常是采用数字技术材料打印机来实现的。3D 打印的过程与传统的制造方式有很大的不同：在设计文件指令的导引下，3D 打印机先喷出固体粉末或熔融的液态材料，使其固化为一个特殊的平面薄层。第一层固化后，3D 打印机打印头返回，在第一层外部形成另一薄层。第二层固化后，打印头再次返回，并在第二层外部形成另一薄层。如此往复，最终薄层累积成为三维物体。

不同于传统制造机器那样通过切割或模具塑造制造物品，3D 打印机通过层层堆积形成实体物品的方法从物理的角度扩大了数字概念的范围，特别是针对那些要求具有精确的内部凹陷或互锁部分的形状设计。作为"增材制造"，3D 打印在制造复杂物品时并不增加成本，材料的浪费量减少。传统制造技术制造的产品形状有限，制造形状的能力受制于所使用的工具，而3D 打印机只需不同的数字设计蓝图和一批原材料即可以打印许多复杂的形状。另外，3D 打印使部件一体成型，不需要额外的组装。常在模具制造、工业设计等领域被用于制造模型，后逐渐用于一些产品的直接制造，已经有使用这种技术打印而成的零部件。该技术在珠宝、鞋类、工业设计、建筑、工程和施工、汽车，航空航天、牙科和医疗产业、教育、GIS、土木工程、枪支及其他领域都有所应用。

2. 关键技术

（1）材料科学。即用于3D 打印的原材料较为特殊，必须能够液化、粉末化、丝化等，在打印完成后又能重新结合起来，并具有合格的精度（如尺寸精度、形状精度和表面粗糙度等）、物理性能和化学性质。3D 打印完成后零件的性能是由其材料的微观组织和结构决定的，因此，材料是3D 打印技术的关键与核心。

（2）信息技术。即要有先进的设计软件及数字化工具，辅助设计人员制作出产品的三维数字模型，并根据模型自动分析出打印的工序，自动控制打印器材的走向；为三维打印设备提供一切所需的打印处理数据，如彩色信息、分层截面信息等，并具有一定的处理速度和精度。

（3）精密机械及元器件。3D 打印技术以"每层的叠加"为加工方式，产品的生产要求高精度，必须对打印设备的精准程度、稳定性有较高的要求；另外，对组成三维打印设备的关键零部件和元器件的精度、速度、使用寿命和可靠性提出了更高的要求。

7.3.6 知识工作自动化

1. 基本概念

在过去，往往讲究生产流程的标准化、生产设备的自动化。其实，未来社会是一个知识工作者联合作战的时代，知识工作者的工作会变得更加自动化，这是一个数万亿的新的市场。工业时代的管理模式、大师、理论在互联网时代大部分都将不复存在，针对互联网的管理模式尚未形成。知识工作者的形态、标准还未形成。在行为感知与行为大数据分析中，设计人员的行为是可以被系统自动进行感知和记录的，研发的行为可以被捕获。通过系统对设计人员行为的感知，可以形成关于设计人员的行为大数据，这也是大数据分析及知识型工作自动化的基础。

2. 关键技术

（1）基于大数据分析的设计行为的智能化引导。系统基于感知到的关于设计人员的行为大数据，对其进行大数据分析和数据挖掘，进而系统可以实现智能化地引导设计人员的行为，并向设计人员提5K-X 知识（即 Know-What、Know-How、Know-Who、Know-When、Know-Why），引导设计人员更快、更好地完成设计工作。在智能系统的辅助下，设计人员可以不断地获得新知识，并在完成设计任务的过程中实现边干边学。

（2）知识自动化技术、工程中间件技术、智能规划技术、流程驱动技术、系统集成技术。当系统具备上述智能特征的时候，很多研发设计工作可以由系统自动完成，即知识型工作自动化（knowledge task automation）。改变以往知识工作者80%的设计工作都是体力劳动，20%的设计工作是创新性的智力活动。在智能的知识型工作自动化系统中，80%的体力劳动由系统代替人来自动地完成。

7.3.7 工业网络安全

1. 基本概念

在工业4.0中，从生产设施到产品都会纳入互联网中，这将遇到前所未有的安全挑战。工业4.0会带来价值生产链条的互联，跨越多地点，融合不同的装备、机器人、系统部件及传感器内部微型计算机的生产网络将被搭建起来。生产链条中各要素相互交换数据，从而检索设备和各部件的工作状态，优化工作流程，分配设备的使用。不过，将互联网通信融入工业生产中，安全风险也与之俱增，可能会出现针对生产网络的新型恶意病毒。这些病毒可以秘密监视生产系统的参数，远程操控不够安全的机器，攻击控制系统以致程序瘫痪。所以工业网络安全是工业4.0技术支柱之一。

2. 关键技术

（1）虚拟网技术。虚拟网技术主要基于近年发展的局域网交换技术。交换技术将传统的基于广播的局域网技术发展为面向连接的技术。因此，网管系统有能力限制局域网通信的范围而无需通过开销很大的路由器。

（2）防火墙技术。网络防火墙技术是一种用来加强网络之间访问控制，防止外部网络用户以非法手段通过外部网络进入内部网络，访问内部网络资源，保护内部网络操作环境的特殊网络互联设备。它对两个或多个网络之间传输的数据包（如链接方式）按照一定的安全策略来实施检查，以决定网络之间的通信是否被允许，并监视网络运行状态。

（3）病毒防护技术。通过一定的技术手段防止计算机病毒对系统的传染和破坏。实际上这是一种动态判定技术，即一种行为规则判定技术。也就是说，计算机病毒的预防是采用对病毒的规则进行分类处理，而后在程序运作中凡有类似的规则出现则认定是计算机病毒。具体来说，计算机病毒的预防是通过阻止计算机病毒进入系统内存或阻止计算机病毒对磁盘的操作，尤其是写操作。预防病毒技术包括：磁盘引导区保护、加密可执行程序、读写控制技术、系统监控技术等。

7.3.8　虚拟现实

1. 基本概念

VRT 是仿真技术的一个重要方向，是仿真技术与计算机图形学人机接口技术多媒体技术传感技术网络技术等多种技术的集合，是一门富有挑战性的交叉技术前沿学科和研究领域。VRT 主要包括模拟环境、感知、自然技能和传感设备等方面。模拟环境是由计算机生成的、实时动态的三维立体逼真图像。感知是指理想的 VRT 应该具有一切人所具有的感知。除计算机图形技术所生成的视觉感知外，还有听觉、触觉、力觉、运动等感知，甚至还包括嗅觉和味觉等，也称为多感知。自然技能是指人的头部转动，眼睛、手势或其他人体行为动作，由计算机来处理与参与者的动作相适应的数据，并对用户的输入做出实时响应，并分别反馈到用户的五官。传感设备是指三维交互设备。

2. 关键技术

（1）实时三维计算机图形技术。相比较而言，利用计算机模型产生图形图像并不是太难的事情。如果有足够准确的模型，又有足够的时间，我们就可以生成不同光照条件下各种物体的精确图像，但是这里的关键是实时。例如，在飞行模拟系统中，图像的刷新相当重要，同时对图像质量的要求也很高，再加上非常复杂的虚拟环境，问题就变得相当困难。

（2）动态环境建模技术。虚拟环境的建立是 VRT 的核心内容。动态环境建模技术的目的是获取实际环境的三维数据，并根据应用的需要，利用获取的三维数据建立相应的虚拟环境模型。三维数据的获取可以采用计算机辅助设计技术（有规则的环境），而更多的环境则需要采用非接触式的视觉建模技术，两者的有机结合可以有效地提高数据获取的效率。

（3）语音技术。在 VR 系统中，语音的输入输出也很重要。这就要求虚拟环境能听懂人的语言，并能与人实时交互。而让计算机识别人的语音是相当困难的，因为语音信号和自然语言信号有其"多边性"和复杂性。例如，连续语音中词与词之间没有明显的停顿，同一词、同一字的发音受前后词、字的影响，不仅不同人说同一词会有所不同，就是同一人发音也会受到心理、生理和环境的影响而有所不同。使用人的自然语言作为计算机输入目前有两个问题，首先是效率问题，为便于计算机理解，输入的语音可能会相当啰嗦。其次是正确性问题，计算机理解语音的方法是对比匹配，而没有人的智能。

7.3.9 人工智能

1. 基本概念

人工智能是研究使计算机来模拟人的某些思维过程和智能行为（如学习、推理、思考、规划等）的学科，主要包括计算机实现智能的原理、制造类似于人脑智能的计算机，使计算机能实现更高层次的应用。人工智能是计算机科学的一个分支，它企图了解智能的实质，并生产出一种新的能以人类智能相似的方式做出反应的智能机器。该领域的研究包括机器人、语言识别、图像识别、自然语言处理和专家系统等。人工智能从诞生以来，理论和技术日益成熟，应用领域也不断扩大，可以设想，未来人工智能带来的科技产品，将会是人类智慧的"容器"。

2. 关键技术

（1）机器理解语言的技术。理解语言是一个从词语逐渐递进到事件的过程，具体包括：分词技术；句子的分析技术；上下文相关的分析技术；分析事件的技术。

（2）知识挖掘技术。知识挖掘技术是从数据中发现有用知识的整个过程，同时，数据开采是知识挖掘过程中的一个特定步骤，它用专门算法从数据中抽取模式。具体包括：知识图谱的建立技术和知识推理的技术。

（3）对人的建模技术。机器发展出智能的最终目的是与人交互，所以还需要让机器能够理解人的行为，只有当理解完人的行为后机器才有可能将知识运用到与用户的交互中。具体包括个体建模和群体建模。

7.4 工业 4.0 的实践

7.4.1 德国工业 4.0

1. 德国安贝格西门子：数字化的魔力

想一下，如果你是一家汽车生产商的负责人，你认为最理想的生产状况是怎样的？例如，你收到了生产100辆卡车和100辆轿车的订单，你是先生产100辆卡车，还是将大卡车与小轿车混合交替生产？

如果先生产100辆卡车，则会产生大量的待售品，占用更多的现金流。理想的生产状况是进行灵活的小批量、多批次生产，使生产得以均匀、连续，这样产生的库存待售品才最优，而且生产过程的原材料消耗会更少，现金流也更为顺畅。未来制造工厂所追求的目标必然不再是工业化大生产，而是建立在端对端数字化之上的多品种、个性化、高效优质的生产。

位于德国安贝格的西门子电子制造工厂（Electronic Works Amberg，EWA）就是智能数字化未来工厂的梦想雏形，就是这样一座"朴素"的工厂，不仅实现了从管理、产品设计、研发、生产到物流配送的全过程数字化，还能通过先进的信息技术，与美国研发中心进行实时的数据互联。

在 EWA 生产车间，员工们身着蓝色的工作服，有序地走在一尘不染、蓝白相间的 PVC 地板上。齐胸高的灰蓝色机柜整齐地排成一行，在安置其间的显示器上，数据洪流如同瀑布一般，倾泻而下。在这里，一场工业领域的"数字革命"正悄然拉开序幕。

1）自己生产自己

一直以来，EWA 都被誉为西门子集团王冠上的宝石。现在，这个占地10 000m² 的高科技生产车间，则成为西门子实施"数字化企业平台"的典范。

"数字化企业平台"是实现数字制造的载体，它可以实现包括产品设计、生产规划、生产工程及生产执行和服务的高效运行，能以最小的资源消耗获取最高的生产效率。在这种生产环境中，每个产品都有自己的代码，产品可自行控制其本身的生产过程。换句话说，生产代码只需要告诉机器有哪些要求，接下来必须执行哪道工序，产品就像会"说话"一样，通过数字化的"语言"让其从设计到服务都畅通无阻。

EWA 主要生产 Simatic 可编程逻辑控制器，以及其他工业自动化产品，产品种类达到了1000种。现在，它们已经将数字化工厂所需的主要组件部署完成，让产品与生产机器之间可以互相"通信"，全部生产过程均为实现 IT 控制进行了优化，从而使故障率最小化。

依靠智能系统，EWA 员工的工作流程与结果也发生了翻天覆地的变化：新的生产流程伴随着不计其数的变化因素和错综复杂的供应链不断得到优化，在生产面积几乎没有扩张，员工数量也没变的情况下，产能却提升了8倍，产品质量更是比25年前提高了40余倍。EWA 的负责人自豪地说："EWA 的产品质量合格率高达99.9988%。据我所知，全球没有任何一家同类工厂可以实现如此低的故障率。"EWA 每年能生产约1200万件 Simatic 系列产品，按每年生产230天计算，即平均每秒就能生产出一件产品。

目前，EWA 的生产设备和计算机可以自主处理75%的生产价值链，以前需要用人工完成的动作通过"智能算法"固化在机器中，让机器代替人工，只有剩余四分之一的工作需要由工人来完成。也就是说，仅在最开始的时候，需要人工将印刷电路板放置在生产线上，此后所有的工作均可以由机器自动控制进行。Simatic 系列产品的生产过程正是由它自身控制的，换句话说就是"自己生产自己"。在这里，每条生产线几乎都运行着大约千台 Simatic 控制器，自动化流水线正在生产的就是西门子自动化产品，这就好像美国科幻电影里的机器人生产机器人一般。

2）可见即可得

研发是数字化工厂"数据链条"的起点。在数字化制造的前提下，产品的设计和制造都基于同一个数据平台，消除了 EWA 研发部门与生产部门工作的时间差，彼此同步进行让各方配合得更加默契，这大大改变了传统制造的节奏。另外，由于在研发环节产生的数据能够在工厂各个系统之间实时传递，同时数据的同步更新又避免了传统工厂由于沟通不畅产生的误差，更大大提升了 EWA 的生产效率。

作为 EWA 研发新产品的载体和工具，西门子 PLM 的产品开发解决方案——NX 软件，可以支持产品开发过程中从设计到工程和制造的各个方面，并通过集成多种学科仿真，来提供全系列先进零部件制造应用的解决方案，这是其他 CAM 软件都难以实现的。研发部门的工程师们可以通过 NX 软件进行模拟设计，在设计过程中进行模拟组装和性能测试，真正实现"可见即可得"，这为研发人员节约了大量的时间和精力。当然，这对工程师们也有一定要求，他们对将要用于制造产品的机器的属性了解越透彻，所编写的模拟程序就越精确。

在 NX 软件中完成设计的产品，都会带着自己专属的数据信息继续进入"生产旅途"。这些数据一方面通过 CAM 系统向生产线不断传递，为完成接下来的制造过程做准备；另一方面也被同时"写进"数字化工厂的数据中心——Teamcenter 软件中，供质量、采购和物流等部门共享。采购部门会依据产品的数据信息去采购零部件，质量部门会依据产品的数据信息进行验收，物流部门则依据数据信息确认零部件。

共享数据库是 Teamcenter 最大的特点。当质量、采购和物流等不同部门调用数据时，它们使用的是共享文档库，并能通过主干快速地连接到各责任方。即使数据发生更新，不同的部门也都能在第一时间得到最新的数据，这就使得 EWA 研发团队的工作变得更加简单、高效，避免了传统制造企业在研发和生产环节之间数据平台不同而造成的信息传输壁垒。

3）流程更少更快

在 EWA 生产产品的过程中，高度的数字化得以充分体现。西门子全集成自动化解决方案将数字化与生产成功结合：PLC 引导生产流程，视觉系统识别产品质量，自动引导车进行产品传递，这都使得工厂产品的一次通过率达到99%以上。

一名 PLC 装配工的日常工作都在电脑上完成。每天，由西门子 MES 系统生成的电子任务单都会显示在装配人员的电脑上，而实时的数据交换间隔小于1秒，这意味着操作人员随时可以看到最新的版本，并可以细致入微地观察每一件产品的生命周期。

而西门子 MES 系统 SIMATIC IT 则充当了传统制造企业的生产计划调度者。它采用虚拟化技术，由 MES 系统统一下达生产订单，在与 ERP 系统高度集成之下，可以实现生产计划、物料管理等数据的实时传送。此外，SIMATIC IT 还实现了工厂信息管理、生产维护管理、物料追溯管理、设备管理、品质管理和制造关键绩效指标（key performance indicator，KPI）分析等多种功能的集成，能够保证工厂管理与生产协同。当自动引导车送来一个待装配的产品时，传感器就会扫描出产品的代码，将数据实时传输到 MES 系统，然后电脑上就会显示出它的信息，MES 系统再通过与西门子全集成自动化的互联，等到相应零件盒的指示灯亮起，装配人员便可根据指示灯进行操作。这满足了自动化产品"柔性"生产的需求，即在一条生产线上同时生产多种产品。有了指示灯的提示和对应，即使换另外一种产品也不会怕装错零件了。

待装配人员确认装配完毕，按下工作台上的一个按钮，自动化流水线上的传感器就会扫描产品代码，记录它在这个工位的数据。SIMATIC IT 以该数据作为判断基础，向控制系统下达指令，指挥引导车随即将它送去下一个目的地。

在到达下一道工序前，产品必须通过严格的检验程序，以 PLC 产品为例，在整个生产过程中针对该类产品的质量检测节点超过20个，可以充分保证产品的质量。1000多台扫描仪实时记录着每一道生产工序及诸如焊接温度、贴装数据和测试结果等详细的产品信息。在此过程中，Simatic IT 每天会生成并储存约5000万条生产过程的信息。其中，视觉检测是 EWA 数字化工厂特有的质量检测方法，相机会拍下产品的图像与 Teamcenter 数据平台中的正确图像作比对，一点小小的瑕疵都逃不过 SIMATIC IT 品质管理模块的检测。

在经过多次装配并接受多道质量检测后，成品将被送到包装工位。经过包装、装箱等环节，一箱包装好的自动化产品就会通过升降梯和传送带被自动送达物流中心或立体仓库。这样一个完整的生产环节，在传统的制造企业要通过几十甚至上百人的手去完成，而在 EWA 的车间内，绝大多数的工序都借以自动化设备完成，实现了"又好又快"的生产操作模式，节省了大量的人力和时间。

4）"全程透明"的数字化物流

在 EWA 中，研发和生产过程通过数字化科技被发挥到了极致。同样，在物流环节，数字化的优势依然明显，这体现在 EWA 的数字化物流系统的运用中。

在物流上，ERP、西门子 MES 系统 SIMATIC IT 及西门子仓库管理软件发挥着重要的作用。例如，自动化流水线上的传感器会对引导车上的产品代码进行扫描，扫描得到的数据就会"告诉"软件系统在该装配环节需要的物料是什么，员工只需按动按钮，物料即从物料库自动输送出，并通过流水线上传感器的"指挥"，送到指定位置。这一过程"全程透明"且不需要人工干预，完全实现了原材料、产品从起点至终点及相关信息的有效流动。相对于传统制造业，这种方式不但节省了时间，提高了效率，同时避免了因信息传递不及时等原因造成的错误生产和重复生产。

在物料的中转环节，依照精益生产中的"以需定产"原则和"拉式生产"概念，生产流程的各工序只会在收到实际需要的数量时才进行生产，这就保证了工厂能够"适时、适量并在适当地点生产出质量完善的产品"。

在 EWA 布局紧凑的高货架立体仓库，有近3万个物料存放盒用来存放更大批的物料。但其物料的存取并不用叉车搬运，而是通过"堆取料机"用数字定位的模式进行抓取，所以不必考虑叉车通过的距离，这让物料库的设计更加合理，从而节约了更多的空间。

在 EWA，真实的生产工厂与虚拟的数字工厂同步运行，真实工厂生产时的数据参数、生产环境等都会通过虚拟工厂反映出来，而人则通过虚拟工厂对真实工厂进行把控。工业4.0的中心是智能化工厂，智能化工厂的基石是数字化信息处理系统。在西门子的概念中，EWA 是真正意义上的智能化工厂，其自动化不是简单的机械对人力的代替，而是既包含自动化生产，也包括自动控制和自动调节，是建立在数字化生产基础上的自动化。EWA 的生产过程代表了西门子面向未来的技术，更展现了工业4.0未来的愿景——实现真实世界和虚拟世界在生产过程中的完美融合，产品之间及产品与机器设备间的通信将使生产路径进一步优化。

未来，工厂不再是由大型设备堆砌起来的机械巨兽，而更像是一弯灵动的数字潺泉。工厂将能够单独、快速、低成本且高质量地加工每一个产品，从而实现当前工厂难以企及的、更高的灵活性和经济高效性。作为工业4.0的倡导者和先行者之一，西门子的脚步正愈发坚实。正如其全球工业总裁鲁思沃教授所说的：“如果说，工业4.0的时代还要20年，那么西门子目前已经到达了工业3.8。”

2. 德国博世洪堡工厂：零部件无缝对接

作为全球第一大汽车技术供应商，德国博世洪堡工厂的汽车刹车系统在市场上有相当的实力。德国罗伯特·博世有限公司（以下简称博世）洪堡工厂生产线的特殊之处在于，所有零件都有一个独特的射频识别码，能同沿途关卡自动“对话”，从而提高整个生产效率。鉴于它是对工业4.0技术的有效应用，这套系统于2014年获得了德国汽车工业协会颁发的物流奖。一箱箱汽车发动机零部件堆成了“高楼”。绿灯闪亮，楼梯口“吐”出一盒零件，随着传输带抵达终端。工人师傅把它摆上行李架。在那里，它将同更多的零件一起运送到装配工厂的“公交站”，然后卸进“超市”，等待装配……每经过一个生产环节，读卡器会自动读出相关信息，反馈到控制中心进行相应处理，从而提高整个生产效率。在博世洪堡工厂引入的射频码系统需几十万欧元，但由于库存减少30%，生产效率提高10%，由此可节省上千万欧元的成本。独立的射频码给博世公司旗下工厂的20多条生产线带来了低成本高效率的回报。而这种让每个零件都能说话的技术，也是智能工厂的重要体现形式。

1）给每个产品贴上智能身份证，让不同地域生产的零部件无缝对接

在洪堡物流中心，工人每一拿出一盒零件，就把记录着产品信息的“看板条”夹到一个长方形塑料夹里。这个夹子被粘贴在盒子上，夹子底部有一块射频识别码——这盒零件的身份证，见图7-11。

图 7-11　每个产品上的智能身份证

每经过一个生产环节，读卡器会自动读出相关信息，反馈到控制中心进行相应处理。例如，运货卡车载着它驶出物流中心，5000m外的装配工厂即获知了动态；装配工人把它端上生产线前，物流中心和供应商就知道：该补货了。

以装配柴油发动机的喷油器为例，该喷油器外体和内部的顶杆由不同的供应商提供，两个零部件样品上各印刷着一个二维码，是供应商出厂时提供的。博世实施工业4.0战略，这样做是为了加快可视化管理。给单个产品件贴标签，二维码比射频码方便。但每一盒这样的零部件，博世都会给它一个射频身份。

作为一种无线电通信技术，射频识别的原理并不复杂。穆勒说，工业4.0的核心是"物联"。给产品贴智能标签有几种方式：条形码、二维码、射频码和传感器。条形码和二维码必须进行近距离扫描，容易受水和化学品等腐蚀，而射频码可以穿透各种介质快速读取。

在洪堡工厂引入的射频码系统需几十万欧元，但却是值得的。使用射频码系统之前，工人需要在电脑上手动扫描和输入相关信息，不仅烦琐而且容易出错。新系统投入使用后，工厂库存减少了30%，生产效率提高了10%，由此节约的资金可达几千万欧元。使用射频码也使得整个产品流程的控制更加透明化、实时化。目前博世在全球十家工厂每个月扫描200万个射频码。

穆勒说，应用射频码系统最大的难点，就是如何将新技术融入原有流程，进行标准化生产。给每一个零配件都贴上智能标签，不管这些零配件是哪里生产的，原来会哪种"方言"，进入流程后就必须说彼此能听懂的"普通话"，如图7-12所示。

图 7-12　射频码实现无缝对接

2010年，德国联邦经济技术部牵头20家零部件供应、整车生产和物流相关企业，开展在汽车生产链条中普及射频码的示范项目。该项目为期3年，政府和企业共同出资4600万欧元。其中戴姆勒集团给运送汽车发动机的集装箱安上射频识别码，在不同国家的工厂实现了无缝对接。

2）在人机关系上，人是问题解决者

生产更加智能后，人怎么办？博世的喷油器装配生产线有两条线同时运行：一条是全自动化生产线；另一条由15名工人同机器人"混搭"而成，自动化生产线的组装速度稍高于人工。

生产线负责人蒂姆·迪厄多内说，厂方曾设想只用自动化生产，但发现在很多精细环节机器的出错率很高。不过，随着生产更加智能化，人工的使用有可能会缩减，"毕竟你要给工人发工资，但机器不用"。

但洪堡工厂柴油系统部门主任蒂斯·特拉普先生持不同意见，他强调，发展智能化系统的目的不是为了减少人力，而是提高生产效率，把人力转移到更加灵巧和复杂的工序中去。

在谈到人和机器的关系时，德国人工智能研究中心教授迪特里夫·齐尔克表示，人始终能在智能生产中找到一席之地，因为人是整个生产体系中最灵活的一部分。其主持开发了一套智能示范生产线，能根据待加工产品的内部信息，在没有人工干预的情况下，自动决定灌装蓝色、黄色或红色肥皂水。在他眼中，工业4.0的生产方式是这样的：工厂收到客户在互联网订购的产品，无需改造生产线，便可立即按照客户的个性化要求制造。也就是说，工厂像积木那样，可以被轻松拆解，然后组合成一种新的形式。齐尔克指出，智能化工厂时代，工人的存在绝非是去完成机器剩余的手工工作：他们将成为问题解决者，在工厂中穿行，观察一切是否运转正常。

7.4.2　美国工业 4.0

1. 特斯拉汽车：智能产品+智能生产

汽车业是全球工业的重要门类，工业生产方式的每一次进步与变革都巧合地与汽车业密切相关，并由此影响到其他产业：福特开创了大规模生产方式，丰田因精益生产成为制造业学习的标杆，而在工业4.0时代，德国汽车巨头宝马、大众等都正在将智能工厂从概念一点点地变成现实。

在美国，也有一家生产汽车的公司，它的成功在一定程度上已经与工业4.0的理念不谋而合，这家公司就是被誉为"汽车界的苹果"的特斯拉——它对自己所生产的汽车的核心定位并非一辆电动车，而是一个大型可移动的智能终端，具有全新的人机交互方式，通过互联网终端把汽车做成了一个包含硬件、软件、内容和服务的体验工具。特斯拉的成功不仅体现在能源技术方面的突破，更在于其将互联网思维融入了汽车制造。

特斯拉汽车用一块约43cm的显示屏取代了很多传统汽车的按键，用户在操纵整部车的时候也不用花时间了解并记住按键功能了，显示屏的界面很简洁，和 iPad 差不多。如果想打开天窗，就直接用手指按着屏幕把天窗的图标拉上去就可以了，需要关上就再将图标拉下来。特斯拉汽车有 Home Link 功能，设置好之后，当你把车开到车库门口的时候，车库通过网络就可以识别你的车，自动为你开门。此外，给特斯拉充电的时候还可以根据所在城市不同时间段的电价选择充电时间。

特斯拉可实现个性化定制。目前 Model S 有9种车身颜色供客户选择，分别是纯黑、纯白、银色、蓝色、绿色、灰色、棕色、珍珠色和红色；除了车身颜色，客户还可以自定义车顶、车翼，还有内饰；订车时，客户可以选择不要天窗，也可以定制一个配有黑色车顶的白色车；如果你觉得后备厢的电动开关无所谓，可以选择不要；其他定制需求，如在后备厢加个儿童座椅，或者加一款软件以实现带速，所有这些，特斯拉都可以实现。

　　毫无疑问，特斯拉已经成了硅谷的新宠，并掀起了全球智能电动汽车热潮。特斯拉的生产制造是在它位于美国北加利福尼亚州弗里蒙特市的"超级工厂"完成的。在这个花费巨资建造的"超级工厂"里，几乎能够完成特斯拉从原材料到成品的全部生产过程，整个制造过程将自动化发挥到了极致，其中"多才多艺"的机器人是生产线的主要力量。目前"超级工厂"内一共有160台机器人，分属四大制造环节：冲压生产线、车身中心、烤漆中心和组装中心。

　　车身中心的"多工机器人"（multitasking robot）是目前最先进、使用频率最高的机器人。它们大多只有一个巨型机械臂，却能执行多种不同任务，包括车身冲压、焊接、铆接、胶合等工作。它们可以先用钳子进行点焊；然后放开钳子，拿起夹子，胶合车身板件。这种灵活性对小巧、有效率的作业流程十分重要。在执行任务期间，这些机器人的每一步都必须分毫不差，否则就会导致整个生产流程的停滞，所以对它们的"教学训练"就显得格外重要。而特斯拉团队在前期训练机器人方面就花费了一年半的时间。当车体组装好以后，位于车间上方的"运输机器人"能将整个车身吊起，运往位于另一栋建筑的喷漆区。在那里，拥有可弯曲机械臂的"喷漆手机器人"不仅能全方位、不留死角地为车身上漆，还能使用把手开关车门与车厢盖。

　　送到组装中心后，"多工机器人"除了能连续安装车门、车顶外，还能将一个完整的座椅直接放入汽车内部，简直令人惊叹。有意思的是，组装中心的"安装机器人"还是个"拍照达人"，因为在为 Model S 安装全景天窗时，它会先在正上方拍张车顶的照片，通过照片测量出天窗的精确方位，然后再把玻璃黏合上去。

　　在车间里，车辆在不同环节间的运送基本都由一款自动引导机器人"聪明车"（self guide smart car）来完成。工作人员提前在地面上用磁性材料设计好行走路线，"聪明车"就能按照路线的指引，载着 Model S 穿梭于工厂之间。

　　遍观全球，像特斯拉这样兼具"智能产品+智能生产"的企业并不多见，而特斯拉只是工业4.0时代呼唤的企业的雏形。

2. 谷歌："智能软件+互联网"布局

　　从1998年成立至今，谷歌被公认为全球最大的搜索引擎，谷歌 CEO 拉里·佩奇曾直言，信息是谷歌的核心。谷歌力推安卓生态，充分显示了在智能化浪潮中的先知先见。如今，安卓系统引发的移动领域革命，重塑了全球各大科技公司的财富格局。

　　2012年4月，谷歌联合创始人谢尔盖·布林在 Google I/O 大会上以4000英尺（1219.2m）高空跳伞视频直播的方式正式发布 Google Glass，此后，Google Glass 已然成为可穿戴智能设备的代名词。这款眼镜集智能手机、GPS、相机于一身，用户无需动手便可上网冲浪或者处理文字信息和电子邮件，同时，用户还可以通过这款"拓展现实"

的眼睛，用自己的声音控制拍照、视频通话和辨明方向。毫无疑问，这是谷歌的明星产品，也是可穿戴智能设备的标杆之作，无论它今后如何发展，都具有里程碑式的意义。Google Glass 的出现，让许多人认为手机终将会被替代，未来的手机呈现形式应该是融入身体的一部分，像穿衣服一样，让你感受不到它的存在，彻底解放你的双手。

继 Google Glass 引爆智能可穿戴设备市场之后，谷歌又开始在智能硬件方面持续发力。2014年，谷歌以32亿美元收购智能家居公司 Nest Labs，以5.5亿美元收购家庭摄像头企业 Dropcam，这些大动作无不彰显了谷歌进军智能家居领域的野心。Nest Labs 专注于恒温控制器和烟雾检测器的研发与生产，智能恒温器更是其拳头产品。这款产品能够整合美国家庭常用的空调、电暖气等气温和湿度调节设备，使室温保持恒定；同时，它能够不断"学习"用户习惯，并做出反馈。而收购之后，谷歌更愿意通过 NestLabs 的特殊用途，来搜集用户的家庭数据，同时，通过谷歌的技术团队打造智能家居生态系统的主控中心和连接点，从而引导用户真正进入智能家居时代。而在家庭视频监控系统领域，谷歌则更希望能进一步扮演"智能家居神经中枢"的角色。凭借安卓系统，谷歌在智能手机领域"软而不硬"，但在智能家居方面，谷歌的战略从一开始是"软硬结合"，单品+平台一起上。接下来，谷歌为智能电视打造的操作系统、为智能家居设备打造的标准平台将陆续问世。

在智能汽车领域主要是智能汽车的研发工作。谷歌早在2009年就开始了无人驾驶智能汽车的研发工作。2014年12月22日打造出第一辆全功能无人驾驶汽车原型，谷歌宣布这是首款完全自动驾驶的汽车。这款无人驾驶汽车能够摆脱驾驶员的控制通过传感器和车载电脑上的软件系统行驶。谷歌在2013年发布的一份研究报告中曾宣称，研发的无人驾驶汽车在自动模式下能够比人工控制更安全地行驶。

而近期，谷歌最引人注目的投资是机器人项目。谷歌集中收购了 Schaft、Industrial Perception 等8家具有创造活力、领先技术的机器人公司，希望借此掌握最前沿的机器人技术，开发更具突破性的产品。从谷歌所收购公司的产品来看，涵盖了仿真机器人、工业机器人、特种机器人，以及开发机器人必要的技术和系统。再加上前文提及的无人驾驶汽车等产品，未来，谷歌机器人将可适用于交通运输、物流、制造业、家政服务等人类生产生活的多个领域。如果再加上其强大的信息网络技术，谷歌完全可以打造一个"智能化的生活网络"，即人工智能系统管理汽车、家居、家电等人类的主要生活用品，并通过由智能系统控制的机器人进行生产、配送和为人们提供各类家庭服务。此外，智能系统可以从"智能化的生活网络"中获得数据，并探析出用户潜在的需求，进而开发出更具消费潜力的产品。一旦用户和生产领域对谷歌的智能化服务产生依赖，谷歌就可能将虚拟世界和现实世界的"统治权"把握在手中。从长远看，如果谷歌能将机器人业务与原有业务、新业务有效整合，并研制开发出谷歌预想的机器人和智能系统，那么将会对制造业产生深远影响。

（1）可促进新型智能机器人的研制生产。依托强大的信息网络技术和数据分析技术，配合新掌握的机器人技术，谷歌不仅可以开发出具有较强学习能力和自主解决问题能力的新型智能机器人，还可以为机器人提供一个云空间，帮助机器人建立起自己的互联网和知识库，使机器人通过互联网进行交互，并获得解决问题的各类信息，甚至可利用云提供的强大计算能力提升机器人的性能。一旦谷歌充分掌握机器人技术，势必会开发并批量生产具有复杂学习能力、信息共享交互能力和独立解决不同问题能力的新一代智能机器人，届时人类有可能看到机器人领域发生的一场新革命。

（2）加快制造业智能化进程。有消息称，传统制造业巨头富士康已与谷歌在机器人领域开展合作，由富士康为谷歌新型机器人技术提供试验场地，谷歌通过机器人帮助富士康提高生产效率，这种合作模式如果能取得成功，必将起到示范效应，从而加快智能机器人等智能设备对传统制造业的智能化升级。

7.4.3　中国工业 4.0

1. 九江石化：智能工厂

中国石油化工集团公司九江分公司（以下简称九江石化）是我国中部地区和长江流域重点炼化企业、江西省唯一的大型石油化工企业，隶属于中国石油化工集团公司（以下简称中石化），是国内第一个智能工厂建设的样板企业。其前身为九江炼油厂，1980年10月建成投产，占地面积4.08km^2，现拥有1000万 t/年原油综合加工能力。"十二五"期间，九江石化与华为签订了战略合作协议，华为产品广泛应用在九江石化园区，在打造千万吨级一流炼化企业，培育"绿色低碳"和"智能工厂"两大核心竞争优势中，双方合作密切，已取得较好成效。

让我们一起来看一下这一堪称工业4.0经典案例的企业是如何通过打造一流的信息化系统，实现企业生产运营的自动化、数字化、模型化、可视化、集成化，从而提高企业劳动生产率、安全运行能力、应急响应能力、风险防范能力和科学决策能力。九江石化从2012年开始建设智能工厂，在此之前，公司在业务协作和通信系统建设方面面临着一些问题。

首先，中石化智能工厂对生产管理提出了可视化、实时化、智能化的要求，需要根据业务灵活地部署视频监控设施、无线电子仪表、无线智能终端等设备。随着时间推移，炼化工厂的装置设备、管线、阀门等会出现"跑冒漏滴"等情况，对于有些复杂的问题，外操人员需要厂内专业人员指导并及时解决，目前厂区采用的无线通信系统的是 MOTO 模拟对讲系统，单纯的语音对讲，使得专家、内操、外操人员之间在日常协作过程中经常说不清，道不明；在专家无法及时赶到现场的情况下，以往通过拍照发给专家定位解决，及时性无法满足，协作效率也低下。

其次，由于厂区扩建，新增业务，炼化厂有许多监测点，如储罐溢流或储备情况、泄露和火灾、流量和能耗计量等都需要实时监测，但是测点往往分散，被铁路、河流、围墙分割，难以挖沟敷设电缆或桥架接线；另外，如果在危险区域敷设电缆和接线，则有可能产生火花，引发安全事故；有些改造工程对时间、安装和调试成本都有较高的要求，有线方式难以满足。

再次，目前九江石化的对讲机系统采用的还是模拟无线制式，由两台模拟中继台、模拟手持对讲机等组成，采用的是单一中继站技术。由于模拟对讲机系统频谱利用率低、频点之间易干扰等缺点，将逐渐被市场所淘汰。同时，新中控室投产后，现有对讲系统支持的群组数量不能满足业务需求。现有的无线对讲系统共使用了 16 个频点，其中频点 0～13 分别分配给了 14 个车间/部门使用，频点 14 和 15 用于全厂通信。可以看出，现有系统的群组资源已经达到系统极限，当在进行系统检修或者新装置启动等复杂操作时，往往需要新建一些跨车间的通信群组，这时就要对无线通信系统做调整，操作过程复杂。未来 800 万 t 油品升级项目投产之后，将会增加 6 个车间，需要新建至少 6 个群组，必然超出现有系统的最大容量。

最后，在巡检过程中，部分外操人员有时漏检、脱岗、不按规定路线巡检，给生产带来一定的安全风险，现有的巡检棒无法拍照和取证，难以保障巡检质量；另外当巡检遇到问题时，为了确认问题经常需要外操人员到几十米高的蒸馏塔上来回跑几趟，工作强度大。

"十二五"以来，九江石化倾力培育绿色低碳、智能工厂两大核心竞争优势。作为中石化四家试点建设智能工厂的炼化企业之一，该公司围绕核心业务，全力推进智能工厂试点建设，持续提升已上线信息系统的应用效果，智能工厂框架初步建成。截至目前，已有 22 个子项目上线或试运行。企业 4G 无线网络应用、基于物联网的智能立体仓库、全流程一体化优化平台等一系列先进技术，均在炼化企业中实现首次使用。

在建设智能工厂过程中，九江石化将先进的信息技术与石化生产工艺最本质环节高度融合，持续推动管理创新，工业化与信息化深度融合效果逐步显现。2014 年 7 月，智能工厂神经中枢——生产管控中心投用，实现了生产状态可视化、装置操作系统化、管理控制一体化、应急指挥实时化、基础设施集成化，集经营优化、生产指挥、装置操作、运行管理、专业支持、应急保障于一体，推动了生产运行管理的变革性提升。

在智能工厂各类信息系统支撑下，九江石化本质安全水平持续提升，连续 5 年被评为集团公司安全生产先进单位；环保管理取得较好成效，主要污染物排放指标处于行业领先水平；加工吨原油边际效益在沿江 5 家炼化企业排名逐年上升，2014 年位列沿江企业首位。与此同时，管理效率大幅提升，在生产装置不断增加的情况下，公司员工总数减少 12%，班组数量减少 13%，外操室数量减少 35%。

最近，全球领先的信息与通信解决方案供应商华为与九江石化签署战略合作框架协议及九江石化智能工厂华为样板点参观协议。在"十三五"期间，双方将借助以"院士工作站"和"智能制造联合实验"为核心的"产学研用"高端创新平台，在 ICT 领域进一步深度聚焦合作，致力石化流程型行业智能制造研究与实践，助力九江石化建设千万吨级绿色智能一流炼化企业。

2016 年，九江石化副总经理罗重春表示：随着信息技术的飞速发展，信息技术和产品在企业生产运营的各个环节应用要求也越来越高，希望此次再度战略合作，双方本着"长期合作、互惠双赢"的原则，持续加强沟通和协调，拓展合作范围和深度，将华为先进的 ICT 产品与技术深度融合到九江石化生产运营全过程；希望华为公司继续提供强有力的技术服务和售后保障，并通过华为优秀的培训管理理念，对企业技术人员开展针对性的应用技术强化式培训；希望双方在《中国制造 2025》战略的引领下，共同拓展新的领域、打造新的业绩，书写最佳实践案例。2016 年，华为公司企业无线产品总经理李胜利表示：未来，华为将一如既往地以九江石化的需求为中心，利用 ICT 技术与行业价值进行深度融合，服务好九江石化，支持和协助九江石化打造智能工厂升级版；希望双方按照"业务驱动、联合创新和聚焦"的理念，深度合作，协同创新，继续在中国工业4.0的道路上进行探索和前行。

中国石化是华为的战略客户，九江石化与华为合作也是由来已久。在国家级石化智能工厂试点示范项目——九江石化智能工厂试点建设项目中，华为为九江石化部署先进的 TD-LTE 网络，构建宽带多媒体集群，为其建成了国内首个能源行业企业4G 专网，实现了语音、视频和数据的统一管理；同时，华为模块化机房、网络交换机、服务器、存储、视频会议系统、UPS、智能终端等信息基础设施及产品稳定、可靠运行，持续服务于九江石化生产运营活动，为智能工厂提供了坚实的基础保障。

2. 海尔：超级互联工厂

以德国工业4.0为代表的第四次工业革命，已经席卷全球。在这场变革中，数字化、智能化技术再一次影响生产模式和产业形态。"没有成功的企业，只有时代的企业"，张瑞敏和他的海尔也在求变，并已经在变。在一触即发的新一轮工业革命下，海尔加速工业4.0战略的实施，实现大规模制造向大规模定制转型，建造"按需设计、按需制造、按需配送"的体系，推动工业4.0的真正落地。图7-13展示了海尔某自动化生产线的一角，从图7-13中可以看出机器臂代替了传统的人工生产。

图 7-13　海尔某自动化生产线

不难看出，全球产业正迎来一个智能制造、互联互通的新时代。在这一时代背景下，作为中国企业的代表，海尔率先搭建成全球家电行业首个智能互联工厂——沈阳冰箱工厂，通过创建一流模块化资源实现与用户并联交互的生态圈，达成智能无人化及生产线每笔订单都是有主的引领目标，充分满足用户全流程个性化定制的最佳体验，成为国内能与工业4.0对话的企业之一。在海尔沈阳冰箱工厂，平均每10s 就能诞生一台冰箱，单线产品生产效率远超行业其他企业，堪创冰箱行业"吉尼斯"记录。

1）一流的柔性，满足用户个性化体验

在海尔沈阳冰箱工厂，为了满足不同用户定制需求，通过产品、布局、设备、组织运营的模块化布局，海尔打造出一条可柔性选配产品、扩展加工能力、换模响应需求的自动化生产线。准确获取用户定制信息后，工厂内工人只需把这些门体随机放进吊笼里，生产线就可根据用户定制信息进行自动检索、自动换模。

据了解，该工厂将100多 m 的传统生产线改装成4条18m 长的智能化生产线，可实现大规模定制选配组合。目前工厂内一条生产线就可支持500多个型号的柔性大规模定制，从而快速柔性满足用户的多样化选购需求。

2）一流的质量，满足用户高品质体验

在互联网时代，海尔提出了"以用户最佳体验为标准"的质量文化，从管理产品变为管理体验，从产品没缺陷变为用户体验没缺陷。在这一战略目标导向下，海尔沈阳冰箱工厂持续实践"从保修到保证、从事前满意到全流程用户最佳体验"的质量管理模式，从研发、采购、物流到生产全过程的事先自动防错、智能监控检查等近 50项质保措施，为实现零缺陷产品生产"保驾护航"。

目前，海尔沈阳冰箱工厂积极实践模块化策略，全面推行模块化设计、采购、制造全过程以保障产品质量。此外，全球先进的技术工艺及高度集成的自动化生产线，也解决了传统制造业用工难问题，减少了因人工操作带来的各种不确定性因素，保障了产品稳定的高品质性。

3）一流的效率，满足用户交付体验

海尔沈阳冰箱工厂相关负责人介绍道，工厂在实现机器设备高自动化的同时，更关注满足用户对制造全流程的体验，通过建立引领家电行业的人与机器、机器与机器自由交互的自动化社区，实现机器、生产线、产品、用户之间的实时互联。

该工厂最典型的信息互联案例就是 U 壳智能配送线，该配送线颠覆传统的工装车运输方式，在行业首次实现无人配送的情况下，点对点精准匹配生产和全自动即时配送。目前，海尔沈阳冰箱工厂通过生产智能化布局，实现单线产能、单位面积的产出翻番，物流配送距离也比原来减少43%左右，生产节拍缩短到10s 一台，成为全球冰箱行业效率最高的家电工厂。

实际上，工业4.0是未来信息技术与工业融合发展的模式显现，背后折射了全球企业应对互联网时代变革浪潮的能力。目前越来越多的家电企业向无人工厂、智能制造转型，但由于不同产品生产线结构不同，其智能化制造进度也参差不齐。从市场实践效果来看，以海尔为代表的企业通过打造自动化、智能化生产线，搭建信息化、数字化信息系统，率先建成了企业与用户需求数据无缝对接的智能化制造体系，可谓是走在了时代变革的前列。

7.5　《中国制造 2025》

制造业是国民经济的主体，是立国之本、兴国之器、强国之基。18世纪中叶开启工业文明以来，世界强国的兴衰史和中华民族的奋斗史一再证明，没有强大的制造业，就没有国家和民族的强盛。打造具有国际竞争力的制造业，是我国提升综合国力、保障国家安全、建设世界强国的必由之路。

7.5.1 《中国制造 2025》的原则与目标

《中国制造2025》是中国政府实施制造强国战略第一个十年的行动纲领。《中国制造2025》提出，坚持"创新驱动、质量为先、绿色发展、结构优化、人才为本"的基本方针，坚持"市场主导、政府引导，立足当前、着眼长远，整体推进、重点突破，自主发展、开放合作"的基本原则。具体可表述为以下四点。

（1）市场主导，政府引导。全面深化改革，充分发挥市场在资源配置中的决定性作用，强化企业主体地位，激发企业活力和创造力。积极转变政府职能，加强战略研究和规划引导，完善相关支持政策，为企业发展创造良好环境。

（2）立足当前，着眼长远。针对制约制造业发展的瓶颈和薄弱环节，加快转型升级和提质增效，切实提高制造业的核心竞争力和可持续发展能力。准确把握新一轮科技革命和产业变革趋势，加强战略谋划和前瞻部署，扎扎实实打基础，在未来竞争中占据制高点。

（3）整体推进，重点突破。坚持制造业发展全国一盘棋和分类指导相结合，统筹规划，合理布局，明确创新发展方向，促进军民融合深度发展，加快推动制造业整体水平提升。围绕经济社会发展和国家安全重大需求，整合资源，突出重点，实施若干重大工程，实现率先突破。

（4）自主发展，开放合作。在关系国计民生和产业安全的基础性、战略性、全局性领域，着力掌握关键核心技术，完善产业链条，形成自主发展能力。继续扩大开放，积极利用全球资源和市场，加强产业全球布局和国际交流合作，形成新的比较优势，提升制造业开放发展水平。

通过"三步走"实现制造强国的战略目标，如图7-14所示。

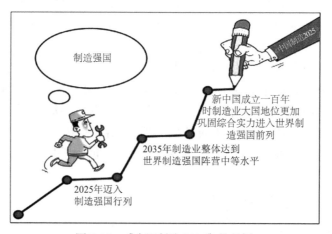

制造强国

新中国成立一百年时制造业大国地位更加巩固综合实力进入世界制造强国前列

2035年制造业整体达到世界制造强国阵营中等水平

2025年迈入制造强国行列

图 7-14 《中国制造 2025》的目标

第一步，到2025年迈入制造强国行列。到2020年，基本实现工业化，制造业大国地位进一步巩固，制造业信息化水平大幅提升。掌握一批重点领域关键核心技术，优势领域竞争力进一步增强，产品质量有较大提高。制造业数字化、网络化、智能化取得明显进展。重点行业单位工业增加值能耗、物耗及污染物排放明显下降。到2025年，制造业整体素质大幅提升，创新能力显著增强，全员劳动生产率明显提高，两化（工业化和信息化）融合迈上新台阶。重点行业单位工业增加值能耗、物耗及污染物排放达到世界先进水平。形成一批具有较强国际竞争力的跨国公司和产业集群，在全球产业分工和价值链中的地位明显提升。

第二步，到2035年中国制造业整体达到世界制造强国阵营中等水平；创新能力大幅提升，重点领域发展取得重大突破，整体竞争力明显增强，优势行业形成全球创新引领能力，全面实现工业化。

第三步，到新中国成立一百年时，综合实力进入世界制造强国前列。制造业主要领域具有创新引领能力和明显竞争优势，建成全球领先的技术体系和产业体系。表7-1给出了各目标的具体指标。

表 7-1　制造业主要指标

类别	指标	2013 年	2015 年	2020 年	2025 年
创新能力	规模以上制造业研发经费内部支出占主营业务收入比重/%	0.88	0.95	1.26	1.68
	规模以上制造业每亿元主营业务收入有效发明专利数[①]/件	0.36	0.44	0.70	1.10
质量效益	制造业质量竞争力指数[②]	83.1	83.5	84.5	85.5
	制造业增加值率提高值	—	—	比 2015 年提高2 个百分点	比 2015 年提高4 个百分点
	制造业全员劳动生产率增速/%	—	—	7.5% 左右（"十五"期间年均增速）	6.5%左右（"十四五"期间年均增速）
两化融合	宽带普及率[③]/%	37	50	70	82
	数字化研发设计工具普及率[④]/%	52	58	72	84
	关键工序数控化率[⑤]/%	27	33	50	64
绿色发展	规模以上单位工业增加值能耗下降幅度/%	—	—	比 2015 年下降18%	比 2015 年下降34%
	单位工业增加值 CO_2 排放量下降幅度/%	—	—	比 2015 年下降22%	比 2015 年下降40%
	单位工业增加值用水量下降幅度/%	—	—	比 2015 年下降23%	比 2015 年下降41%
	工业固体废物综合利用率/%	62	65	73	79

注：①规模以上制造业每亿元主营业务收入有效发明专利数=规模以上制造企业有效发明专利数/规模以上制造企业主营业务收入；②制造业质量竞争力指数是反映我国制造业质量整体水平的经济技术综合指标，由质量水平和发展能力两个方面共计 12 项具体指标计算得出；③宽带普及率用固定宽带家庭普及率代表，固定宽带家庭普及率=固定宽带家庭用户数/家庭户数；④数字化研发设计工具普及率=应用数字化研发设计工具的规模以上企业数量/规模以上企业总数量（相关数据来源于 3 万家样本企业）；⑤关键工序数控化率为规模以上工业企业关键工序数控化率的平均值

7.5.2 五大重点工程

五大重点工程的设立意义在于对整个现代制造业的转型升级起到引领作用。

1. 制造业创新中心

1）工程内容

围绕重点行业转型升级和新一代信息技术、智能制造、增材制造、新材料、生物医药等领域创新发展的重大共性需求，形成一批制造业创新中心（工业技术研究基地），重点开展行业基础和共性关键技术研发、成果产业化、人才培养等工作。制定完善制造业创新中心遴选、考核、管理的标准和程序。

2）工程目标

到2020年，重点形成15家左右制造业创新中心，力争到2025年形成40家左右制造业创新中心。

2. 智能制造工程

1）工程内容

紧密围绕重点制造领域关键环节，开展新一代信息技术与制造装备融合的集成创新和工程应用。支持政产学研用联合攻关，开发智能产品和自主可控的智能装置并实现产业化。依托优势企业，紧扣关键工序智能化、关键岗位机器人替代、生产过程智能优化控制、供应链优化，建设重点领域智能工厂/数字化车间。在基础条件好、需求迫切的重点地区、行业和企业中，分类实施流程制造、离散制造、智能装备和产品、新业态新模式、智能化管理、智能化服务等试点示范及应用推广。建立智能制造标准体系和信息安全保障系统，搭建智能制造网络系统平台。

2）工程目标

到2020年，制造业重点领域智能化水平显著提升，试点示范项目运营成本降低30%，产品生产周期缩短30%，不良品率降低30%。到2025年，制造业重点领域全面实现智能化，试点示范项目运营成本降低50%，产品生产周期缩短50%，不良品率降低50%。

3. 工业强基工程

1）工程内容

开展示范应用，建立奖励和风险补偿机制，支持核心基础零部件（元器件）、先进基础工艺、关键基础材料的首批次或跨领域应用。组织重点突破，针对重大工程和重点装备的关键技术和产品急需，支持优势企业开展政产学研用联合攻关，突破关键基础材料、核心基础零部件的工程化、产业化瓶颈。强化平台支撑，布局和组建一批四基研究中心，创建一批公共服务平台，完善重点产业技术基础体系。

2）工程目标

到2020年，40%的核心基础零部件、关键基础材料实现自主保障，受制于人的局面逐步缓解，航天装备、通信装备、发电与输变电设备、工程机械、轨道交通装备、家用电器等产业急需的核心基础零部件（元器件）和关键基础材料的先进制造工艺得到推广应用。到2025年，70%的核心基础零部件、关键基础材料实现自主保障，80种标志性先进工艺得到推广应用，部分达到国际领先水平，建成较为完善的产业技术基础服务体系，逐步形成整机牵引和基础支撑协调互动的产业创新发展格局。

4. 绿色制造工程

1）工程内容

组织实施传统制造业能效提升、清洁生产、节水治污、循环利用等专项技术改造。开展重大节能环保、资源综合利用、再制造、低碳技术产业化示范。实施重点区域、流域、行业清洁生产水平提升计划，扎实推进大气、水、土壤污染源头防治专项。制定绿色产品、绿色工厂、绿色园区、绿色企业标准体系，开展绿色评价。

2）工程目标

到2020年，建成千家绿色示范工厂和百家绿色示范园区，部分重化工行业能源资源消耗出现拐点，重点行业主要污染物排放强度下降20%。到2025年，制造业绿色发展和主要产品单耗达到世界先进水平，绿色制造体系基本建立。

5. 高端装备创新工程

1）工程内容

组织实施大型飞机、航空发动机及燃气轮机、民用航天、智能绿色列车、节能与新能源汽车、海洋工程装备及高技术船舶、智能电网成套装备、高档数控机床、核电装备、高端诊疗设备等一批创新和产业化专项、重大工程。开发一批标志性、带动性强的重点产品和重大装备，提升自主设计水平和系统集成能力，突破共性关键技术与工程化、产业化瓶颈，组织开展应用试点和示范，提高创新发展能力和国际竞争力，抢占竞争制高点。

2）工程目标

到2020年，上述领域实现自主研制及应用。到2025年，自主知识产权高端装备市场占有率大幅提升，核心技术对外依存度明显下降，基础配套能力显著增强，重要领域装备达到国际领先水平。

7.5.3　战略任务及其支撑

围绕实现制造强国的战略目标，《中国制造2025》明确了九项战略任务和重点，提出了八个方面的战略支撑和保障。如图7-15所示。

1. 九项战略任务和重点

1）提高国家制造业创新能力

具体包括：①完善以企业为主体、市场为导向、政产学研用相结合的制造业创新体系；②提高创新设计能力；③推进科技成果产业化；④完善国家制造业创新体系；⑤加强标准体系建设；⑥强化知识产权运用。

2）推进信息化与工业化深度融合

加快推动新一代信息技术与制造技术融合发展，把智能制造作为两化深度融合的主攻方向；着力发展智能装备和智能产品，推进生产过程智能化，培育新型生产方式，全面提升企业研发、生产、管理和服务的智能化水平。

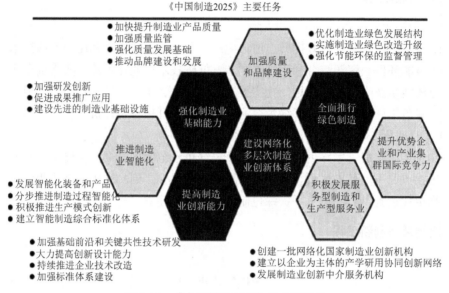

图 7-15　《中国制造 2025》的主要任务

具体包括：①研究制定智能制造发展战略；②加快发展智能制造装备和产品；③推进制造过程智能化；④深化互联网在制造领域的应用；⑤加强互联网基础设施建设。

3）强化工业基础能力

核心基础零部件（元器件）、先进基础工艺、关键基础材料和产业技术基础（以下统称"四基"）等工业基础能力薄弱，是制约我国制造业创新发展和质量提升的症结所在。要坚持问题导向、产需结合、协同创新、重点突破的原则，着力破解制约重点产业发展的瓶颈。

具体包括：①统筹推进"四基"发展；②加强"四基"创新能力建设；③推动整机企业和"四基"企业协同发展。

4）加强质量品牌建设

提升质量控制技术，完善质量管理机制，夯实质量发展基础，优化质量发展环境，努力实现制造业质量大幅提升。鼓励企业追求卓越品质，形成具有自主知识产权的名牌产品，不断提升企业品牌价值和中国制造整体形象。

具体包括：①推广先进质量管理技术和方法；②加快提升产品质量；③完善质量监管体系；④夯实质量发展基础；⑤推进制造业品牌建设。

5）全面推行绿色制造

加大先进节能环保技术、工艺和装备的研发力度，加快制造业绿色改造升级；积极推行低碳化、循环化和集约化，提高制造业资源利用效率；强化产品全生命周期绿色管理，努力构建高效、清洁、低碳、循环的绿色制造体系。

具体包括：①加快制造业绿色改造升级；②推进资源高效循环利用；③积极构建绿色制造体系。

6）大力推动重点领域突破发展。

瞄准新一代信息技术、高端装备、新材料、生物医药等战略重点，引导社会各类资源集聚，推动优势和战略产业快速发展。

具体包括：①新一代信息技术产业；②高档数控机床和机器人；③航空航天装备；④海洋工程装备及高技术船舶；⑤先进轨道交通装备；⑥节能与新能源汽车；⑦电力装备；⑧农机装备；⑨新材料；⑩生物医药及高性能医疗器械。

7）深入推进制造业结构调整

推动传统产业向中高端迈进，逐步化解过剩产能，促进大企业与中小企业协调发展，进一步优化制造业布局。

具体包括：①持续推进企业技术改造；②稳步化解产能过剩矛盾；③促进大中小企业协调发展；④优化制造业发展布局。

8）积极发展服务型制造和生产性服务业

加快制造与服务的协同发展，推动商业模式创新和业态创新，促进生产型制造向服务型制造转变。大力发展与制造业紧密相关的生产性服务业，推动服务功能区和服务平台建设。

具体包括：①推动发展服务型制造；②加快生产性服务业发展；③强化服务功能区和公共服务平台建设；④优化制造业发展布局。

9）提高制造业国际化发展水平

统筹利用两种资源、两个市场，实行更加积极的开放战略，将引进来与走出去更好结合，拓展新的开放领域和空间，提升国际合作的水平和层次，推动重点产业国际化布局，引导企业提高国际竞争力。

具体包括：①提高利用外资与国际合作水平；②提升跨国经营能力和国际竞争力；③深化产业国际合作，加快企业走出去；④优化制造业发展布局。

2. 八个方面的战略支撑和保障

建设制造强国，必须发挥制度优势，动员各方面力量，进一步深化改革，完善政策措施，建立灵活高效的实施机制，营造良好环境；必须培育创新文化和中国特色制造文化，推动制造业由大变强。

1）深化体制机制改革

全面推进依法行政，加快转变政府职能，创新政府管理方式，加强制造业发展战略、规划、政策、标准等制定和实施，强化行业自律和公共服务能力建设，提高产业治理水平。简政放权，深化行政审批制度改革，规范审批事项，简化程序，明确时限；适时修订政府核准的投资项目目录,落实企业投资主体地位。完善政产学研用协同创新机制,改革技术创新管理体制机制和项目经费分配、成果评价和转化机制,促进科技成果资本化、产业化,激发制造业创新活力。加快生产要素价格市场化改革,完善主要由市场决定价格的机制,合理配置公共资源;推行节能量、碳排放权、排污权、水权交易制度改革,加快资源税从价计征,推动环境保护费改税。深化国有企业改革,完善公司治理结构,有序发展混合所有制经济,进一步破除各种形式的行业垄断,取消对非公有制经济的不合理限制。稳步推进国防科技工业改革,推动军民融合深度发展。健全产业安全审查机制和法规体系,加强关系国民经济命脉和国家安全的制造业重要领域投融资、并购重组、招标采购等方面的安全审查。

2)营造公平竞争市场环境

深化市场准入制度改革,实施负面清单管理,加强事中事后监管,全面清理和废止不利于全国统一市场建设的政策措施。实施科学规范的行业准入制度,制定和完善制造业节能节地节水、环保、技术、安全等准入标准,加强对国家强制性标准实施的监督检查,统一执法,以市场化手段引导企业进行结构调整和转型升级。切实加强监管,打击制售假冒伪劣行为,严厉惩处市场垄断和不正当竞争行为,为企业创造良好生产经营环境。加快发展技术市场,健全知识产权创造、运用、管理、保护机制。完善淘汰落后产能工作涉及的职工安置、债务清偿、企业转产等政策措施,健全市场退出机制。进一步减轻企业负担,实施涉企收费清单制度,建立全国涉企收费项目库,取缔各种不合理收费和摊派,加强监督检查和问责。推进制造业企业信用体系建设,建设中国制造信用数据库,建立健全企业信用动态评价、守信激励和失信惩戒机制。强化企业社会责任建设,推行企业产品标准、质量、安全自我声明和监督制度。

3)完善金融扶持政策

深化金融领域改革,拓宽制造业融资渠道,降低融资成本。积极发挥政策性金融、开发性金融和商业金融的优势,加大对新一代信息技术、高端装备、新材料等重点领域的支持力度。支持中国进出口银行在业务范围内加大对制造业走出去的服务力度,鼓励国家开发银行增加对制造业企业的贷款投放,引导金融机构创新符合制造业企业特点的产品和业务。健全多层次资本市场,推动区域性股权市场规范发展,支持符合条件的制造业企业在境内外上市融资、发行各类债务融资工具。引导风险投资、私募股权投资等支持制造业企业创新发展。鼓励符合条件的制造业贷款和租赁资产开展证券化试点。支持重点领域大型制造业企业集团开展产融结合试点,通过融资租赁方式促进制造业转型升级。探索开发适合制造业发展的保险产品和服务,鼓励发展贷款保证保险和信用保险业务。在风险可控和商业可持续的前提下,通过内保外贷、外汇及人民币贷款、债权融资、股权融资等方式,加大对制造业企业在境外开展资源勘探开发、设立研发中心和高技术企业及收购兼并等的支持力度。

4)加大财税政策支持力度

充分利用现有渠道,加强财政资金对制造业的支持,重点投向智能制造、"四基"发展、高端装备等制造业转型升级的关键领域,为制造业发展创造良好政策环境。运用政府和社会资本合作(public private partnership,PPP)模式,引导社会资本参与制造业重大项目建设、企业技术改造和关键基础设施建设。创新财政资金支持方式，逐步从"补建设"向"补运营"转变，提高财政资金使用效益。深化科技计划（专项、基金等）管理改革，支持制造业重点领域科技研发和示范应用，促进制造业技术创新、转型升级和结构布局调整。完善和落实支持创新的政府采购政策，推动制造业创新产品的研发和规模化应用。落实和完善使用首台（套）重大技术装备等鼓励政策，健全研制、使用单位在产品创新、增值服务和示范应用等环节的激励约束机制。实施有利于制造业转型升级的税收政策，推进增值税改革，完善企业研发费用计核方法，切实减轻制造业企业税收负担。

5）健全多层次人才培养体系

加强制造业人才发展统筹规划和分类指导，组织实施制造业人才培养计划，加大专业技术人才、经营管理人才和技能人才的培养力度，完善从研发、转化、生产到管理的人才培养体系。以提高现代经营管理水平和企业竞争力为核心，实施企业经营管理人才素质提升工程和国家中小企业银河培训工程，培养造就一批优秀企业家和高水平经营管理人才。以高层次、急需紧缺专业技术人才和创新型人才为重点，实施专业技术人才知识更新工程和先进制造卓越工程师培养计划，在高等学校建设一批工程创新训练中心，打造高素质专业技术人才队伍。强化职业教育和技能培训，引导一批普通本科高等学校向应用技术类高等学校转型，建立一批实训基地，开展现代学徒制试点示范，形成一支门类齐全、技艺精湛的技术技能人才队伍。鼓励企业与学校合作，培养制造业急需的科研人员、技术技能人才与复合型人才，深化相关领域工程博士、硕士专业学位研究生招生和培养模式改革，积极推进产学研结合。加强产业人才需求预测，完善各类人才信息库，构建产业人才水平评价制度和信息发布平台。建立人才激励机制，加大对优秀人才的表彰和奖励力度。建立完善制造业人才服务机构，健全人才流动和使用的体制机制。采取多种形式选拔各类优秀人才的重点是选拔专业技术人才到国外学习培训，探索建立国际培训基地。加大制造业引智力度，引进领军人才和紧缺人才。

6）完善中小微企业政策

落实和完善支持小微企业发展的财税优惠政策，优化中小企业发展专项资金使用重点和方式。发挥财政资金杠杆撬动作用，吸引社会资本，加快设立国家中小企业发展基金。支持符合条件的民营资本依法设立中小型银行等金融机构，鼓励商业银行加大小微企业金融服务专营机构建设力度，建立完善小微企业融资担保体系，创新产品和服务。加快构建中小微企业征信体系，积极发展面向小微企业的融资租赁、知识产权质押贷款、信用保险保单质押贷款等。建设完善中小企业创业基地，引导各类创业投资基金投资小微企业。鼓励大学、科研院所、工程中心等对中小企业开放共享各种实（试）验设施。加强中小微企业综合服务体系建设，完善中小微企业公共服务平台网络，建立信息互联互通机制，为中小微企业提供创业、创新、融资、咨询、培训、人才等专业化服务。

7）进一步扩大制造业对外开放

深化外商投资管理体制改革，建立外商投资准入前国民待遇加负面清单管理机制，落实备案为主、核准为辅的管理模式，营造稳定、透明、可预期的营商环境。全面深化外汇管理、海关监管、检验检疫管理改革，提高贸易投资便利化水平。进一步放宽市场准入，修订钢铁、化工、船舶等产业政策，支持制造业企业通过委托开发、专利授权、众包众创等方式引进先进技术和高端人才，推动利用外资由重点引进技术、资金、设备向合资合作开发、对外并购及引进领军人才转变。加强对外投资立法，强化制造业企业走出去法律保障，规范企业境外经营行为，维护企业合法权益。探索利用产业基金、国有资本收益等渠道支持高铁、电力装备、汽车、工程施工等装备和优势产能走出去，实施海外投资并购。加快制造业走出去支撑服务机构建设和水平提升，建立制造业对外投资公共服务平台和出口产品技术性贸易服务平台，完善应对贸易摩擦和境外投资重大事项预警协调机制。

8）健全组织实施机制

成立国家制造强国建设领导小组，由国务院领导同志担任组长，成员由国务院相关部门和单位负责同志担任。领导小组主要职责是：统筹协调制造强国建设全局性工作，审议重大规划、重大政策、重大工程专项、重大问题和重要工作安排，加强战略谋划，指导部门、地方开展工作。领导小组办公室设在工业和信息化部，承担领导小组日常工作。设立制造强国建设战略咨询委员会，研究制造业发展的前瞻性、战略性重大问题，对制造业重大决策提供咨询评估。支持包括社会智库、企业智库在内的多层次、多领域、多形态的中国特色新型智库建设，为制造强国建设提供强大智力支持。建立《中国制造 2025》任务落实情况督促检查和第三方评价机制，完善统计监测、绩效评估、动态调整和监督考核机制。建立《中国制造 2025》中期评估机制，适时对目标任务进行必要调整。

7.5.4　《中国制造 2025》与工业 4.0 的比较

1. 《中国制造 2025》与工业 4.0 的差异

2015年，中国在分析国内外市场的基础上，遵循产业升级与转型的客观规律，编制中长期十年规划，颁布了《中国制造2025》，明确了十个重点行业，包含战略性新兴产业、先进制造业、其他关系到国计民生的传统行业，以及相应的供应链和销售网。其主线是两化深度融合，主攻方向是推进智能制造，主要形式是"互联网+"。《中国制造2025》与德国工业4.0都是在新一轮科技革命和产业变革背景下针对制造业发展提出的一个重要战略举措。比较两个战略可以看出各有特点，除了技术基础和产业基础不同之外，还存在战略思想等方面的明显差异。德国工业4.0为德国工业发展描绘了细致的发展蓝图，反映了德意志民族特有的认真与严谨，在战略思想、基础研究、技术教育、政策机构和措施方面有很多值得我们学习和参考。

1）战略思想的差异

比较德国工业4.0与中国制造2025，一个重要的区别在于，德国工业4.0战略是一个革命性的、基础性的科技战略。其立足点并不是单纯提升某几个工业制造技术，而是从制造方式最基础层面上进行变革，从而实现整个工业发展的质的飞跃。因此，德国工业4.0战略的核心内容并不拘泥于工业产值数据这个层面上"量的变化"，而更加关注工业生产方式的"质的变化"。相对于德国工业4.0,《中国制造2025》则强调的是在现有的工业制造水平和技术上,通过"互联网+"这种工具的应用,实现结构的变化和产量的增加。这种区别就好比《中国制造2025》是在工业现阶段水平和思维模式上寻求阶段内的改进和发展,德国则是寻求从工业3.0阶段跨越到工业4.0阶段,实现"质的变化"。这种战略思想上的差别应该说是客观条件的反映,符合现实基础,但也说明《中国制造2025》缺少战略上的理论深度和技术高度,也缺少市场上的感召力和影响力。

2)战略基础的差异

战略基础包括基础研究、技术教育、人才培养等,是战略实施成功的基本条件。仔细研究德国工业4.0,我们不难发现这个战略最重要的因素是基础科学研究,很多细节方面的任务目标,都以"高、精、尖"的理论知识作为依凭,致力于改善德国科学基础研究的条件,提高科研创新能力。相比之下,中国基础学科的研究比较薄弱,科研创新能力不强,很难有重大突破。其根本原因,除历史基础条件因素之外,也有政策的因素。在政策支持上,中国横向研究比纵向研究无论在数目上,还是支持力度上都要大很多,导致中国应用型的研究领域较强,理论基础研究较薄弱。中国还在制定国际化行业标准方面缺乏经验和条件。因此,我们有必要下大力气加强基础研究。同时,我们还有必要采取开放式的合作方针,积极成为网络化先进理论和先进标准体系的重要接入者,积极开展国际合作,与包括德国在内的发达国家一起分享理论、技术与市场。

3)战略措施的差异

在配套政策方面,德国为了有效实施工业4.0,比较重视对技术、政策和环境等进行评估调整。例如,德国系统评估新技术对相关法律可能造成的颠覆性影响,以及创新周期缩短可能导致相关规则架构频繁更新等,及时对现行不利于发展的各项规章制度进行了修改。德国比较重视构建支持工业4.0的法律环境,及时对与企业责任、数据保护、贸易限制、密码系统等相关法规进行调整,培养全国国民的竞争意识,比较重视反思和自我调适。这一点很值得我们借鉴。

在协同机构方面,德国成立了政府统一协调机构,建立了第四次工业革命平台。德国信息技术通信新媒体协会、德国机械制造联合会及德国电子工业联合会三个专业协会共同建立了秘书处,负责为优先主体研发路线图。我国除了在中央政府层面成立由国务院领导同志担任组长的领导机构和战略咨询委员会之外,还应该大力发挥行业协会的作用,加强行业协同机制建设。

2. 工业 4.0 对中国制造的启示

1)积极迎接智能经济新时代

工业4.0将使人类-技术(human-technology)和人类-环境(human-environment)的相互作用发生全新转变。借助 CPS 系统,特别是"互联网+",可以巨大地提升人的智能。智能是把人的智慧和知识转化为一种行动能力。基于人类智慧、电脑网络和物理世界有机融合的经济具有更高的效率,这种效率是传统工业无法达到的,因而智能一旦出现将以新的结构和形态取代传统工业,形成"智能经济"。在智能经济时代,智能环保、智能建筑、智能交通、智能医疗等，构成智能经济的不同领域；智能家庭、智能企业、智能城市、智能地区、智能国家、智能世界，构成智能社会的不同层面。在智能经济时代，全球经济一体化的整体性更加突出，市场主体相互之间内在联系更加紧密，社会经济系统对外更加开放。以智能工厂为特征的智能经济也很可能是工业经济发展的最高阶段。可以预料：世界的不平衡性将更加突出，竞争的形式将会改变，全球治理方式将有重大变化。对此，我们要有一定的准备，在发展战略、科技创新、人文道德上占据制高点，形成良好态势。

2）积极探索中国特色工业化道路

我国还是一个发展中的国家，仍处于工业化进程中，落后与先进并存、传统与现代共生，需要积极探讨中国特色工业化道路：提升传统产业与培育新兴产业相结合；传统手工艺与先进制造业相结合；第一次工业化与第二次工业化相结合；信息化与工业化相结合。我国相当一个时期可能还需要同时推动工业2.0、工业3.0和工业4.0，既要实现传统产业的转型升级，还要实现在高端领域的跨越式发展，建立既符合中国实际情况，又体现世界发展潮流的中国工业体系，为全面实现小康社会，实现现代化提供坚实和广宽的基础。既要考虑提高劳动生产率，又要考虑解决就业问题。

3）正确认识发达国家再工业化中的中国制造业

在当前国际形势下，中国制造业面临三方面挑战：一是来自高端挑战。发达国家通过"再工业化"，将"再工业化"与新的工业革命相结合，必定使发达国家在科技、信息、资本等方面长期积累的优势进一步强化，成为科技革新与产业革命红利的主要受益者，使不利于发展中国家的"中心-外围"世界分工体系进一步固化，进一步拉大与我国的距离。二是来自低端挤压，印度、越南、印度尼西亚等发展中国家可能以更低的劳动力成本承接劳动密集型产业的转移，抢占制造业的中低端，我国制造业在中低端广大市场的优势面临失去的危险。三是来自内部的困境。从整体来看，我国自主创新能力不强，核心技术对外依存度较高；制造业仍处于产业中低端水平，缺乏世界一流大型企业与知名品牌，在全球产业链中的高附加值环节份额相对较小；产业结构不尽合理，技术密集型产业和生产型服务业比重偏低，产业集聚和集群发展水平不高，产品质量问题比较突出；资源利用效率偏低，环保问题严重；管理水平不高，管理效率低，导致管理成本高，严重影响产品竞争力。

中国制造业也迎来了三大机遇。首先是新的契机。新一轮科技革命和产业变革与我国加快转变经济发展方式形成历史性交汇，国际产业分工格局进入重塑阶段，新理念、新技术、新方式启动期有很多空白点，在某种程度上为全球提供了新的起跑线，也为中国赶超发展提供了契机。其次是新的供需。发达国家"再工业化"与正在兴起的新一轮工业革命有机结合，向我们展现了不同于传统流水线、集中化机器大生产的全新生产方式、生产要素、组织模式，必将创造新的市场和供需，这些都是我国可以大展身手之处。最后，发达国家"去工业化"和"再工业化"为我们提供了经验教训。发达国家过度"去工业化"及发展高风险、高杠杆的金融业务，导致实体经济与虚拟经济脱节，我国充分汲取其教训，借鉴其"再工业化"发展战略中具有前瞻性、符合发展大势的政策措施，根据不同类型行业的特点，有重点、有差别地推进结构优化升级，通过突破研发、设计、营销网络、品牌和供应链管理等制约产业结构升级的关键环节，完全有可能加快改造提升制造业。

化挑战为机遇，可能要考虑"争两头，保中间"的战略规划格局，建立中国特色的现代产业体系。一头是集中优秀力量，大力增强集成创新能力，培育原始创新能力，加快拥有一批核心关键技术，在一些重要的高端领域，争取一席之地。这一点，我们过去做到了，今后也应该做到，从而在国际核心俱乐部有一定的话语权。另一头是继续争取在低端有一定份额，努力创造更多的就业机会。我们应该在长期底端基础上有所升级，全部升到高端是不现实的，升到中端应该是我们的主要选项。克服"中国制造"所面临的困境，成为国内外市场优良（中端）产品和服务的重要提供者。

4）高度重视"互联网+企业"组织变革

"互联网+"是科技与经济的有机结合，在实施"互联网+"战略中，"互联网+企业"组织变革具有特别重要的意义，企业作为市场的重要主体和经济的细胞，除了利用互联网加强与市场的互联和联系、推动网络化协同制造和服务之外，还要下大力气增强内生动力，焕发内部活力。如何利用信息技术改善重构生产要素，深化企业组织变革，创新生产方式，提升资产质量和服务功能，适应市场需求和变化，是一个影响《中国制造2025》战略全局性的问题。解答这个问题首先需要正确理解技术与组织的关系。技术结构与企业组织结构的关系是相互促进和相互构建的过程，特别是互联网技术将企业的消费者、供应商、合作者和企业员工等各种关系全部组织在电脑网络里，使信息的获取、处理、传递和应用变得高速便捷，必然要求企业的生产方式、管理模式和组织机构做相应的调整和变革。在这种情况下，只有深化企业组织变革，将互联网技术和企业生产方式紧密联合起来，形成有效的信息沟通反馈机制，才能实现技术与组织的良性互动，才能使互联网技术的发展为企业所需要，企业才能成为推动企业技术进步的主要力量。

5）加强《中国制造2025》基础工作

我国对基础研究、基础培训、基础设施等方面的重要性有一定的认识和措施，但缺乏深度、缺乏核心、缺乏灵魂。一项大的战略，特别是涉及一个国家中长期发展的大战略，必须要有自己的系统、深厚的理论基础，必须要有自己的核心关键的创新技术，必须要有创新理念、勇于担当、能够解决问题的人才。

■ 思考与练习题

1. 简述工业4.0的定义及其三大主题。

2. 简述工业4.0的要点及其对现代制造生产的影响。

3. 简述工业4.0环境下，制造企业的生产模式有哪些改变及其注意事项。

4. 简述 PLM 在工业4.0当中的作用是什么？

5. 简述工业4.0下有哪些核心技术及各技术对现代制造企业的作用。

6. 何谓信息网络物理系统？它与工业4.0的实践有何关系？

7. 简述智能工厂与智能生产的区别和联系。

8. 简述《中国制造2025》的背景及意义。

9. 简述《中国制造2025》的目标及战略支撑。

➤拓展学习材料

7-1 案例

参 考 文 献

布劳克曼 O.2015. 智能制造：未来工业模式和业态的颠覆与重构[M]. 张潇，郁汲译. 北京：机械工业出版社.

蔡自兴，谢斌. 2015. 机器人学[M]. 3 版. 北京：清华大学出版社.

陈中中，王一工. 2016. 先进制造技术[M]. 北京：化学工业出版社.

戴庆辉. 2012. 先进制造系统[M]. 北京：机械工业出版社.

丁纯，李君扬. 2014. 德国"工业 4.0"：内容、动因与前景及其启示[J]. 德国研究，4: 49-66.

格鲁沃 M P. 2011. 自动化、生产系统与计算机集成制造[M]. 3 版. 北京：清华大学出版社.

工业和信息化部. 2016.《中国制造 2025》解读材料[M]. 北京：电子工业出版社.

国家制造强国建设战略咨询委员会. 2016. 《中国制造 2025》重点领域技术创新绿皮书——技术路线图[M]. 北京：电子工业出版社.

何玉安. 2011. 数控技术及其应用[M]. 北京：机械工业出版社.

胡权. 2015. 德国"工业 4.0"：我国制造业新的挑战与机遇[J]. 中国设备工程，1: 20-23.

克劳森，熊永家，娄文忠. 2008. 装配工艺：精加工、封装和自动化[M]. 北京：机械工业出版社.

莱瑟 R B. 2016. 智能制造:全球工业大趋势、管理变革与精益流程再造[M]. 北京：人民邮电出版社.

李聪波，刘飞，曹华军. 2011. 绿色制造运行模式及其实施方法[M]. 北京：科学出版社.

李长河，丁玉成. 2011. 制造制造工艺技术[M]. 北京：科学出版社.

李忠学，武福. 2013. 现代制造系统[M]. 西安：西安电子科技大学出版社.

刘德忠，费仁元，Hesse S. 2007. 装配自动化[M]. 2 版. 北京：机械工业出版社.

刘飞. 2005. 绿色制造的理论与技术[M]. 北京：科学出版社.

刘飞，张晓冬，杨丹. 2000. 制造系统工程[M]. 北京：国防工业出版社.

刘树华，鲁建厦，王家尧. 2010. 精益生产[M]. 北京：机械工业出版社.

刘延林. 2010. 柔性制造自动化概论[M]. 2 版. 武汉：华中科技大学出版社.

刘志峰. 2008. 绿色设计方法、技术及其应用[M]. 北京：国防工业出版社.

卢红，吴飞，黄继雄. 2014. 数控技术[M]. 2 版. 北京：机械工业出版社.

罗振壁. 2004. 现代制造系统[M]. 北京：机械工业出版社.

秦现生. 2008. 并行工程的理论与方法[M].西安：西北工业大学出版社.

森德勒 U. 2014. 工业 4.0——即将来袭的第四次工业革命[M]. 邓敏，李现民译. 北京：机械工业出版社.

斯帕特 D. 2015. 工业 4.0 实践手册 [M]. 周军译. 北京：北京理工大学出版社.

沈向东. 2013. 柔性制造技术[M]. 北京：机械工业出版社.

汪劲松，向东，段广洪. 2010. 产品绿色化工程概论[M]. 北京：清华大学出版社.

王隆太. 2015. 先进制造技术[M]. 2 版. 北京：机械工业出版社.

王润孝. 2015. 先进制造技术导论[M]. 北京：科学出版社.

王喜文. 2015a. 工业 4.0: 最后一次工业革命[M]. 北京：电子工业出版社.

王喜文. 2015b. 中国制造 2025 解读：从工业大国到工业强国[M]. 北京：机械工业出版社.

王先逵. 2015. 机械制造工艺学[M]. 3 版. 北京：机械工业出版社.

王晓伟. 2015. 机电产品绿色设计与生命周期评价[M]. 北京：机械工业出版社.

吴为. 2015. 工业 4.0 与中国制造 2025[M]. 北京：清华大学出版社.

许香穗，蔡建国. 2003. 成组技术[M]. 2 版. 上海：上海交通大学出版社.

严新民. 1999. 计算机集成制造系统[M]. 西安：西北工业大学出版社.

杨义勇. 2015. 现代数控技术[M]. 北京：清华大学出版社.

张玫，邱钊鹏，诸刚. 2016. 机器人技术[M]. 2 版. 北京：机械工业出版社.

张小强. 2015. 一本书读懂工业 4.0[M]. 北京：人民邮电出版社:11.

张雪萍. 2004. 敏捷制造[M]. 北京: 机械工业出版社.

周骥平, 林岗. 2014. 机械制造自动化技术[M]. 3 版. 北京: 机械工业出版社.

朱晓春. 2011. 数控技术[M]. 2 版. 北京: 机械工业出版社.